肉牛

ROUNIU
ANQUAN
GAOXIAO
SHENGCHAN
JISHU

安全高效生产技术

魏刚才 常新耀 主编

 化学工业出版社

·北京·

图书在版编目（CIP）数据

肉牛安全高效生产技术/魏刚才，常新耀主编．
北京：化学工业出版社，2012.6
（畜禽安全高效生产技术丛书）
ISBN 978-7-122-13966-5

Ⅰ．肉… Ⅱ．①魏…②常… Ⅲ．肉牛-饲养管理
Ⅳ．S823.9

中国版本图书馆 CIP 数据核字（2012）第 066359 号

责任编辑：邵桂林　　　　　　　　　　　文字编辑：赵爱萍
责任校对：蒋　宇　　　　　　　　　　　装帧设计：史利平

出版发行　化学工业出版社（北京市东城区青年湖南街 13 号　邮政编码 100011）
印　　装　北京云浩印刷有限责任公司
850mm×1168mm　1/32　印张 9　字数 267 千字
2012 年 8 月北京第 1 版第 1 次印刷

购书咨询：010-64518888（传真：010-64519686）
售后服务：010-64518899
网　　址：http://www.cip.com.cn
凡购买本书，如有缺损质量问题，本社销售中心负责调换。

本书编写人员名单

主　　编　魏刚才　常新耀

副主编　谢红兵　范国英　韩芬霞　李君利

编写人员　（按姓氏笔画排列）

　　　　　杨文平（河南科技学院）

　　　　　李君利（新乡医学院第二附属医院）

　　　　　李金辉（河南科技学院）

　　　　　范国英（河南科技学院）

　　　　　常新耀（河南科技学院）

　　　　　韩芬霞（河南科技学院）

　　　　　谢红兵（河南科技学院）

　　　　　魏刚才（河南科技学院）

随着肉牛业的规模化、集约化发展，加之观念、技术和资金等方面的滞后，我国肉牛业中的问题也愈加凸现，如养殖环境差、生产水平低、产品污染严重等。这些问题不仅影响到生产效益，更影响到公共卫生、食品安全以及产品的出口，所以进行牛的安全生产势在必行。

肉牛的安全生产包括环境安全（指通过科学合理的设计养殖场、进行环境控制和废弃物有效处理，维持适宜的饲养环境，减少对环境的污染）、肉牛群安全（指通过提供全价优质饲料、科学饲养管理和疾病控制减少疾病的发生，保持肉牛群健康）、产品安全（指通过维护适宜的饲养环境，提供优质的全价饲料，科学合理的使用药物等保证产品的优质和绿色）。环境安全是基础，肉牛群安全是保证，产品安全是要求。肉牛的安全生产需要采用配套的技术和措施来支撑。为此，我们组织了有关教授、专家编写了本书。

本书全面系统地介绍了肉牛的安全生产的关键技术，具有较强的实用性、针对性和可操作性，为肉牛的安全生产提供技术保证。本书共分为六章，分别是肉牛生产概述、肉牛场的环境控制、肉牛饲料营养的安全供应、肉牛的饲养管理、肉牛的疾病预防和控制、肉牛常见病防治及肉牛的质量控制，并附录了饲料营养成分表和肉牛用药的有关要求。本书不仅适宜于肉牛场饲养管理人员和广大肉牛养殖户阅读，也可以作为大专院校和农村函授及培训班的辅助教材和参考书。

由于水平有限，书中可能会有疏漏之处，敬请广大读者批评指正。

编者
2012 年 1 月

目录

第一章

肉牛生产概述

第一节　我国肉牛生产发展现状

过去，我国的养牛业一直以役用为主、肉用为辅。直到20世纪90年代初期，我国在基本解决温饱问题以后，才有了肉牛产业的概念和肉牛品种定向选育改良等一系列举措。经过十多年的发展，我国肉牛业有了较大发展。

一、牛的品种资源丰富

我国有着丰富的品种牛资源，其中秦川牛、晋南牛、南阳牛、鲁西牛和延边牛为我国五大著名品种，其牛肉品质上乘。20世纪70年代初，我国由国外引进了海福特、安格斯、肉用短角、夏洛来、利木赞等肉用品种牛和西门塔尔等兼用品种牛，用来杂交改良当地牛，取得了较好的效果。

二、肉牛数量和牛肉产量增加迅速

肉牛养殖业可以充分利用多种自然饲料资源和种植业的副产品，是节粮型畜牧业。我国不仅有大面积的牧区可以生产饲草，而且也有更大面积的农区生产秸秆、糠麸、糟渣等丰富的粗饲料。肉牛业可以利用这些资源生产优质的牛肉，满足人们的需要。所以，许多地方已经把肉牛养殖业作为支柱产业和优先发展产业。我国肉牛生产已由西北牧区向农业经济优势区域转移，现已形成西北（包括陕西、甘肃、宁夏、青海、新疆、内蒙古）、中原（包括河南、山东、山西、河北、安徽）、东北

（包括吉林、辽宁、黑龙江）、西南（包括云南、贵州、四川、重庆、西藏）四个肉牛产业带。肉牛的存栏量和产品产量迅速增加，据报道，2007 年底我国牛存栏量约 1.46 亿头，其中肉牛存栏量 1.06 亿头，出栏 4359.5 万头，牛肉总产量达到 791 万吨，仅次于美国和巴西，牛肉在全国肉类总产量中的比例提高到了 9.3％；2008 年，我国黄牛存栏9000 多万头，牛肉产量为 750 万吨，已经成为第三牛肉生产大国。

三、饲养方式逐步由放牧转变为舍饲和半舍饲

我国肉牛的饲养方式也由放牧向全舍饲或舍牧结合的规模化养殖基地建设方向发展。传统的放牧饲养，几乎不用精饲料进行育肥。这种饲养方式的优点是生产成本低廉，缺点是对我国原本生态环境较差的草地资源造成很大压力，同时，生产水平和生产效率也太低，直接制约肉牛业快速发展。近年来，牧区采用禁牧和季节性舍内饲养，舍内催肥和异地育肥等措施；农区普遍采用秸秆、人工牧草和精饲料作为肉牛的主要饲料。这样充分利用了农区丰富的秸秆资源和闲置劳动力，并缓解了肉牛对草地资源和生态环境的压力，肉牛的生产水平也有了较大提高，促进了肉牛业规模化发展。据调研统计，2007 年底全国肉牛产业省级以上的龙头企业已达 90 多家，肉牛规模化养殖程度达到了 34.6％，标志着我国肉牛生产已具备产业化雏形。

四、役畜产畜化效果明显

我国有丰富的黄牛品种资源，主要作役用。随着机械化的发展，机械代替了畜力，黄牛的役用作用越来越弱，加之人们对牛肉需求的增加，黄牛作为肉用的要求也更加迫切。但黄牛的生产性能较差，生长速度慢，饲料转化率低，作为肉用生产效率低。为了充分利用我国资源，提高黄牛的生产效率，满足市场需求，开展了役畜产畜化的工作，即利用我国地方黄牛品种作为母本与国外优良的肉用公牛进行杂交，其杂交后代的生产性能有了极大提高。

第二节 我国肉牛业存在的问题

近年来，我国肉牛业有了较快的发展，但也存在许多问题，与国

外发达国家差距较大。

一、肉牛良种化程度低

我国缺乏优良的肉用牛品种（20世纪60年代以来，欧美发达国家育成了不少优秀的肉用品种，如夏洛莱、利木赞、海福特等。但我国至今没有培育出专门化的肉用品种），牛肉生产主要依赖于黄牛品种如鲁西牛、南阳牛、秦川牛等，以及引入品种的杂交后代，优良的肉用品种资源匮乏。目前我国黄牛的改良率不足15%，本地良种肉牛及外来改良牛之和仅占35%，与国外肉牛业生产所用专门化品种杂交配套系有很大差距。

良种化程度低是制约我国优质肉牛生产的最根本因素，造成增重慢，牛肉质量差，饲养成本高。基层推广体系不健全，推广人员少，待遇差，素质不高，且有相当数量的基层站点专业技术人员严重不足，配种等技术水平亟待提高，对新品种、新技术掌握滞后，必要的冷藏设施和仪器设备严重不足等，严重影响了畜禽品种的改良和优良品种的推广进程。

二、肉牛的生产性能差

1. 繁殖成活率低

我国母牛繁殖成活率平均为72%，本地黄牛体型小，往往因胎儿过大而难产，杂种牛犊的难产率高于当地黄牛。冷配技术人员操作不规范也人为造成多种不孕症，延长生殖间隔。

2. 商品肉牛出栏率低

2004年我国肉牛出栏率达26.7%，与发达国家（美国36.52%、欧洲43.74%）相差很大，并且我国肉牛平均胴体重147千克，比世界各国平均205千克低得多；且我国肉牛存栏平均产肉量仅为45千克，而发达国家平均每头存栏牛产肉量为120千克，美国为115千克，一头肉牛的胴体重相当于我国2.3头。

3. 肉牛生产周期长

国外15～18月龄的肥育去势公牛的平均屠宰重为582千克。母牛产犊间隔不超过12个月，而我国出栏的肉牛中18月龄的商品牛很少，6月龄的商品牛根本没有，一头肉牛从配种受孕到产犊需9个半月，从犊牛到育肥牛出栏又需要 18～20 个月，生产一头肉牛需 28～30 个月。除品种因素外，原因为：繁育体系不健全，大多养殖户对牛群数量追求远远超过牛群的质量，见母就留；饲养管理不科学，大多数肥育场采用"低精饲料长周期"的肥育方式，造成肉牛出栏周期相对较长；饲养方式与国外有差距，肥育过程中饲料、品种、年龄都相差很大，造成肥育期长，效率低。

4. 死亡率高

国内肉牛的全程死亡率高达 5％，直接经济损失达 90 亿～150 亿元。动物的传染病严重地影响了我国肉类及其制品进入国际市场，每年因疾病死亡造成严重的经济损失。特别是接近临产的总的犊牛死亡率为 6.1％。临产死亡的犊牛中最大部分（72％）是死于难产，犊牛死亡率和发病率高的直接原因是营养缺乏和管理不善。

三、牛肉的品质差

我国牛肉生产仍定位在追求产量型模式上，出口高档牛肉每吨可达 3500 美元左右，一般牛肉每吨仅 1500 美元左右。国产牛肉中优质牛肉所占比重太小，在国际市场上缺乏竞争力。我国还没有专用的肉用牛品种，改良比例仅 30％，个体小，产肉率低，平均胴体重仅 147 千克。国产牛肉大多为中低档牛肉，优质牛肉很少，造成出口牛肉价格不足世界平均数的 80％。国内的大宾馆、饭店及外资餐厅，每年都要从国外进口数目不小的牛排、小牛肉等高档牛肉。

另外，生产中由于饲养环境差，隔离卫生不严格，导致疫病时伏时起，一些重大疫病未能有效控制；饲料和饲养不规范等，饲料中有毒有害物质含量高，加之不科学使用药物或违禁使用添加剂等，导致肉牛残留物超标等，都严重影响到牛肉的质量。

四、肉牛加工业落后

在屠宰加工方面存在两种情况：一是屠宰设备极其简陋，对肉牛的加工利用能力差，浪费了不少有价值的部分；二是屠宰设备先进，屠宰能力强，但肉牛供不应求，使这些先进设备大部分时间处于停工状态。在牛肉产品加工方面，多年来我国的牛肉主要是以未经处理的鲜肉、冷冻牛肉和熟食的形式进行销售，经过排酸熟化处理的冷鲜牛肉很少，产品未能进行适当的分类、分级和处理，这样既不能为不同的产品找到合适的市场，又不能为消费者提供更多的选择，使产品的价值降低，销量受阻，加工厂利润下降，甚至亏损。熟牛肉大多是由家庭作坊生产，加工方式简单，卫生状况差，品种单一，质量低下，加工种类少，技术含量低，缺少精加工产品，加工产量不足牛肉产量的 5%。

第三节　肉牛安全生产概念及内涵

肉牛安全生产是指在肉牛的养殖过程中，生产者采取配套的技术和措施来保证环境安全（包括养殖环境良好和不污染周围环境）、肉牛群安全和产品安全。

环境安全是指通过科学合理的设计养殖场及畜禽舍、进行环境控制和废弃物有效处理，维持适宜的饲养环境，减少对环境的污染；肉牛群安全是指通过提供全价优质饲料、科学饲养管理和疾病控制保持畜禽健康，减少疾病的发生；产品安全是指通过维护适宜的饲养环境，保持肉牛的健康，科学合理的使用药物等保证产品的优质和绿色（药物残留少）。环境安全是基础，畜禽安全是保证，产品安全是要求。只有环境安全，才能为畜禽提供良好的生活和生产环境，才能减少对养殖场及周围环境污染和疫病的发生；只有畜禽安全，才能保证畜禽的生产潜力充分发挥，才能生产出量多质优的畜禽产品；只有产品安全，才能获得更大的经济效益和社会效益。

随着畜禽养殖业的规模化、集约化发展，加之观念、技术和资金等方面的滞后，我国畜禽养殖业中的问题也愈加凸现，如养殖环境差、生产水平低、产品污染严重等，这些问题不仅影响到生产效益，更影响到公共卫生、食品安全以及产品的出口，所以大力推广安全生产技术，进行安全生产势在必行。

第二章

肉牛场的环境控制

　　肉牛的生产性能（即表型值）为基因型值与环境效应之和。基因型值是肉牛群的遗传品质，即品种效应；环境效应中包括营养因素、饲养管理因素和肉牛舍内环境等因素。基因型值能否表达完全，是和环境因素有关的，适宜洁净的环境，可使基因型值充分表达；否则，不能完全表达，肉牛的生产潜力不能充分发挥出来。同时，环境还直接影响产品的质量，所以，创造适宜的、洁净的环境是肉牛安全生产的基础和保证。

第一节　肉牛场的设置

　　从发展的角度来看，建设牛场、养牛小区是我国养牛业向规模化、产业化方向发展的必然。在新建的牛场中，设计首先要符合我国的国情，要注意尽量采用新工艺、新技术、新设备，改变传统的建场布局模式，科学布局肉牛舍，留有发展余地，采用无公害化、资源化设计工艺，科学处理和利用粪尿，建设生态花园式养牛场。选牛场和建筑肉牛舍，需要根据现有牛的数量和今后发展规模的大小、资金多少、机械化程度和设备确定，符合畜牧兽医卫生、经济适用、便于管理和有利于提高利用率、降低生产成本等条件。

一、场址选择和规划布局

（一）肉牛场场址选择

　　如何选择一个好的场址，需要周密考虑，统筹安排，要有长远的规划，要留有发展的余地，以适应今后养牛业发展的需要。同时必须与农牧业发展规划、农田基本建设规划及今后修建住宅等规划结合起来，符合兽医卫生和环境的要求，周围无传染源，无人畜地方病，适应现代养牛业的发展方向。

1. 场址选择的原则

① 符合肉牛的生物学特性和生理特点。

② 有利于保持牛体健康。

③ 能充分发挥其生产潜力。

④ 最大限度地发挥当地资源和人力优势。

⑤ 有利于环境的保护和安全。

2. 场址选择

(1) 地势和地形。场地应选在地势高燥、避风、阳光充足的地方，这样的地势可防潮湿，有利于排水，便于牛体生长发育，防止疾病的发生。与河岸保持一定距离，特别是在水流湍急的溪流旁建场时更应注意，一般要高于河岸，最低应高出当地历史洪水线以上。其地下水位应在 2 米以下，即地下水位需在青贮窖底部 0.5 米以下，这样的地势可以避免雨季洪水的威胁，减少土壤毛细管水上升而造成的地面潮湿。要向阳背风，以保证场区小气候温热状况能够相对稳定，减少冬季雨雪的侵袭。肉牛场的地面要平坦稍有坡度，总坡度应与水流方向相同。山区地势变化大，面积小，坡度大，可结合当地实际情况而定，但要避开悬崖、山顶、雷区等地。地形应开阔整齐，尽量少占耕地，并留有余地来发展，理想的地形是正方形或长方形，尽量避免狭长形或多边角。

(2) 土壤。场地的土壤应该具有较好的透水透气性能、抗压性强和洁净卫生。透水透气，雨水、尿液不易聚集，场地干燥，渗入地下的废弃物在有氧情况下分解产物对肉牛场污染小，有利于保持肉牛舍及运动场的清洁与干燥，有利于防止蹄病等疾病的发生；土质均匀，抗压性强，有利于建筑肉牛舍。沙壤土是肉牛场场地的最好土壤，其次是沙土、壤土。土壤的生物学指标见表 2-1。

(3) 水源。场地的水量应充足，应能满足肉牛场内的人、肉牛饮用和其他生产、生活用水，并应考虑防火和未来发展的需要，每头成年牛每日耗水量为 60 千克。要求水质良好，能符合饮用标准的水最为理想，不含毒素及重金属。此外在选择时要调查当地是否因水质不

表 2-1　土壤的生物学指标

污染情况	每千克土中 寄生虫卵数/个	每千克土中 细菌总数/万个	每克土中 大肠杆菌值/个
清洁	0	1	1000
轻度污染	1～10	—	—
中等污染	10～100	10	50
严重污染	＞100	100	1～2

注：清洁和轻度污染的土壤适宜作场址。

良而出现过某些地方性疾病等。水源要便于取用，便于保护，设备投资少，处理技术简单易行。通常以井水、泉水、地下水为好，雨水易被污染，最好不用。

（4）草料。饲草、饲料的来源，尤其是粗饲料，决定着肉牛场的规模。肉牛场应距秸秆、干草和青贮料资源较近，以保证草料供应，降少成本，降低费用。一般应考虑 5 千米半径内的饲草资源，根据有效范围内年产各种饲草、秸秆总量，减去原有草食家畜消耗量，剩余的富余量便可决定肉牛场的规模。

（5）交通。便利的交通是肉牛场对外进行物质交流的必要条件，但距公路、铁路和飞机场过近时，噪声会影响牛的正常休息与消化，人流、物流频繁也易使牛患传染病，所以肉牛场应距交通干线 1000 米以上，距一般交通线 100 米以上。

（6）社会环境。肉牛场应选择在居民点的下风向，径流的下方，距离居民点至少 500 米，其海拔不得高于居民点，以避免肉牛排泄物、饲料废弃物、患传染病的尸体等对居民区的污染。同时也要防止居民区对肉牛场的干扰，如居民生活垃圾中的塑料膜、食品包装袋、腐烂变质食物、生活垃圾中的农药造成的牛中毒，带菌宠物传染病，生活噪声影响牛的休息与反刍。为避免居民区与肉牛场的相互干扰，可在两地之间建立树林隔离区。肉牛场附近不应有超过 90 分贝噪声的工矿企业，不应有肉联、皮革、造纸、农药、化工等有毒有污染危险的工厂。

（7）其他因素

① 我国幅员辽阔，南北气温相差较大，应减少气象因素的影响，如北方不要将肉牛场建设于西北风口处。

② 山区牧场还要考虑建在放牧出入方便的地方。

③ 牧道不要与公路、铁路、水源等交叉，以避免污染水源和防止发生事故。

④ 场址大小、间隔距离等，均应遵守卫生防疫要求，并应符合配备的建筑物和辅助设备及肉牛场远景发展的需要。

⑤ 场地面积根据每头牛所需要面积 160～200 米² 确定；肉牛舍及房舍的面积为场地总面积的 10%～20%。由于牛体大小、生产目的、饲养方式等不同，每头牛占用的肉牛舍面积也不一样。肥育牛每头所需面积为 1.6～4.6 米²，通栏肥育牛舍有垫草的每头牛占 2.3～4.6 米²。

（二）肉牛场规划布局

肉牛场规划布局的要求应从人和牛的保健角度出发，建立最佳的生产联系和卫生防疫条件，合理安排不同区域的建筑物，特别是在地势和风向上进行合理的安排和布局。肉牛场一般分成管理区、生产辅助区、生产区三大功能区（图 2-1），各区之间保持一定的卫生间距。

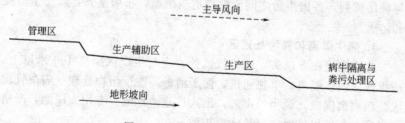

图 2-1　牛肉场规划布局模式图

1. 管理区

为全场生产指挥、对外接待等管理部门。包括办公室、财务室、接待室、档案资料室、试验室等。管理区应建在肉牛场入场口的上风处，严格与生产区隔离，保证 50 米以上距离，这是建筑布局的基本原则。另外以主风向分析，办公区和生活区要区别开来，不要在同一条线上，生活区还应在水流或排污的上游方向，以保证生活区良好的卫生环境。为了防止疫病传播，场外运输车辆（包括牲畜）严禁进入生产区。汽车库应设置在管理区。除饲料外，其他仓库也应该设在管理区。外来人员只能在管理区活动，不得进入生产区。

2. 生产辅助区

为全场饲料调制、贮存、加工、设备维修等部门。生产辅助区可设在管理区与生产区之间，其面积可按要求来决定。但也要适当集中，节约水、电线路管道，缩短饲草饲料运输距离，便于科学管理。粗饲料库设在生产区下风向地势较高处，与其他建筑物保持60米防火距离。兼顾由场外运入，再运到肉牛舍两个环节。饲料库、干草棚、加工车间和青贮池，离肉牛舍要近一些，位置适中一些，便于车辆运送草料，减少劳动强度。但必须防止肉牛舍和运动场因污水渗入而污染草料。

3. 生产区

是肉牛场的核心，应设在场区管理区的下风向处，更能控制场外人员和车辆，使之不能直接进入生产区，以保证最安全，最安静。大门口设立门卫传达室、消毒室、更衣室和车辆消毒池，严禁非生产人员出入场内，出入人员和车辆必须经消毒室或消毒池严格消毒。生产区肉牛舍要合理布局，分阶段分群饲养，按育成、架子牛、肥育阶段等顺序排列，各肉牛舍之间要保持适当距离，布局整齐，以便于防疫和防火。

4. 病牛隔离和粪污处理区

此区应设在下风头，地势较低处，应与生产区距离100米以上，病牛区应便于隔离，单独通道，便于消毒，便于污物处理。病畜管理区要四周砌围墙，设小门出入，出入口建消毒池、专用粪尿池，严格控制病牛与外界接触，以免病原扩散。

粪污处理区应位居下风向地势较低处的肉牛场偏避地带，防止粪尿恶臭味四处扩散，蚊蝇滋生蔓延，影响整个肉牛场环境卫生。配套有污水池、粪尿池、堆粪场，污水池地面和四周以及堆粪场的底部要做防渗处理，防止污染水源及饲料饲草。肉牛场的规划布局见图2-2。

二、肉牛舍的设计和建设

(一) 肉牛舍的类型及特点

肉牛舍按墙壁的封闭程度不同可分为封闭式、半开放式、开放式

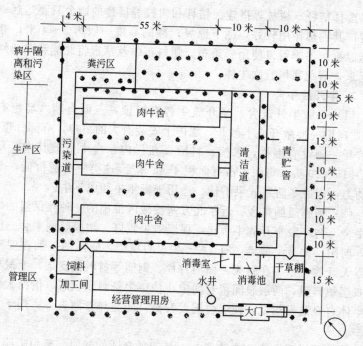

图 2-2　存栏 300 头肉牛的肉牛场的规划布局图

和棚舍式；按屋顶的形状不同可分为钟楼式、半钟楼式、单坡式、双坡式和拱顶式；按牛床在舍内的排列不同分为单列式、双列式和多列式；按舍饲牛的对象不同分为成年母牛舍、犊牛舍、育成牛舍（架子牛舍）、育肥牛舍和隔离观察舍等。

1. 棚舍

或称凉亭式牛舍，有屋顶，但没有墙体。在棚舍的一侧或两侧设置运动场，用围栏围起来。棚舍结构简单，造价低。适用于温暖地区和冬季不太冷的地区的成年牛舍。

炎热季节为了避免肉牛受到强烈的太阳辐射，缓解热应激对牛体的不良影响，可以修建凉棚。凉棚的轴向以东西向为宜，避免阴凉部分移动过快；棚顶材料和结构有秸秆、树枝、石棉瓦、钢板瓦以及草泥挂瓦等，根据使用情况和固定程度确定。如长久使用可以选择草泥挂瓦、夹层钢板瓦、双层石棉瓦等，如果临时使用或使用时间很短，可以选择秸秆、树枝等搭建。秸秆和树枝等搭建的棚舍只要达到一定厚度，其隔热作用较好，棚下凉爽；棚的高度一般为3～4米，棚越高越凉爽。冬季可以使用彩条布、塑料布以及草帘将北侧和东西侧封闭起来，避免寒风直吹牛体。

2. 半开放牛舍

(1) 一般半开放舍。半开放牛舍有屋顶，三面有墙（墙上有窗户），向阳一面敞开或半敞开，墙体上安装有大的窗户，有部分顶棚，在敞开一侧设有围栏，水槽、料槽设在栏内，肉牛散放其中。每舍（群）15～20头，每头牛占有面积4～5米²。这类牛舍造价低，节省劳动力，但冷冬防寒效果不佳。适用于青年牛和成年牛。

(2) 塑膜暖棚牛舍。近年北方寒冷地区推出的一种较保温的半开放牛舍。与一般半开放牛舍比，保温效果较好。塑膜暖棚牛舍三面全墙，向阳一面有半截墙，有1/2～2/3的顶棚。向阳的一面在温暖季节露天开放，寒冬在露天一面用竹片、钢筋等材料做支架，上覆单层或双层塑料膜，两层膜间留有间隙，使牛舍呈封闭状态，借助太阳能和牛体自身散发热量，使牛舍温度升高，防止热量散失。适用于各种肉牛。

修筑塑膜暖棚牛舍要注意：一是选择合适的朝向，塑膜暖棚牛舍需坐北朝南，南偏东或西角度最多不要超过15°，舍南至少10米应无高大建筑物及树木遮蔽；二是选择合适的塑料薄膜，应选择对太阳光透过率高、而对地面长波辐射透过率低的聚氯乙烯等塑膜，其厚度以80～100微米为宜；三是合理设置通风换气口，棚舍的进气口应设在南墙，其距地面高度以略高于牛体高为宜，排气口应设在棚舍顶部的背风面，上设防风帽，排气口的面积以20厘米×20厘米为宜，进气口的面积是排气口面积的一半，每隔3米远设置一个排气口；四是有适宜的棚舍入射角，棚舍的入射角应大于或等于当地冬至时太阳高度角；五是注意塑膜坡度的设置，塑膜与地面的夹角在55°～65°为宜。

3. 封闭式牛舍

封闭式牛舍四面有墙和窗户，顶棚全部覆盖，分单列封闭牛舍和双列封闭牛舍。单列封闭牛舍只有一排牛床，舍宽6米，高2.6～2.8米，舍顶可修成平顶也可修成脊形顶，这种牛舍跨度小，易建造，通风好，但散热面积相对较大。单列封闭牛舍适用于小型肉牛场。双列封闭牛舍舍内设有两排牛床，两排牛床多采取头对头式饲养。中央为通道。舍宽12米，高2.7～2.9米，脊形棚顶。双列式封闭牛舍适用于规模较大的肉牛场，以每栋舍饲养100头牛为宜。

4. 装配式牛舍

装配式牛舍以钢材为原料，工厂制作，现场装备，属敞开式牛舍。屋顶为镀锌板或太阳板，屋梁为角铁焊接；"U"字形食槽和水槽由不锈钢材料制作，可随牛只的体高随意调节；隔栏和围栏为钢管。装配式牛舍室内设置与普通牛舍基本相同，其适用性、科学性主要表现在屋架、屋顶和墙体及可调节饲喂设备上。装配式牛舍系先进技术设计，适用、耐用、美观，且制作简单，省时，造价适中。

（二）肉牛舍的结构及要求

肉牛舍是由基础、屋顶及顶棚、外墙、地面及楼板、门窗、楼梯等（其中屋顶和外墙组成肉牛舍的外壳，将肉牛舍的空间与外部隔开，屋顶和外墙称外围护结构）部分组成。肉牛舍的结构不仅影响到肉牛舍内环境的控制，而且影响到肉牛舍的牢固性和利用年限。

1. 基础

基础是肉牛舍地面以下承受畜舍的各种荷载并将其传给地基的构件，也是墙突入土层的部分，是墙的延续和支撑。它的作用是将畜舍本身重量及舍内固定在地面和墙上的设备、屋顶积雪等全部荷载传给地基。基础决定了墙和畜舍的坚固性和稳定性，同时对畜禽舍的环境改善具有重要意义。对基础的要求：一是坚固、耐久、抗震；二是防潮（基础受潮是引起墙壁潮湿及舍内湿度大的原因之一）；三是具有一定的宽度和深度。如条形基础一般由垫层、大放脚（墙以下的加宽部分）和基础墙组成。砖基础每层放脚宽度一般宽出墙60毫米；基础的底面宽度和埋置的深度应根据畜舍的总荷重、地基的承载力、土层的冻胀程度及地下水位高低等情况计算确定。北方地区在膨胀土层修建畜舍时，应将基础埋置在土层最大冻结深度以下。

2. 墙体

墙是基础以上露出地面的部分，其作用是将屋顶和自身的全部荷载传给基础的承重构件，也是将畜舍与外部空间隔开的外围护结构，是畜舍的主要结构。以砖墙为例，墙的重量占畜舍建筑物总重量的

40%～65%，造价占总造价的 30%～40%。同时墙体也在畜舍结构中占有特殊地位，据测定，冬季通过墙散失的热量占整个畜舍总失热量的 35%～40%，舍内的湿度、通风、采光也要通过墙上的窗户来调节，因此，墙对畜舍小气候状况的保持起着重要作用。对墙体要求是：一是坚固、耐久、抗震、防火；二是良好的保温、隔热性能，墙体的保温、隔热能力取决于所采用的建筑材料的特性与厚度，尽可能选用隔热性能好的材料，保证最好的隔热设计，在经济上是最有利的措施；三是防水、防潮，受潮不仅可使墙的导热加快，造成舍内潮湿，而且会影响墙体寿命，所以必须对墙采取严格的防潮、防水措施（墙体的防潮措施有用防水耐久材料抹面，保护墙面不受雨雪侵蚀；做好散水和排水沟；设防潮层和墙围，如墙裙高 1.0～1.5 米，生活办公用房踢脚高 0.15 米，勒脚高约为 0.5 米等）；四是结构简单，便于清扫消毒。

3. 屋顶

屋顶是畜舍顶部的承重构件和围护构件，主要作用是承重、保温隔热、防风沙和雨雪。它由支承结构和屋面组成。支承结构承受着畜舍顶部包括自重在内的全部荷载，并将其传给墙或柱；对屋面起围护作用，可以抵御降水和风沙的侵袭，并隔绝太阳辐射等，以满足生产需要。对屋顶要求如下。一是坚固防水：屋顶不仅承接本身重量，而且承接着风沙、雨雪的重量。二是保温隔热：屋顶对于畜舍的冬季保温和夏季隔热都有重要意义。屋顶的保温与隔热作用比墙重要，因为屋顶的面积大于墙体。舍内上部空气温度高，屋顶内外实际温差总是大于外墙内外温差，热量容易散失或进入舍内。三是不透气、光滑、耐久、耐火、结构轻便、简单、造价便宜。任何一种材料不可能兼有防水、保温、承重三种功能，所以正确选择屋顶、处理好三方面的关系，对于保证畜舍环境的控制极为重要。四是保持适宜的屋顶高度。肉牛舍的高度依牛舍类型、地区气温而异。按屋檐高度计，一般为2.8～4.0 米，双坡式为 3.0～3.5 米，单坡式为 2.5～2.8 米，钟楼式稍高点，棚舍式略低些。北方牛舍应低，南方牛舍应高。如果为半钟楼式屋顶，后檐比前檐高 0.5 米。在寒冷地区，适当降低净高有利保温。而在炎热地区，加大净高则是加强通风、缓和高温影响的有力措施。

4. 地面

地面的结构和质量不仅影响肉牛舍内的小气候、卫生状况，还会影响肉牛体的清洁，甚至影响肉牛的健康及生产力。地面的要求是坚实、致密、平坦、稍有坡度、不透水、有足够的抗机械能力及抗各种消毒液和消毒方式的能力。水泥地面要压上防滑纹（间距小于10厘米，纵纹深0.4~0.5厘米），以免肉牛滑倒，引起不必要的经济损失。

5. 门窗

肉牛舍门洞大小依牛舍而定。繁殖母牛舍、育肥牛舍门宽1.8~2.0米，高2.0~2.2米；犊牛舍、架子牛舍门宽1.4~1.6米，高2.0~2.2米。繁殖母牛舍、犊牛舍、架子牛舍的门洞数要求有2~5个（每一个横行通道一般有一个门洞），育肥牛舍的门洞数为1~2个。高2.1~2.2米，宽2~2.5米。一般设成双开门，也可设上下翻卷门。封闭式的窗应大一些，高1.5米，宽1.5米，窗台高距地面1.2米为宜。

（三）肉牛舍的设计

1. 肉牛舍的内部设计

肉牛舍内需要设置牛床、饲槽、饲喂通道、清粪通道以及粪尿沟等。

（1）牛床。必须保证肉牛舒适、安静地休息，保持牛体清洁，并容易打扫。牛床应有适宜的坡度，通常为1°~1.5°。常用的短牛床，牛的前身靠近饲料槽后壁，后肢接近牛床的边缘，使粪便能直接落在粪沟内。短牛床的长度一般为160~180厘米。牛床的宽度取决于牛的体型，一般为60~120厘米。牛床可以为砖牛床，水泥牛床或土质牛床。土质牛床常以三合土或灰渣掺黄土夯实。牛床应该造价低、保暖性好、便于清除粪尿。

目前牛床都采用水泥面层，并在后半部划线防滑。冬季，为降低寒冷对肉牛生产的影响，需要在牛床上加铺垫物。最好采用橡胶等材料铺作牛床面层。

牛床的规格直接影响到肉牛舍的规格，不同类型的肉牛需要的牛床规格不同。见表2-2。

表2-2　肉牛舍内不同牛床的规格

类别	长度/米	宽度/米	坡度/°
繁殖母牛	1.6～1.8	1.0～1.2	1.0～1.5
犊牛	1.2～1.3	0.6～0.8	1.0～1.5
架子牛	1.4～1.6	0.9～1.0	1.0～1.5
育肥牛	1.6～1.8	1.0～1.2	1.0～1.5
分娩母牛	1.8～2.2	1.2～1.5	1.0～1.5

（2）饲槽。采用单一类型的全日粮配合饲料，即用青贮料和配合饲料调制成混合饲料，在采用舍饲散栏饲养时，大部分精饲料在舍内饲喂，青贮料在运动场或舍内食槽内采食，青、干草一般在运动场上饲喂。饲槽位于牛床前，通常为统槽。饲槽长度与牛床总宽相等，饲槽底平面高于牛床。饲槽需坚固，表面光滑不透水，多为砖砌水泥砂浆抹面，饲槽底部平整，两侧带圈弧形，以适应牛用舌采食的习性。饲槽前壁（靠牛床的一侧）为了不妨碍牛的卧息，应做成一定弧度的凹形窝。也有采用无帮浅槽的，把饲喂通道加高30～40厘米，前槽帮高20～25厘米（靠牛床），槽底部高出牛床10～15厘米。这种饲槽有利于饲料车运送饲料，饲喂省力。采食不"窝气"，通风好。肉牛饲槽的尺寸见表2-3。

表2-3　肉牛饲槽的尺寸

类别	槽内(口)宽/厘米	槽有效深度/厘米	前槽沿高/厘米	后槽沿高/厘米
成年牛	60	35	45	65
育成牛	50～60	30	30	65
犊牛	40～50	10～12	15	35

（3）饲喂通道。用于饲喂的专用通道，宽度为1.6～2.0米，一般贯穿牛舍中轴线。

（4）清粪通道与粪沟。清粪通道的宽度要满足运输工具的往返，宽度一般为150～170厘米，清粪通道也是牛进出的通道，要防牛滑倒。在牛床与清粪通道之间一般设有排粪明沟，明沟宽度为32～35厘米、深度为5～15厘米（一般铁锹放进沟内清理），并要有一定的坡度，向下水道倾斜。粪沟过深会使牛蹄子损伤。当深度超过 20 厘米时，应设漏缝沟盖，以免胆小牛不越或失足时下肢受伤。

(5) 牛栏和颈枷。牛栏位于牛床与饲槽之间，和颈枷一起用于固定牛只，牛栏由横杆、主立柱和分立柱组成，每 2 个主立柱间距离与牛床宽度相等，主立柱之间有若干分立柱，分立柱之间距离为 0.10～0.12 米，颈枷两边分立柱之间距离为 0.15～0.20 米。最简便的颈枷为下颈链式，用铁链或结实绳索制成，在内槽沿有固定环，绳索系于牛颈部、鼻环、角之间和固定环之间。此外，还有直链式、横链式颈枷。

2. 不同类型肉牛舍的设计

专业化肉牛场一般只饲养育肥牛，肉牛舍种类简单，只需要肉牛舍即可；自繁自养的肉牛场肉牛舍种类复杂，需要有犊牛舍、育肥牛舍、繁殖牛舍和分娩牛舍。

(1) 犊牛舍。犊牛舍必须考虑屋顶的隔热性能和舍内的温度及昼夜温差，所以墙壁、屋顶、地面均应重视。并注意门窗安排，避免穿堂风。初生牛犊（0～7 日龄）对温度的抗逆力较差，所以南方气温高的地方注意防暑。在北方重点放在防寒，冬天初生犊牛舍可用厚垫草。犊牛舍不宜用煤炉取暖，可用火墙、暖气等，初生犊牛舍冬季室温在 10℃左右，2 日龄以上则因需放室外运动，所以注意室内外温差不超过 8℃。

犊牛舍可分为两部分，即初生犊牛栏和犊牛栏。初生犊牛栏，长 1.8～2.8 米，宽 1.3～1.5 米，过道侧设长 0.6 米、宽 0.4 米的饲槽。犊牛栏之间用高 1 米的挡板相隔，饲槽端为栅栏（高 1 米）带颈枷，地面高出 10 厘米，向门方向做 1.5°坡度，以便清扫。犊牛栏长 1.5～2.5 米（靠墙为粪尿沟，也可不设），过道端设统槽，统槽与牛床间以带颈枷的木栅栏相隔，高 1 米，每头犊牛占面积 3～4 米^2。

(2) 育肥牛舍。育肥牛舍可以采用封闭式、开放式或棚舍。具有一定保温隔热性能，特别是夏季防热。育肥牛舍的跨度由清粪通道、饲槽宽度、牛床长度、牛床列数、粪尿沟宽度和饲喂通道等条件决定。一般每栋牛舍容纳牛 50～120 头。以双列对头为好。牛床长（加粪尿沟）2.2～2.5 米，牛床宽 0.9～1.2 米，中央饲料通道 1.6～1.8

米，饲槽宽 0.4 米。肉牛舍平面图和剖面图见图 2-3、图 2-4。

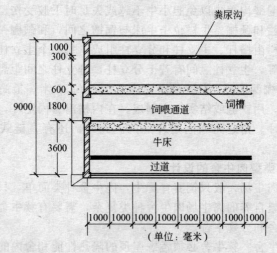

图 2-3　肉牛舍平面图

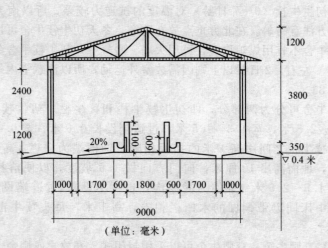

图 2-4　肉牛舍剖面图

（3）繁殖牛舍。繁殖牛舍的规格和尺寸同育肥牛舍。

（4）分娩牛舍。分娩牛舍多采用密闭舍或有窗舍，有利于保持适宜的温度。饲喂通道宽 1.6～2 米，牛走道（或清粪通道）宽 1.1～

1.6 米，牛床长度 1.8～2.2 米，牛床宽度 1.2～1.5 米。可以是单列式，也可以是多列式。分娩牛舍平面图和剖面图见图 2-5、图 2-6。

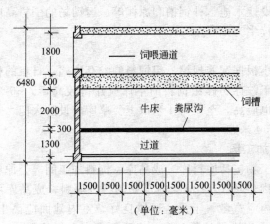

图 2-5 分娩牛舍平面图

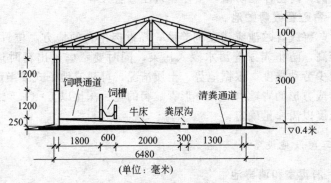

图 2-6 分娩牛舍剖面图

三、辅助性建筑和设施设备

(一) 辅助性建筑

1. 运动场

肉牛舍外的运动场大小应根据肉牛舍设计的载牛规模和肉牛的体型大小规划。架子牛和犊牛的运动场面积分别为 15 米² 和 8 米²。育肥牛应减少运动，饲喂后拴系在运动场休息，以减少消耗，运动场应有一定的坡度，以利排水，场内应平坦、坚硬，一般不硬化或硬化一部分。场内设饮水池、补饲槽和凉棚等。运动场的围栏高度，成年牛为 1.2 米，犊牛为 1.0 米。

2. 草库

草库大小根据饲养规模、粗饲料的贮存方式、日粮的精粗料比例等确定。用于贮存切碎粗饲料的草库应建得较高，5～6 米。草库的窗户离地面也应高，至少为 4 米以上。草库应设防火门，距下风向建筑物应大于 50 米。

3. 饲料加工场

饲料加工场包括原料库、成品库、饲料加工间等。原料库的大小应能够贮存肉牛场 10～30 天所需要的各种原料，成品库可略小于原料库，库房内应宽敞、干燥、通风良好。室内地面应高出室外 30～50 厘米，地面以水泥地面为宜，房顶要具有良好的隔热、防水性能，窗户要高，门窗注意防鼠，整体建筑注意防火等。

4. 青贮窖或青贮池

青贮窖或青贮池应建在饲养区，靠近肉牛舍的地方，位置适中，地势较高，防止粪尿等污水浸入污染，同时要考虑进出料时运输方便，减少劳动强度。根据地势、土质情况，可建成地下式或半地下式长方形或方形的青贮窖，长方形青贮窖的宽、深比以 1∶(1.5～2) 为宜，长度以需要量确定。

(二) 设施设备

1. 消毒室和消毒池

在饲养区大门口和人员进入饲养区的通道口，分别修建供车辆和人员进行消毒的消毒池和消毒室。车辆用消毒池的宽度以略大于车轮间距即可，参考尺寸为长 3.8 米、宽 3 米、深 0.1 米，池底低于路面，坚固耐用，不渗水。供人用消毒池，采用踏脚垫放入池内浸湿药液进行消毒，参考尺寸为长 2.8 米、宽 1.4 米、深 0.1 米。消毒室大小可根据外来人员的数量设置，一般为串联的 2 个小间，其中一个为消毒室，内设小型消毒池和紫外线灯，紫外线灯每平方米功率为 2～3 瓦，另一个为更衣室。

2. 沼气池

建造沼气池,把牛粪、牛尿、剩草、废草等投入沼气池封闭发酵,产生的沼气供生活或生产用燃料,经过发酵的残渣和废水是良好的肥料。目前,普遍推广水压式沼气池,这种沼气池具有受力合理、结构简单、施工方便、适应性强、就地取材、成本较低等优点。

3. 地磅

对于规模较大的肉牛场,应设地磅,以便对各种车辆和牛等进行称重。

4. 装卸台

可减轻装车与卸车的劳动强度,同时减少肉牛的损失。装卸台可建成宽为 3 米,长约 8 米的驱赶牛的坡道,坡的最高处与车厢平齐。

5. 排水设施与粪尿池

肉牛场应设有废弃物贮存、处理设施,防止泄露、溢流、恶臭等对周围环境造成污染。粪尿池设在牛舍外、地势低洼处,且应在运动场相反的一侧,池的容积以能贮存 20～30 天的粪尿为宜,粪尿池必须离饮水井 100 米以外。在肉牛舍粪尿沟至粪尿池之间设地下排水管,向粪尿池方向应有 $2°～3°$ 的坡度。

6. 补饲槽和饮水槽

在运动场的适当位置或凉棚下要设置补饲槽和饮水槽,以供肉牛群在运动场时采食粗饲料和随时饮水。根据肉牛数的多少决定建补饲槽和饮水槽的多少和长短。每个饲槽长 3～4 米,高 0.4～0.7 米,槽上宽 0.7 米,底宽 0.4 米。每 30 头牛左右要有一个饮水槽,用水时加满,至少在早晚各加水 1 次,水槽要抗寒防冻。也可以用自动饮水器。

7. 清粪形式及设备

肉牛舍的清粪形式有机械清粪、水冲清粪、人工清粪。我国肉牛场多采用人工清粪。机械清粪中采用的主要设备有连杆刮板式,适于单列牛床;环行链刮板式,适于双列牛床;双翼形推粪板式,适于舍饲散栏饲养牛舍。

8. 保定设备

保定设备包括保定架、鼻环、缰绳与笼头、吸铁器。

(1) 保定架。保定架是肉牛场不可缺少的设备,打针、灌药、编耳号及治疗时使用。通常用圆钢材制成，架的主体高度160厘米，前颈枷支柱高200厘米，立柱部分埋入地下约40厘米，架长150厘米，宽65～70厘米。

（2）鼻环。鼻环有两种类型：一种用不锈钢材料制成，质量好又耐用，但价格较高；另一种用铁或铜材料制成，质地较粗糙，材料直径4毫米左右，价格较低。农村用铁丝自制的圈，易生锈，不结实，易将牛鼻拉破引起感染。

（3）缰绳与笼头。缰绳与笼头为拴系饲养方式所必需，采用围栏散养方式可不用缰绳与笼头。缰绳通常系在鼻环上以便牵牛；笼头套在牛的头上，抓牛方便，而且牢靠。缰绳材料有麻绳、尼龙绳，每根长1.6米左右，直径0.9～1.5厘米。

（4）吸铁器。由于肉牛采食行为是不经咀嚼直接将饲料吞入口中，若饲料中混有铁钉、铁丝等容易误食，一旦吞入，无法排出，容易造成肉牛的创伤性网胃炎或心包炎。吸铁器有两种：一种用于体外，即在草料传送带上安装磁力吸铁装置；另一种用于体内，称为磁棒吸铁器。使用时将磁棒吸铁器放入病牛口腔近咽喉部，灌水促使牛吞入瘤胃，随瘤胃的蠕动，经过一定时间，慢慢取出，瘤胃中混有的细小铁器吸附在磁力棒上一并带出。

9. 饲料生产与饲养器具

大规模生产饲料时，需要各种作业机械，如拖拉机和耕作机械，制作青贮时，应有青贮料切碎机；一般肉牛育肥场可用手推车给料，大型育肥场可用拖拉机等自动或半自动给料装置给料；切草用的铡刀、大规模饲养用的铡草机；还有称料用的计量器，有时需要压扁机或粉碎机等。

第二节 肉牛场的环境管理

一、肉牛场场区环境管理

（一）合理规划肉牛场

肉牛场除做好分区规划外，还要注意肉牛舍朝向、之间的间距、肉牛场道路以及绿化等设计。

1. 肉牛舍朝向和间距

肉牛舍朝向直接影响到肉牛舍的温热环境维持和卫生,一般应以当地日照和主导风向为依据,使肉牛舍的长轴方向与夏季主导风向垂直。如我国夏季盛行东南风,冬季多为东北风或西北风,所以,南向的肉牛场场址和肉牛舍朝向是适宜的。肉牛舍之间应该有20米左右的距离。

2. 肉牛场道路

肉牛场设置清洁道和污染道,清洁道供饲养管理人员、清洁的设备用具、饲料和健康肉牛等使用,污染道供清粪、污浊的设备用具、病死和淘汰肉牛使用。清洁道在上风向,与污染道不交叉。

3. 贮粪场

肉牛场设置粪尿处理区。粪场可设置在多列肉牛舍的中间,靠近道路,有利于粪便的清理和运输。贮粪场(池)设置注意如下问题。

(1)贮粪场应设在生产区和肉牛舍的下风处,与住宅、肉牛舍之间保持有一定的卫生间距(距肉牛舍30~50米)。并应便于运往农田或进行其他处理。

(2)贮粪池的深度以不受地下水浸渍为宜,底部应较结实。贮粪场和污水池要进行防渗处理,以防粪液渗漏流失污染水源和土壤。

(3)贮粪场底部应有坡度,使粪水可流向一侧或集液井,以便取用。

(4)贮粪池的大小应根据每天牧场家畜排粪量多少及贮藏时间长短而定。

4. 绿化

绿化不仅可以美化环境,而且可以净化环境,改善小气候,而且有防疫防火的作用,肉牛场绿化注意如下方面。

(1)场界林带的设置。在场界周边种植乔木和灌木混合林带,乔木如杨树、柳树、松树等,灌木如刺槐、榆叶梅等。特别是场界的西侧和北侧,种植混合林带宽度应在10米以上,以起到防风阻沙的作用。树种选择应适应北方寒冷特点。

(2)场区隔离林带的设置。主要用以分隔场区和防火。常用杨树、槐树、柳树等,两侧种以灌木,总宽度为3~5米。

（3）场内外道路两旁的绿化。常用树冠整齐的乔木和亚乔木以及某些树冠呈锥形、枝条开阔、整齐的树种。需根据道路宽度选择树种的高矮。在建筑物的采光地段，不应种植枝叶过密、过于高大的树种，以免影响自然采光。

（4）运动场的遮阴林。在运动场的南侧和西侧，应设1～2行遮阴林。多选枝叶开阔，生长势强，冬季落叶后枝条稀疏的树种，如杨树、槐树、枫树等。运动场内种植遮阴树时，应选遮阴性强的树种。但要采取保护措施，以防家畜损坏。

（二）隔离卫生和消毒

肉牛场隔离卫生和消毒是维持场区良好环境和保证肉牛体健康的基础。

1. 严格隔离

隔离是指阻止或减少病原进入肉牛体的一切措施，这是控制传染病重要而常用的措施，其意义在于严格控制传染源，有效防止传染病蔓延。

（1）肉牛场的一般隔离措施。除了做好肉牛场的规划布局外，还要注意在肉牛场周围设置隔离设施（如隔离墙或防疫沟），肉牛场大门设置消毒室（或淋浴消毒室）和车辆消毒池，生产区中每栋建筑物门前要有消毒池。进入肉牛场的人员、设备和用具只有经过大门消毒以后方可进入；引种时要隔离饲养观察，无病后方可大群饲养等。

（2）发病后的隔离措施

① 分群隔离饲养。在发生传染病时，要立即仔细检查所有的肉牛，根据肉牛的健康程度不同，分为不同的肉牛群管理，严格隔离（表2-4）。

② 禁止人员和肉牛流动。禁止肉牛、饲料、养肉牛的用具在场内和场外流动，禁止其他畜牧场、饲料间的工作人员来往以及场外人员来肉牛场参观。

③ 紧急消毒。对环境、设备、用具每天消毒一次并适当加大消毒液的用量，提高消毒的效果。当传染病扑灭后，经过2周不再发现病肉牛时，进行一次全面彻底的消毒后，才可以解除封锁。

表 2-4　不同肉牛群的隔离措施

肉牛群	隔离措施
病肉牛	在彻底消毒的情况下,把症状明显的肉牛隔离在原来的场所,单独或集中饲养在偏僻、易于消毒的地方,专人饲养,加强护理、观察和治疗,饲养人员不得进入健康肉牛群的肉牛舍。要固定所用的工具,注意对场所、用具的消毒,出入口设有消毒池,进出人员必须经过消毒后,方可进入隔离场所。粪便无害化处理,其他闲杂人员和动物避免接近。如经查明,场内只有极少数的肉牛患病,为了迅速扑灭疫病和节约人力和物力,可以扑杀病肉牛
可疑病肉牛	与传染源或其污染的环境(如同群、同笼或同一运动场等)有过密切接触,但无明显症状的肉牛,有可能处在潜伏期,并有排菌、排毒的危险。对可疑病肉牛所用的用具必须消毒,然后将其转移到其他地方单独饲养,紧急接种和投药治疗,同时,限制活动场所,平时注意观察
假定健康肉牛	无任何症状,一切正常,要将这些肉牛与上述两类肉牛分开饲养,并做好紧急预防接种工作,同时,加强消毒,仔细观察,一旦发现病肉牛,要及时消毒、隔离。此外,对污染的饲料、垫草、用具、肉牛舍和粪便等进行严格消毒;妥善处理好尸体;做好杀虫、灭鼠、灭蚊蝇工作。在整个封锁期间,禁止由场内运出和向场内运进

2. 卫生与消毒

保持肉牛场和肉牛舍的清洁和卫生,定期进行全面消毒,可以减少病原的种类和含量,防止或减少疾病发生。

(三) 水源防护

肉牛场水源可分为三大类。第一类为地面水,如江、河、湖、塘及水库水等,主要由降水或地下泉水汇集而成。其水质受自然条件影响较大,易受污染。特别是易受生活污水及工业废水的污染,经常因此而引发疾病或造成中毒。使用此类水源应经常进行水质化验。一般而言,活水比死水自净力强。应选择水量大、流动的地面水源。供饮用的地面水要进行人工净化和消毒处理。第二类为地下水。这种水为封闭的水源,受污染的机会较少。地下水距离地面越远,受污染的程度越低,也越洁净。但地下水往往受地质化学成分的影响而含有某些矿物性成分,硬度较大。有时会因某些矿物性毒物而引起地方性疾病。所以,选用地下水时,应进行检验。第三类为降水。雨、雪等降落在地面而形成。由于大气中经常含有某些杂质和可溶性气体,使降水受到污染。降水不易收集,且无法保证水质,贮存困难,除水源特别困难的小型肉牛场外，一般不宜采用降水作为水源。作为肉牛场水源的水质必须符合卫生要求（表2-5、表2-6）。当饮用水含有农药时，农药含量不能超过表2-7中的规定。

表 2-5　畜禽饮用水质量

项　　目	自备水	地面水	自来水
大肠杆菌值/(个/升)	3	3	
细菌总数/(个/升)	100	200	
pH 值	5.5~8.5		
总硬度/(毫克/升)	600		
溶解性总固体/(毫克/升)	2000		
铅/(毫克/升)	Ⅳ地下水标准	Ⅳ地下水标准	饮用水标准
铬（六价）/(毫克/升)	Ⅳ地下水标准	Ⅳ地下水标准	饮用水标准

表 2-6　肉牛饮用水水质标准

	项目	畜(禽)标准
感官性状及一般化学指标	色度	≤30
	混浊度	≤20
	臭和味	不得有异臭异味
	肉眼可见物	不得含有
	总硬度（以 $CaCO_3$ 计）/(毫克/升)	≤1500
	pH 值	≤5.0~5.9(6.4~8.0)
	溶解性总固体/(毫克/升)	≤1000(1200)
	氯化物（以 Cl 计）/(毫克/升)	≤1000(250)
	硫酸盐（以 SO_4^{2-} 计）/(毫克/升)	≤500(250)
细菌学指标	总大肠杆菌群数/(个/100 毫升)	≤成畜 10;幼畜和禽 1
毒理学指标	氟化物（以 F^- 计）/(毫克/升)	≤2.0
	氰化物/(毫克/升)	≤0.2(0.05)
	总砷/(毫克/升)	≤0.2
	总汞/(毫克/升)	≤0.01(0.001)
	铅/(毫克/升)	≤0.1
	铬（六价）/(毫克/升)	≤0.1(0.05)
	镉/(毫克/升)	≤0.05(0.01)
	硝酸盐（以 N 计）/(毫克/升)	≤30

表 2-7　畜禽饮用水中农药限量指标

项目	马拉硫磷	内吸磷	甲基对硫磷	对硫磷	乐果	林丹	百菌清	甲萘威	2-4-D
限量 /（毫克/毫升）	0.25	0.03	0.02	0.003	0.08	0.004	0.01	0.05	0.1

肉牛生产过程中，肉牛场的用水量很大，如肉牛的饮水、粪尿的冲刷、用具及设施的消毒和洗涤，以及生活用水等。不仅在选择肉牛场场址时，应将水源作为重要因素考虑，而且肉牛场建好后还要注意水源的防护，其措施如下。

1. 水源位置适当

水源位置要选择远离生产区的管理区内，远离其他污染源，并且建在地势高燥处。肉牛场可以自建深水井和水塔，深层地下水经过地层的过滤作用，又是封闭性水源，水质水量稳定，受污染的机会很少。

2. 加强水源保护

水源周围没有工业和化学污染以及生活污染（不得建厕所、粪池、垃圾场和污水池）等，并在水源周围划定保护区，保护区内禁止一切破坏水环境生态平衡的活动以及破坏水源林、护岸林、与水源保护相关植被的活动；严禁向保护区内倾倒工业废渣、城市垃圾、粪便及其他废弃物；运输有毒有害物质、油类、粪便的船舶和车辆一般不准进入保护区；保护区内禁止使用剧毒和高残留农药，不得滥用化肥，不得使用炸药、毒品捕杀鱼类；避免污水流入水源。

3. 搞好饮水卫生

定期清洗和消毒饮水用具和饮水系统，保持饮水用具的清洁卫生。保证饮水的新鲜。

4. 注意饮水的检测和处理

定期检测水源的水质，污染时要查找原因，及时解决；当水源水质较差时要进行净化和消毒处理。

（四）污水处理

肉牛场必须专设排水设施，以便及时排除雨、雪水及生产污水。全场排水网分主干和支干，主干主要是配合道路网设置的路旁排水沟，将全场地面径流或污水汇集到几条主干道内排出；支干主要是各运动场的排水沟，设于运动场边缘，利用场地倾斜度，使水流入沟中排走。排水沟的宽度和深度可根据地势和排水量而定，沟底、沟壁应夯实，暗沟可用水管或砖砌，如暗沟过长（超过 200 米），应增设沉淀井，以免污物淤塞，影响排水。但应注意，沉淀井距供水水源应在 200 米以上，以免造成污染。污水经过消毒后排放。被病原体污染的污水，可用沉淀法、过滤法、化学药品处理法等进行消毒。比较实用的是化学药品消毒法。方法是先将污水处理池的出水管用一木闸门关闭，将污水引入污水池后，加入化学药品（如漂白粉或生石灰）进行消毒。消毒药的用量视污水量而定（一般 1 升污水用 2～5 克漂白粉）。消毒后，将闸门打开，使污水流出。

（五）灭鼠

鼠是人、畜多种传染病的传播媒介，鼠还盗食饲料，咬坏物品，污染饲料和饮水，危害极大，肉牛场必须加强灭鼠。

1. 防止鼠类进入建筑物

鼠类多从墙基、天棚、瓦顶等处窜入室内，在设计施工时注意墙基最好用水泥制成，碎石和砖砌的墙基，应用灰浆抹缝。墙面应平直光滑，防鼠沿粗糙墙面攀登。砌缝不严的空心墙体，易使鼠隐匿营巢，要填补抹平。为防止鼠类爬上屋顶，可将墙角处做成圆弧形。瓦顶房屋应缩小瓦缝和瓦、椽间的空隙并填实。用砖、石铺设的地面，应衔接紧密并用水泥灰浆填缝。各种管道周围要用水泥填平。通气孔、地脚窗、排水沟（粪尿沟）出口均应安装孔径小于 1 厘米的铁丝网，以防鼠窜入。

2. 器械灭鼠

器械灭鼠方法简单易行，效果可靠，对人、畜无害。灭鼠器械种类繁多，主要有夹、关、压、卡、翻、扣、淹、粘、电等。近年来还研究和采用电灭鼠和超声波灭鼠等方法。

3. 化学灭鼠

化学灭鼠效率高、使用方便、成本低、见效快，缺点是能引起人、畜中毒，有些鼠对药物有选择性、拒食性和耐药性。所以，使用时需选好药剂和注意使用方法，以保安全有效。灭鼠药剂种类很多，主要有灭鼠剂、熏蒸剂、烟剂、化学绝育剂等。肉牛场的鼠类以饲料库、肉牛舍最多，是灭鼠的重点场所。饲料库可用熏蒸剂毒杀。投放的毒饵，要远离牛床，并防止毒饵混入饲料。鼠尸和剩下的鼠药要及时清理，以防被人、畜误食而发生二次中毒。选用鼠吃惯了的食物作饵料，突然投放，饵料充足，分布广泛，以保证灭鼠的效果。肉牛场周围可以使用速效灭鼠药；肉牛舍、运动场等可以使用慢性灭鼠药。常用的灭鼠药物见表2-8。

表 2-8　常用的灭鼠药物

类型	名称	特性	作用特点	用法	注意事项
慢性灭鼠药物	敌鼠钠盐	为黄色粉末，无臭，无味，溶于沸水、乙醇、丙酮，性质稳定	作用较慢，能阻碍凝血酶原在鼠体内的合成，使凝血时间延长，而且其能损坏毛细血管，增加血管的通透性，引起内脏和皮下出血，最后死于内脏大量出血。一般在投药1～2天出现死鼠，第5～8天死鼠量达到高峰，死鼠可延续10多天	①敌鼠钠盐毒饵：取敌鼠钠盐5克，加沸水2升搅匀，再加10千克杂粮，浸泡至毒水全部吸收后，加入适量植物油拌匀，晾干备用。②混合毒饵：将敌鼠钠盐加入面粉或滑石粉中制成1%毒粉，再取毒粉1份，倒入19份切碎的鲜菜中拌匀即成。③毒水：用1%敌鼠钠盐1份，加水20份即可	对人、畜、禽毒性较低，但对猫、犬、肉牛、猪毒性较强，可引起二次中毒。在使用过程中要加强管理，以防家畜误食中毒或发生二次中毒。如发现中毒，可使用维生素K解救
	氯敌鼠（又名氯鼠酮）	黄色结晶性粉末，无臭，无味，溶于油脂等有机溶剂，不溶于水，性质稳定	是敌鼠钠盐的同类化合物，但对鼠的毒性作用比敌鼠钠盐强，为广谱灭鼠剂，而且适口性好，不易产生拒食性。主要用于毒杀家鼠和野栖鼠，尤其是可制成蜡块剂，用于毒杀下水道鼠类。灭鼠时将毒饵投在鼠洞或鼠活动的地区即可	有90%原药粉、0.25%母粉、0.5%油剂3种剂型。使用时可配制成如下毒饵：①0.005%水质毒饵：取90%原药粉3克，溶于适量热水中，待凉后，拌于50千克饵料中，晒干后使用。②0.005%油质毒饵：取90%原药粉3克，溶于1千克热食油中，冷却至常温，洒于50千克饵料中拌匀即可。③0.005%粉剂毒饵：取0.25%母粉1千克，加入50千克饵料中，加少许植物油，充分混合拌匀即成	

类型	名称	特性	作用特点	用法	注意事项
慢性灭鼠药物	杀鼠灵（又名华法令）	白色粉末，无味，难溶于水，其钠盐溶于水，性质稳定	属香豆素类抗凝血灭鼠剂，一次投药的灭鼠效果较差，少量多次投放灭鼠效果好。鼠类对其毒饵接受性好，甚至出现中毒症状时仍采食	毒饵配制方法如下。①0.025%毒米：取2.5%母粉1份、植物油2份、米渣97份，混合均匀即成。②0.025%面丸：取2.5%母粉1份，与99份面粉拌匀，再加适量水和少许植物油，制成每粒1克重的面丸。以上毒饵使用时，将毒饵投放在鼠类活动的地方，每堆约39克，连投3～4天	对人、畜和家禽毒性很小，中毒时维生素K_1为有效解毒剂
	杀鼠醚	黄色结晶粉末，无臭，无味，不溶于水，溶于有机溶剂	属香豆素类抗凝血杀鼠剂，适口性好，毒杀力强，二次中毒极少，是当前较为理想的杀鼠药物之一，主要用于杀灭家鼠和野栖鼠类	市售有0.75%的母粉和3.75%的水剂。使用时，将10千克饵料煮至半熟，加适量植物油，取0.75%杀鼠醚母粉0.5千克，撒于饵料中拌匀即可。毒饵一般分2次投放，每堆10～20克。水剂可配制成0.0375%饵剂使用	
	杀它仗	白灰色结晶粉末，微溶于乙醇，几乎不溶于水	对各种鼠类都有很好的毒杀作用。适口性好，急性毒力大，1个致死剂量被吸收后3～10天就发生死亡，一次投药即可	用0.005%杀它仗稻谷毒饵，杀黄毛鼠有效率可达98%，杀室内褐家鼠有效率可达93.4%，一般一次投饵即可	适用于杀灭室内和农田的各种鼠类。对其他动物毒性较低，但犬很敏感

续表

类型	名称	特性	作用特点	用法	注意事项
急性灭鼠药物	毒鼠磷	白色结晶状粉末,无臭。难溶于水,极易溶于热米糠油。在干燥和室温条件下较稳定	属有机磷毒剂,能抑制胆碱酯酶活性,鼠类吞食后4～6小时出现症状,1天内死于呼吸道充血和心血管麻痹。主要用于杀灭野鼠,也可杀灭家鼠,但适口性较差	①醇溶法:将含量90%以上的毒鼠磷,溶于14倍量的95%乙醇中,溶解后加入适量谷物或面粉,再加少许食用油、白糖搅匀即成。②混合法:将毒鼠磷精晶先加少许面粉拌匀,再加入需要的全量面粉,加水拌匀制成小颗粒或条、块,晾干即可。③黏附法:将毒鼠磷精晶加适量面粉拌匀,再与粘有植物油的谷物拌匀制得。以上毒饵根据鼠体大小和数量,用药量为0.2%～1%,一次性撒布在鼠洞口附近,鼠食毒饵后多数在24小时内死亡	配制毒饵时工作人员要戴橡皮手套、口罩及防护眼镜,防止经皮肤吸收中毒。对家畜、家禽要严防误食中毒。若中毒,可注射阿托品和解磷定解救
	灭鼠丹	黄色结晶或粉末,难溶于水,微溶于乙醇	又名普罗米特。对鼠类毒力强大,但易产生耐药性	配成0.1%～0.2%的毒饵投用	对人、畜、禽毒力亦强,且能引起二次中毒,使用时需注意

(六) 杀昆虫

蚊、蝇、蚤、蜱等吸血昆虫会侵袭肉牛并传播疫病,因此,在肉牛生产中,要采取有效的措施防止和消灭这些昆虫。

1. 环境卫生

搞好肉牛场环境卫生,保持环境清洁、干燥,是杀灭蚊、蝇的基本措施。蚊虫需在水中产卵、孵化和发育,蝇蛆也需在潮湿的环境及粪便等废弃物中生长。因此，填平无用的污水池、土坑、水沟和洼地。保持排水系统畅通，对阴沟、沟渠等定期疏通，勿使污水蓄积。对贮水池等容器加盖，以防蚊、蝇飞入产卵。对不能清除或加盖的防火贮水器，在蚊、蝇滋生季节，应定期换水。永久性水体（如鱼塘、池塘等），蚊虫多滋生在水浅而有植被的边缘区域，修整边岸，加大坡度和填充浅湾，能有效防止蚊虫滋生。肉牛舍内的粪便应定时清除，并及时处理，贮粪池应加盖并保持四周环境的清洁。

2. 物理杀灭

利用机械方法以及光、声、电等物理方法，捕杀、诱杀或驱逐蚊、蝇。我国生产的多种紫外线光或其他光诱器，特别是四周装有电栅，通有将 220V 变为 5500V 的 10mA 电流的蚊蝇光诱器，效果良好。此外，还有可以发出声波或超声波并能将蚊、蝇驱逐的电子驱蚊器等，都具有防除效果。

3. 生物杀灭

利用天敌杀灭害虫，如池塘养鱼即可达到鱼类治蚊的目的。此外，应用细菌制剂——内菌素杀灭吸血蚊的幼虫，效果良好。

4. 化学杀灭

化学杀灭是使用天然或合成的毒物，以不同的剂型（粉剂、乳剂、油剂、水悬剂、颗粒剂、缓释剂等），通过不同途径（胃毒、触杀、熏杀、内吸等），毒杀或驱逐蚊、蝇。化学杀虫法具有使用方便、见效快等优点，是当前杀灭蚊、蝇的较好方法。常用的药物见表2-9。

表 2-9 常用的杀虫剂及使用方法

名称	性　状	使用方法
滴百虫	白色块状或粉末。有芳香味；低毒，易分解，污染小；杀灭蚊（幼）、蝇、蚤、蟑螂及家畜体表寄生虫	25％粉剂撒布；1％喷雾；0.1％畜体涂抹；0.02 克/千克体重口服驱除畜体内寄生虫
敌敌畏	黄色、油状液体，微芳香；易被皮肤吸收而中毒，对人、畜有较大毒害，畜舍内使用时应注意安全。杀灭蚊（幼）、蝇、蚤、蟑螂、螨、蜱	0.1％～0.5％喷雾，表面喷洒；10％熏蒸

续表

名称	性　状	使用方法
马拉硫磷	棕色、油状液体,强烈臭味;其杀虫作用强而快,具有胃毒、触毒作用,也可作熏杀,杀虫范围广。对人、畜毒害小,适于畜舍内使用。世界卫生组织推荐的室内滞留喷洒杀虫剂;杀灭蚊(幼)、蝇、蚤、蟑螂、螨	0.2%～0.5%乳油喷雾,灭蚊、蚤;3%粉剂喷洒灭螨、蜱
倍硫磷	棕色、油状液体,蒜臭味;毒性中等,比较安全;杀灭蚊(幼)、蝇、蚤、臭虫、螨、蜱	0.1%的乳剂喷洒;2%的粉剂、颗粒剂喷洒、撒布
二溴磷	黄色、油状液体,微辛辣;毒性较强;杀灭蚊(幼)、蝇、蚤、蟑螂、螨、蜱	50%的油乳剂。0.05%～0.1%用于室内外杀灭蚊、蝇、臭虫等,野外用5%浓度
杀螟松	红棕色、油状液体,蒜臭味;低毒、无残留;杀灭蚊(幼)、蝇、蚤、臭虫、螨、蜱	40%的湿性粉剂灭蚊、蝇及臭虫;2毫克/升灭蚊
地亚农	棕色、油状液体,酯味;中等毒性;水中易分解;杀灭蚊(幼)、蝇、蚤、臭虫、蟑螂及体表害虫	滞留喷洒0.5%,喷浇0.05%;撒布2%粉剂
皮蝇磷	白色结晶粉末,微臭;低毒,但对农作物有害;杀灭体表害虫	0.25%喷涂皮肤,1%～2%乳剂灭臭虫
辛硫磷	红棕色、油状液体,微臭;低毒,日光下短效,杀灭蚊(幼)、蝇、蚤、臭虫、螨、蜱	2克/米²室内喷洒灭蚊、蝇;50%乳油剂灭成蚊或水体内幼蚊
杀虫畏	白色固体,有臭味;微毒;杀灭家蝇及家畜体表寄生虫(蝇、蜱、蚊、蠓、蚋)	20%乳剂喷洒、涂布家畜体表;50%粉剂喷洒体表灭虫
双硫磷	棕色、黏稠液体;低毒,稳定;杀灭幼蚊、人蚤	5%乳油剂喷洒;0.5～1毫升/升撒布;1毫克/升颗粒剂撒布
毒死蜱	白色结晶粉末;中等毒性;杀灭蚊(幼)、蝇、螨、蟑螂及仓贮害虫	2克/米²喷洒物体表面
西维因	灰褐色、粉末;低毒;杀灭蚊(幼)、蝇、臭虫、蜱	25%的可湿性粉剂和5%粉剂撒布或喷洒
害虫敌	淡黄色、油状液体,低毒;杀灭蚊(幼)、蝇、蚤、蟑螂、螨、蜱	2.5%的稀释液喷洒;2%粉剂,1～2克/米²撒布;2%气雾
双乙威	白色结晶,芳香味;中等毒性;杀灭蚊、蝇	50%的可湿性粉剂喷雾,2克/米²喷洒灭成蚊
速灭威	灰黄色、粉末;中毒;杀灭蚊、蝇	25%的可湿性粉剂和30%乳油喷雾灭蚊
残杀威	白色结晶粉末,酯味;中等毒性;杀灭蚊(幼)、蝇、蟑螂	2克/米²用于灭蚊、蝇;10%粉剂局部喷洒灭蟑螂
胺菊酯	白色结晶;微毒;杀灭蚊(幼)、蝇、蟑螂、臭虫	0.3%的油剂,气雾剂,需与其他杀虫剂配伍使用

（七）粪便处理

1. 用做肥料

肉牛粪尿中的尿素、氨以及钾、磷等，均可被植物吸收。但粪中的蛋白质等未消化的有机物，要经过腐熟分解成 NH_3，或 NH_4^+，才能被植物吸收。所以，肉牛粪尿可做底肥。为提高肥效，减少肉牛粪中的有害微生物和寄生虫卵的传播与危害，肉牛粪在利用之前最好先经过发酵处理。

（1）处理方法。将肉牛粪尿连同其垫草等污物，堆放在一起，最好在上面覆盖一层泥土，让其增温、腐熟。或将肉牛粪、杂物倒在固定的粪坑内（坑内不能积水），待粪坑堆满后，用泥土覆盖严密，使其发酵、腐熟，经 15～20 天便可开封使用。经过生物热处理过的肉牛粪肥，既能减少有害微生物、寄生虫的危害，又能提高肥效，减少氨的挥发。肉牛粪中残存的粗纤维虽肥分低，但对土壤具有疏松作用，可改良土壤结构。

（2）利用方法。直接将处理后的肉牛粪用做各类旱作物、瓜果等经济作物的底肥。其肥效高，肥力持续时间长；或将处理后的肉牛粪尿加水制成粪尿液，用做追肥喷施植物，不但用量省、肥效快，而且增产效果也较显著。粪液的制作方法是将肉牛粪存于缸内（或池内），加水密封 10～15 天，经自然发酵后，滤出残余固形物，即可喷施农作物。尚未用完或缓用的粪液，应继续存放于缸中封闭保存，以减少氨的挥发。

2. 生产沼气

固态或液态粪污均可用于生产沼气。沼气是厌氧微生物（主要是甲烷细菌）分解粪污中含碳有机物而产生的一种混合气体，其中甲烷占 60%～75%，二氧化碳占 25%～40%，还有少量氧、氢、一氧化碳、硫化氢等气体。将牛粪、牛尿、垫料、污染的草料等投入沼气池内封闭发酵生产沼气，可用于照明、作燃料或发电等。沼气池在厌氧发酵过程中可杀死病原微生物和寄生虫，发酵粪便产气后的沼渣还可再用作肥料。

（八）病死肉牛处理

科学及时地处理病死肉牛尸体，对防止肉牛传染病的发生、避免环境污染和维护公共卫生等具有重大意义。病死肉牛尸体可采用深埋、焚烧法和高温法进行处理。

1. 深埋法

一种简单的处理方法，费用低且不易产生气味，但埋尸坑易成为病原的贮藏地，并有可能污染地下水。因此必须深埋，而且要有良好的排水系统。深埋应选择高岗地带，坑深在 2 米以上，尸体入坑后，撒上石灰或消毒药水，覆盖厚土。

2. 高温处理

确认是炭疽、鼻疽、牛瘟、牛肺疫、恶性水肿、气肿疽、狂犬病等传染病和恶性肿瘤或两个器官发现肿瘤的病肉牛整个尸体以及从其他患病肉牛各部分割除下来的病变部分和内脏以及弓形虫病、梨形虫病、锥虫病等病畜的肉尸和内脏等进行高温处理。高温处理方法：①湿法化制，是利用湿化机，将整个尸体投入化制（熬制工业用油）；②焚毁，是将整个尸体或割除下来的病变部分和内脏投入焚化炉中烧毁炭化；③高压蒸煮，是把肉尸切成重不超过 2 千克、厚不超过 8 厘米的肉块，放在密闭的高压锅内，在 112 千帕压力下蒸煮 1.5～2 小时；④一般煮沸法，是将肉尸切成规定大小的肉块，放在普通锅内煮沸 2～2.5 小时（从水沸腾时算起）。

（九）病畜产品的无害化处理

1. 血液

漂白粉消毒法，用于确认是肉牛病毒性出血症、野肉牛热、肉牛产气荚膜梭菌病等传染病的血液以及血液寄生虫病病畜禽血液的处理。将 1 份漂白粉加入 4 份血液中充分搅拌，放置 24 小时后于专设掩埋废弃物的地点掩埋。高温处理：将已凝固的血液切成豆腐方块，放入沸水中烧煮，至血块深部呈黑红色并成蜂窝状时为止。

2. 蹄、骨和角

肉尸做高温处理时剔出的病畜禽骨和病畜的蹄、角放入高压锅内蒸煮至骨脱或脱脂为止。

3. 皮毛

（1）盐酸食盐溶液消毒法。用于被炭疽、鼻疽、牛瘟、牛肺疫、恶性水肿、气肿疽、狂犬病等疫病污染的和一般病畜的皮毛消毒。将

2.5％盐酸溶液和 15％食盐水溶液等量混合，将皮张浸泡在此溶液中，并使液温保持在 30℃ 左右，浸泡 40 小时，皮张与消毒液之比为 1：10（m/V）。浸泡后捞出沥干，放入 2％氢氧化钠溶液中，以中和皮张上的酸，再用水冲洗后晾干。也可按 100 毫升 25％食盐水溶液中加入盐酸 1 毫升配制消毒液，在室温 15℃ 条件下浸泡 18 小时，皮张与消毒液之比为 1：4。浸泡后捞出沥干，再放入 1％氢氧化钠溶液中浸泡，以中和皮张上的酸，再用水冲洗后晾干。

（2）过氧乙酸消毒法。用于任何病畜的皮毛消毒。将皮毛放入新鲜配制的 2％过氧乙酸溶液浸泡 30 分钟，捞出，用水冲洗后晾干。

（3）碱盐液浸泡消毒。用于炭疽、鼻疽、牛瘟、牛肺疫、恶性水肿、气肿疽、狂犬病等疫病的皮毛消毒。将病皮浸入 5％碱盐液（饱和盐水内加 5％烧碱）中，室温（17～20℃）浸泡 24 小时，并随时加以搅拌，然后取出挂起，待碱盐液流净，放入 5％盐酸液内浸泡，使皮上的酸碱中和，捞出，用水冲洗后晾干。

（4）石灰乳浸泡消毒。用于口蹄疫和螨病病皮的消毒。制法：将 1 份生石灰加 1 份水制成熟石灰，再用水配成 10％或 5％混悬液（石灰乳）。将口蹄疫病皮浸入 10％石灰乳中浸泡 2 小时；螨病病皮，则将皮浸入 5％石灰乳中浸泡 12 小时，然后取出晾干。盐腌消毒，用于布鲁菌病病皮的消毒。将皮重 15％的食盐，均匀撒于皮的表面。一般毛皮腌制 2 个月，胎儿毛皮腌制 3 个月。

二、肉牛舍的环境控制

影响牛群生活和生产的主要环境因素有空气温度、湿度、气流、光照、有害气体、微粒、微生物、噪声等。在科学合理的设计和建筑肉牛舍、配备必需设备设施以及保证良好的场区环境的基础上，加强对肉牛舍环境管理来保证舍内温度、湿度、气流、光照和空气中有害气体和微粒、微生物、噪声等条件适宜，保证牛舍良好的小气候，为牛群的健康和生产性能提高创造条件。

（一）舍内温度的控制

1. 温度对肉牛的影响

适宜的温度对肉牛的生长发育非常重要。温度过高过低都会影响肉牛的生长和饲料利用率。环境温度过高，影响肉牛热量散失，热平衡遭到破坏，轻者影响肉牛的采食和增重，重者可能导致中暑直至死亡；温度过低，降低饲料消化率，同时又提高代谢率，以增加产热量维持体温，显著增加饲料消耗，生长速度减慢。

2. 适宜的环境温度

环境温度为 5～21℃时，肉牛的增重速度最快。肉牛舍的适宜温度见表 2-10。

表 2-10　肉牛舍的适宜温度

类型	最适温度/℃	最低温度/℃	最高温度/℃
肉牛舍	10～15	2～6	25～27
哺乳犊牛舍	12～15	3～6	25～27
断乳牛舍	6～8	4	25～27
产房	15	10～12	25～27

3. 舍内温度的控制

（1）肉牛舍的防寒保暖。肉牛的抗寒能力较强，冬季外界气温过低时也会影响肉牛的增重和犊牛的成活率。所以，必须做好牛舍的防寒保暖工作。

① 加强肉牛舍保温设计。肉牛舍保温隔热设计是维持肉牛舍适宜温度最经济、最有效的措施。根据不同类型肉牛舍对温度的要求设计肉牛舍的屋顶和墙体，使其达到保温要求。

② 减少舍内热量散失。如关闭门窗、挂草帘、堵缝洞等措施，以减少肉牛舍热量外散和冷空气进入。

③ 增加外源热量。在肉牛舍的阳面或整个室外肉牛舍扣塑料大棚。利用塑料薄膜的透光性，白天接受太阳能，夜间可在棚上面覆盖草帘，降低热能散失。犊牛舍必要时可以采暖。

④ 防止冷风吹袭机体。舍内冷风可以来自墙、门、窗等缝隙和进出气口、粪沟的出粪口，局部风速可达 4～5 米/秒，使局部温度下降，影响肉牛的生产性能，冷风直吹机体，增加机体散热，甚至引起伤风感冒。冬季到来前要检修好肉牛舍，堵塞缝隙，进出气口加设挡

板，出粪口安装插板，防止冷风对牛体的侵袭。

（2）肉牛舍的防暑降温。夏季，环境温度高，肉牛舍温度更高，使牛发生严重的热应激，轻者影响生长和生产，重者导致发病和死亡。因此，必须做好夏季防暑降温工作。

① 加强肉牛舍的隔热设计。加强肉牛舍外维护结构的隔热设计，特别是屋顶的隔热设计，可以有效降低舍内温度。

② 环境绿化遮阳。在肉牛舍或运动场的南面和西面一定距离栽种高大的树木（如树冠较大的梧桐），或丝瓜、眉豆、葡萄、爬山虎等藤蔓植物，以遮挡阳光，减少肉牛舍的直接受热；在牛舍顶部、窗户的外面或运动场上拉遮光网，实践证明是有效的降温方法。其折光率可达70%，而且使用寿命达4～5年。

③ 墙面刷白。不同颜色对光的吸收率和反射率不同。黑色吸光率最高，而白色反光率很强，可将牛舍的顶部及南面、西面墙面等受到阳光直射的地方刷成白色，以减少牛舍的受热度，增强光反射。可在牛舍的顶部铺放反光膜，降低舍温2℃左右。

④ 蒸发降温。牛舍内的温度来自太阳辐射，舍顶是主要的受热部位。降低牛舍顶部热能的传递是降低舍温的有效措施，在牛舍的顶部安装水管和喷淋系统；舍内温度过高时可以使用凉水在舍内进行喷洒、喷雾等，同时加强通风。

⑤ 加强通风。密闭舍加强通风可以增加对流散热。必要时可以安装风机进行机械通风。

（二）舍内湿度的控制

湿度是指空气的潮湿程度，生产中常用相对湿度表示。相对湿度是指空气中实际水汽压与饱和水汽压的百分比。肉牛体排泄和舍内水分的蒸发都可以产生水汽而增加舍内湿度。舍内上下湿度大，中间湿度小（封闭舍）。如果夏季门窗大开，通风良好，差异不大。保温隔热不良的畜舍，空气潮湿，当气温变化大时，气温下降时容易达到露点，凝聚为雾。虽然舍内温度未达露点，但由于墙壁、地面和天棚的导热性强，温度达到露点，即在畜舍内表面凝聚为液体或固体，甚至由水变成冰。水渗入围护结构的内部，气温升高时，水又蒸发出来，使舍内的湿度经常很高。潮湿的外围护结构保温隔热性能下降，常见天棚、墙壁生长绿霉、灰泥脱落等。

1. 湿度对肉牛的影响

空气湿度作为单一因子对肉牛的影响不大，常与温度、气流等因素一起对肉牛产生一定影响。

（1）高温高湿。高温高湿影响肉牛的热调节，加剧高温的不良反应，破坏热平衡。环境温度升高，为了维持体温恒定，肉牛会增加蒸热量。蒸发散热量正比于牛体蒸发面水汽压与空气水汽压之差，舍内空气湿度大，牛体蒸发面（皮肤和呼吸道）水汽压与空气水汽压变小，不利于蒸发散热，加重机体热调节负担，热应激更严重，导致食欲下降，采食量显著减少，甚至中暑死亡；高温高湿有利于许多病原的滋生和繁殖，从而引起疫病的发生和流行。如有利于真菌的滋生繁殖而引起皮肤病和霉菌病的发生。

（2）低温高湿。低温高湿时机体的散热容易，潮湿的空气使肉牛的被毛潮湿，保温性能下降，牛体感到更加寒冷，加剧了冷应激，特别是对犊牛和幼牛影响更大。肉牛易患感冒性疾病，如风湿症、关节炎、肌肉炎、神经痛等，以及消化道疾病（下痢）。寒冷冬季，相对湿度过高，对牛的生长有不利影响，饲料转化率会显著下降。

（3）高温低湿。高温低湿的环境，能使牛体皮肤或外露的黏膜发生干裂，降低了对微生物的防卫能力，而招致细菌、病毒感染等。低湿，舍内尘埃增加，容易诱发呼吸道疾病。

2. 舍内适宜的湿度

封闭式肉牛舍空气的相对湿度以 $60\% \sim 70\%$ 为宜，最高不超过 75%。

3. 舍内湿度调节措施

（1）湿度低时。舍内相对湿度低时，可在舍内地面散水或用喷雾器在地面和墙壁上喷水，水的蒸发可以提高舍内湿度。

（2）湿度高时。当舍内相对湿度过高时，可以采取如下措施。

① 加大换气量。通过通风换气，驱除舍内多余的水汽，换进较为干燥的新鲜空气。舍内温度低时，要适当提高舍内温度，避免通风换气引起舍内温度下降。

② 提高舍内温度。舍内空气水汽含量不变，提高舍内温度可以增大饱和水汽压，降低舍内相对湿度。特别是冬季或犊牛舍，加大通

风换气量对舍内温度影响大，可提高舍内温度。

（3）防潮措施。保证肉牛舍干燥需要做好肉牛舍防潮，除了选择地势高燥、排水好的场地外，可采取如下措施。

① 肉牛舍墙基设置防潮层，新建肉牛舍待干燥后使用。

② 舍内排水系统畅通，粪尿、污水及时清理。

③ 尽量减少舍内用水。舍内用水量大，舍内湿度容易提高。防止饮水设备漏水，能够在舍外洗刷的用具可以在舍外洗刷或洗刷后的污水立即排到舍外，不要在舍内随处抛撒。

④ 保持舍内较高的温度，使舍内温度经常处于露点以上。

⑤ 使用垫草或防潮剂（如撒生石灰、草木灰），及时更换污浊潮湿的垫草。

（三）光照控制

光照不仅显著影响肉牛繁殖，而且对肉牛有促进新陈代谢、加速骨骼生长以及活化和增强免疫机能的作用。在舍饲和集约化生产条件下，采用16小时光照8小时黑暗制度，育肥肉牛采食量增加，日增重得到明显改善。一般要求肉牛舍的采光系数为1：16，犊牛舍为1：（10～14）。

（四）有害气体

肉牛的呼吸、排泄物和生产过程的有机物分解，有害气体成分要比舍外空气成分复杂、含量高。密闭肉牛舍内中，有害气体含量容易超标，可以直接或间接引起肉牛群发病或生产性能下降，影响肉牛群安全和产品安全。

1. 舍内有害气体的种类及分布

肉牛舍中主要有害气体及分布见表2-11。

2. 有害气体的危害

肉牛舍内的氨气和硫化氢对人和肉牛都有害，严重刺激和破坏黏膜、结膜，降低肉牛体的屏障功能，影响肉牛抗病力，容易发生疾病。肉牛若长时间生活在这种空气污浊的环境中，首先刺激上呼吸道黏膜，引起炎症。污浊的空气还可引起肉牛的体质变弱、抗病力下降，易发生胃肠疾病及心脏病等。

表 2-11 肉牛舍中主要有害气体及分布

种类	理化特性	来源和分布	标准/(毫克/米³)
氨	无色,具有刺激性臭味,比空气轻,易溶于水,在 0℃时,1 升水可溶解 907 克氨	氨来源于牛的粪尿、饲料残渣和垫草等有机物分解的产物;舍内含量多少决定于肉牛的密集程度、肉牛舍地面的结构、舍内通风换气情况和舍内管理水平。上下含量高,中间含量低	20
硫化氢	无色、易挥发的恶臭气体,比空气重,易溶于水,1 体积水可溶解 4.65 体积的硫化氢	来源于含硫有机物的分解。当肉牛采食富含蛋白质饲料而又消化不良时排出大量的硫化氢。粪便厌氧分解也可产生;硫化氢产自地面和畜床,比重大,故愈接近地面浓度愈大	8
二氧化碳	无色、无臭、无毒、略带酸味气体。比空气重	来源于牛的呼吸;由于二氧化碳比重大于空气,因此聚集在地面上	1500
一氧化碳	无色、无味、无臭气体,相对密度 0.967	来源于火炉取暖的煤炭不完全燃烧,特别是冬季夜间畜舍封闭严密,通风不良,可达到中毒程度	

3. 消除措施

（1）加强场址选择和合理布局,避免工业废气污染。合理设计肉牛场和肉牛舍的排水系统,粪尿、污水处理设施。

（2）加强防潮管理,保持舍内干燥。有害气体易溶于水,湿度大时易吸附于材料中,舍内温度升高时又挥发出来。

（3）适量通风。干燥是减少有害气体产生的主要措施,通风是消除有害气体的重要方法。当严寒季节保温与通风发生矛盾时,可向肉牛舍内定时喷雾过氧化物类的消毒剂,其释放出的氧能氧化空气中的硫化氢和氨,起到杀菌、除臭、降尘、净化空气的作用。

（4）加强肉牛舍管理。一是舍内地面、畜床上铺麦秸、稻草、干草等垫料,可以吸附空气中有害气体,并保持垫料清洁卫生;二是做好卫生工作,及时清理污物和杂物,排出舍内的污水,加强环境的消毒等。

（5）加强环境绿化。绿化不仅美化环境,而且可以净化环境。绿色植物进行光合作用可以吸收二氧化碳,生产出氧气。如每公顷阔叶林在生长季节每天可吸收 1000 千克二氧化碳,产出 730 千克氧气;

绿色植物可大量的吸附氨，如玉米、大豆、棉花、向日葵以及一些花草都可从大气中吸收氨而生长；绿色林带可以过滤、阻隔有害气体。有害气体通过绿色林带至少有 25% 被阻留，煤烟中的二氧化硫被阻留 60%。

（6）采用化学物质消除。使用过磷酸钙、丝兰属植物提取物、沸石以及木炭、活性炭、煤渣、生石灰等具有吸附作用的物质吸附空气中的臭气。

（五）舍内微粒的控制

微粒是以固体或液体微小颗粒形式存在于空气中的分散胶体。肉牛舍中的微粒来源于肉牛的活动、采食、鸣叫，饲养管理过程，如清扫地面、分发饲料、饲喂及通风除臭等机械设备运行。肉牛舍内有机微粒较多。

1. 微粒对肉牛健康的影响

灰尘落到肉牛体表，可与皮脂腺分泌物、被毛、皮屑等混在一起而妨碍皮肤的正常代谢，影响被毛品质；灰尘吸入体内还可引起呼吸道疾病，如肺炎、支气管炎等；灰尘还可吸附空气中的水汽、有毒气体和有害微生物，产生各种过敏反应，甚至感染多种传染性疾病；微粒可以吸附空气中的水汽、氨、硫化氢、细菌和病毒等有毒有害物质造成黏膜损伤，引起血液中毒及各种疾病的发生。

肉牛舍中的可吸入颗粒物（PM10）不超过 2 毫克/米^3，总悬浮颗粒物（TSP）不超过 4 毫克/米^3。

2. 消除措施

（1）改善畜舍和牧场周围地面状况，实行全面的绿化，种树、种草和农作物等。植物表面粗糙不平，多绒毛，有些植物还能分泌油脂或黏液，能阻留和吸附空气中的大量微粒。含微粒的大气流通过林带，风速降低，大径微粒下沉，小的被吸附。夏季可吸附 35.2%~66.5% 的微粒。

（2）肉牛舍远离饲料加工场，分发饲料和饲喂动作要轻。

（3）保持肉牛舍地面干净，禁止干扫；更换和翻动垫草动作也要轻。

（4）保持适宜的湿度。适宜的湿度有利于尘埃沉降。

（5）保持通风换气，必要时安装过滤设备。

（六）舍内噪声的控制

物体呈不规则、无周期性震动所发出的声音叫噪声。噪声可由外界产生，如飞机、汽车、拖拉机、雷鸣等；舍内机械产生，如风机、除粪机、喂料机等；牛本身产生，如鸣叫、走动、采食、争斗等。

1. 噪声对肉牛的影响

噪声可使肉牛的听觉器官发生特异性病变，刺激神经反射，引起食欲不振、惊慌和恐惧，影响生产。噪声能影响肉牛的繁殖、生长、增重和生产力，并能改变肉牛的行为，易引发流产、早产现象。一般要求肉牛舍的噪声水平不超过 75 分贝。

2. 改善措施

（1）选择场地。肉牛场选在安静的地方，远离噪声大的地方，如交通干道、工矿企业和村庄等。

（2）选择设备。选择噪声小的设备。

（3）搞好绿化。场区周围种植林带，可以有效的隔声。

（4）科学管理。生产过程的操作要轻、稳，尽量保持肉牛舍的安静。

第三章

肉牛饲料营养的安全供应

第一节　饲料营养对肉牛的影响

肉牛用于维持生命和生长、育肥、繁殖、泌乳等生产和生理活动中需要的许多养分来源于饲料。因此，饲料是发展肉牛生产的物质基础。开辟饲料资源、备足饲料，并合理加工利用，才能把肉牛养好。

一、饲料营养对肉牛生产和健康的影响

家畜要维持自身的生长发育，必须从外界环境中摄取养分以保持机体正常活动的需要，也就是从饲料中获得营养物质转化为机体的组织，形成畜产品或供给热能。牛肉生产的过程就是物质和能量转化的过程。肉牛常用的饲料中含有的营养物质主要有蛋白质、能量、矿物质、维生素和水。

(一) 蛋白质

蛋白质是一种含氮化合物，由许多氨基酸连接而成，氨基酸的种类很多，但组成蛋白质的仅有 20 多种，蛋白质是构成肉牛机体组织、细胞的重要成分，是维持生命、生长、繁殖不可缺乏的物质，必须由饲料中供给。蛋白质也是肉牛机体组织的结构物质，肌肉、皮肤、内脏、血液、神经、骨骼、毛、角等的基本成分都是蛋白质，其产品肉、奶、毛绒等的主要成分也是蛋白质。另外蛋白质可以形成肉牛体内活性物质如酶、激素、抗体等，也是修补和更新机体组织的原料。蛋白质还可以分解产生能量，作为机体的能源。肉牛日粮中蛋白质不

足，会影响瘤胃的生理效果，肉牛生长发育缓慢，繁殖率、产乳量下降。严重缺乏，会导致肉牛消化功能紊乱，体力下降，贫血，水肿，以至抗病力减弱。饲喂蛋白质过得，多余的蛋白质变成低效的能量，很不经济。过量的非蛋白氮和高水平的可溶性蛋白可造成氨中毒。所以，合理的蛋白质水平很重要。由于肉牛是反刍动物，它能利用瘤胃中的微生物制造氨基酸，合成高品质的菌体蛋白。因此，对饲料蛋白质的用质要求不是很严格。瘤胃微生物能利用非蛋白质含氮化合物（如尿素、铵盐），将之转化为牛体所需要的蛋白质，根据这一特点，可在肉牛的日粮中添加适量尿素作为饲料蛋白质的代用品。

（二）能量

能量是机体进行各种活动的能力。能量主要来源于饲料的碳水化合物，如糖和淀粉等，是由碳、氢、氧三元素组成的，饲料中的碳水化合物进入机体后，经消化吸收和氧化分解后而产生热能。

碳水化合物可分为无氮浸出物（糖和淀粉）和粗纤维两部分，又叫可溶性和难溶性两部分，可溶性部分主要包括淀粉和糖类，营养价值高，易于消化吸收，又称易溶性碳水化合物，在玉米、高粱、薯类里含量最多，占干物质的 $60\% \sim 70\%$。难溶性的部分，主要是粗纤维，粗纤维包括纤维素、半纤维素和木质素等成分，在作物的秸秆和皮壳内含量最多。肉牛的第一胃中有大量能分解利用粗纤维的微生物，所以肉牛能较多地利用青粗饲料里的粗纤维：粗纤维除供肉牛热能外，还是牛奶脂肪的重要来源，饲料中易发酵的粗纤维在胃中分解产生挥发性低级脂肪酸，由胃壁吸收经血液运到乳腺中变成乳脂肪。此外，粗纤维对胃肠有填充作用，使肉牛采食后产生饱感，并能刺激胃肠蠕动，有利于消化和粪便排泄。

碳水化合物是畜禽饲料中最重要的能量来源，主要为肉牛提供能量供应。能量的作用是供能以维持肉牛各器官正常活动、维持肉牛的日常生命活动和体温。饲料中的能量水平是影响生产力的重要因素之一。能量不足，会导致幼年肉牛生长缓慢、母牛繁殖率下降、泌乳期缩短、生产力下降等。能量过高，对生产和健康同样不利。因此适量的能量水平，对保持肉牛体健康，提高生产力，降低饲料消耗具有重要作用。

(三) 矿物质

饲料经过充分燃烧，剩余的部分就称为矿物质或灰分。矿物质的种类很多，一般根据其占畜体体重的比例大小可分为常量元素 (0.01%以上) 和微量元素 (0.01%以下)。常量元素中有钙、磷、钠、氯、硫、镁、钾等。微量元素中有铁、铜、锰、锌、硅、硒、钴、碘、铬、氟、钼等，其在肉牛体内含量虽少，但具有重要作用。

肉牛正常需要多种矿物质。矿物质是肉牛组织、细胞、骨骼和体液的重要成分。体内缺乏矿物质，会引起神经系统、肌肉运动、食物消化、营养输送、血液凝固和体内酸碱平衡等功能紊乱，影响肉牛健康，生长发育，繁殖和畜产品产量，乃至死亡。

1. 钙和磷

钙、磷参与机体的代谢活动，是骨骼的重要组成成分。钙、磷关系密切，幼龄肉牛其比例为 2:1。血液中的钙有抑制神经和肌肉兴奋，促进血凝和保持细胞膜完整性等作用；磷参与糖代谢和保持血液 pH 值正常。缺乏钙或磷，骨骼发育不正常。长期缺钙、磷或由于钙、磷的比例不当和维生素 D 的供应不足，幼龄肉牛出现佝偻病，成年肉牛会发生骨软症和骨质疏松。奶中的钙、磷含量占其矿物质含量的 5%。若饲料中钙、磷不足，会影响肉牛的机体健康。豆科牧草含钙较多，禾本科牧草含钙量低，因此饲喂禾本科牧草应注意补充钙质。但日粮中钙过量，会加速其他元素如磷、镁、铁、碘、锌和锰缺乏。实践证明，理想的钙磷比例为：(1~2):1。

2. 钾、钠、氯

它们主要分市在肉牛的体液及软组织中，在维持体液的酸碱平衡和渗透压方面起着重要作用，并能调节体内水的平衡。钠是制造胆汁的重要原料。氯构成胃液中盐酸，参与蛋白质消化。钠、氯在肉牛体内主要以食盐形式存在，食盐还有调味作用，能刺激唾液分泌，促进淀粉酶的活性。缺乏时可导致消化不良、食欲减退、采食量减少、异嗜、利用饲料小营养物质的能力下降、发育障碍、生长迟缓、体重减轻、生殖机能减弱、生产力下降等现象。所以在饲料中必须补充食盐，食盐给量占日粮干物质的 0.3%。但喂量过多则引起食盐中毒。

钾主要存在于细胞内液中，影响机体的渗透压和酸碱平衡。对一些酶的活性有促进作用。缺乏钾采食量下降，精神不振，痉挛。夏季给肉牛补钾，可以缓解热应激。钾需要量占日粮 0.65%。

3. 硫

硫是保证瘤胃微生物最佳生长的重要养分，在瘤胃微生物消化过程中，硫对含硫氨基酸（蛋氨酸和胱氨酸）、维生素 B_{12} 的合成有作用。硫是构成蛋白质、某些维生素、酶、激素等的必需成分，也是机体中间代谢和去毒过程中不可缺少的物质。缺硫时，可发生流涎过多、虚弱、食欲不振、异食癖、消瘦等现象。硫还是黏蛋白和牛毛的重要组成成分。硫缺乏与蛋白质缺乏症状相似，出现食欲减退，增重减少，毛的生长速度降低。此外，还表现出唾液分泌过多、流泪和脱毛。硫缺乏会影响肉牛对粗纤维的消化率，降低氮的利用率。肉牛硫的需要量占日粮的 0.16%。一般不会缺硫，但添加尿素容易缺硫。尿素作为补充料时，添加 100 克尿素需要添加 3 克硫酸钠。

4. 碘

碘是形成甲状腺素不可缺少的元素。参与物质的代谢。缺碘时，新生犊牛甲状腺肿大，无毛，死亡或生存亦很衰弱，发育缓慢。母牛缺碘受胎率低，导致胚胎发育受阻，早期胚胎死亡，流产，胎衣不下。因为碘化钾容易氧化、蒸发或滤过，所以建议用碘化钙。碘的需要量为 0.25 毫克/千克日粮干物质。

5. 铁

铁参与形成血红素和肌红蛋白，保证机体组织氧的运输。铁还是细胞色素酶类和多种氧化酶的成分，与细胞内生物氧化过程密切相关。缺乏铁的症状是生长缓慢，嗜睡，贫血，呼吸频率加快。铁过量，其慢性中毒症状是采食量下降、生长速度慢、饲料转化率低；其急性中毒表现出厌食、尿少、腹泻、体温低、代谢性酸中毒、休克，甚至死亡。肉牛铁的需要量为 50 毫克/千克日粮干物质。

6. 钴

钴是牛瘤胃微生物合成维生素 B_{12} 的原料，血液中、肝脏中钴的含量可作为钴在牛体中含量充足与否的标志。缺钴时影响血红素和红细胞的形成。牛缺钴时出现食欲减退，流泪，被毛粗硬，精神不振，逐渐消瘦，贫血，发情次数减少，受胎率显著下降，易流产，泌乳量降低。饲料中钴含量过多对牛也有害，肉牛钴的需要量为 0.1 毫克/

千克日粮干物质。日粮中补充钴，则母牛中发情牛增加，公牛精子数增加。

7. 硒

硒是谷胱苷肽过氧化物酶的主要成分，具有抗氧化作用。也是日粮中必需的元素，每千克饲料中必须含有 0.1 毫克硒才能满足牛的需要。缺硒时，对犊牛的发育有严重影响，主要表现在犊牛生长慢，特别是白肌病的发生，死亡多。母牛繁殖机能紊乱，多空怀和死胎。对缺乏硒的犊牛可补饲亚硒酸钠。但硒过量则发生慢性积累性中毒，表现为脱毛、蹄发炎或溃烂，繁殖力下降。当喂含硒量低的日粮，体内的硒便迅速排出体外。肉牛硒的需要量为 0.3 毫克/千克日粮干物质。

8. 铜

铜促进铁在小肠的吸收，铜是形成血红蛋白的催化剂。铜是许多酶的组成成分或激活剂，参与细胞内氧化磷酸化的能量转化过程。铜还可促进骨和胶原蛋白的生成及磷脂的合成，参与被毛和皮肤色素的代谢，与肉牛的繁殖有关。肉牛缺铜还表现为体重减轻，胚胎早期死亡，胎衣不下，空怀增多；公牛性欲减退，精子活力下降，受精率降低。缺铜时，牛易发生巨细胞性低色素型贫血，被毛褪色，犊牛消瘦，运动失调，生长发育缓慢，代谢紊乱。肉牛也易受高铜的危害。牛对铜的最大耐受量为 70～100 毫克/千克日粮，长期用高铜日粮喂牛对健康和生产性能不利，甚至引起中毒。

9. 锰

锰对骨骼发育和繁殖都有作用。牛骨骼发育需要锰。缺锰时，母牛受胎率低、流产，犊牛的初生体重减轻。肉牛锰的需要量为 40 毫克/千克日粮干物质。

10. 锌

锌是牛体内多种酶的组成成分，直接参与牛体蛋白质、核酸、碳水化合物的代谢。锌还是一些激素的必需成分或激活剂。锌可以控制上皮细胞角化过程和修复过程，是牛创伤愈合的必需因子，并可调节机体内的免疫机能，增强机体的抵抗力。日粮中缺锌时，牛食欲减退，消化功能紊乱，异嗜，角化不全，创伤难愈合，发生皮炎（特别是牛颈、头及腿部），皮肤增厚，有痂皮和皲裂。公、母牛繁殖力下降。肉牛锌的需要量为 40 毫克/千克日粮干物质。

（四）维生素

维生素就是维持生命的要素。属于低分子有机化合物，其功能在于启动和调节有机体的物质代谢。在饲料中虽然含量甚微，但所起作用极大。维生素种类很多，目前已知的有20多种，分为脂溶性（维生素A、维生素D、维生素E、维生素K）和水溶性（B族维生素和维生素C）两大类。B族维生素包括硫胺素（维生素B_1）、核黄素（维生素B_2）、烟酸（维生素B_3）、吡哆醇（维生素B_6）、泛酸（维生素B_5）、叶酸、生物素（维生素B_4）、胆碱和维生素B_{12}。牛对维生素的需要量虽然极少，但缺乏了，就会引起许多疾病。维生素不足会引起机体代谢紊乱。犊牛表现为生长停滞，抗病力弱。成年牛则出现生产性能下降和繁殖机能紊乱。牛体所需的维生素，除由饲料中获取外，还可由消化道微生物合成。养牛业中一般对维生素A、维生素D、维生素E、B族维生素和维生素K比较重视。

1. 维生素A

维生素A是一种环状不饱和一元醇，具有多种生理作用，不足会出现多种症状。如缺乏维生素A时，会出现生长停滞、夜盲、流泪、咳嗽、流鼻液、肺炎、步伐不协调、上皮细胞角质化、食欲下降、消瘦、被毛粗乱、骨骼畸形、繁殖器官退化、流产、死胎等。青草、胡萝卜、黄玉米、鲜树叶、青干草内含有丰富的胡萝卜素，牛的小肠能把胡萝卜素转化为维生素A。

2. 维生素D

维生素D为类固醇的衍生物，功能为促进钙、磷吸收、代谢和成骨作用。缺乏维生素D会影响对钙、磷的吸收并引起代谢障碍，幼牛出现佝偻病，成年牛出现骨骼组织疏松症，从而引起佝偻病。牛还可以借助太阳光的照射作用，把皮肤中含有的7-脱氢胆固醇转化为维生素D。

3. 维生素E

维生素E又叫抗不育维生素，化学结构类似酚类化合物，极易被氧化，具有生物学活性。其主要功能是作为机体的生物催化剂。缺乏维生E会发生肌营养不良的退化性疾病。如白肌病和公牛睾丸萎缩症，这些疾病均影响生育。青草中维生素E的含量足够牛的需要，所以只要注意牛的优质青干草的供给就不会导致维生素 E 缺乏。日粮中适宜水平的硒和维生素 E 可以防治子宫炎和胎衣不下。犊牛日粮中需要量为每千克干物质含 25 单位，成年牛为 15～16 单位。

4. B 族维生素

B 族维生素主要作为细胞酶的辅酶，催化碳水化合物、脂肪和蛋白质代谢中的各种反应。牛瘤胃机能正常时，能由微生物合成维生素 B 满足牛体需要。但是犊牛在瘤胃发育正常之前，瘤胃微生物区系尚未建立，日粮中需要添加维生素 B。B 族维生素对牛维持正常生理代谢也非常重要。牛瘤胃中的微生物可以合成维生素 B，所以不易缺乏。若牛患某种疾病或得不到完全营养时，有机体合成维生素 B 的功能遭到破坏，应补给维生素 B。

5. 维生素 K

维生素 K 分为维生素 K_1、维生素 K_2 和维生素 K_3 三种，维生素 K_1 称为叶绿醌，在植物中形成；维生素 K_2 由胃肠道微生物合成；维生素 K_3 为人工合成。维生素 K 的主要作用是催化肝脏对凝血酶原和凝血活素的合成。经凝血活素的作用使凝血酶原转变为凝血酶。凝血酶能使可溶性的血纤维蛋白原变为不溶性的血纤维蛋白而使血液凝固。当维生素 K 不足时，因限制了凝血酶的合成而使血凝差。青绿饲料富含维生素 K_1，瘤胃微生物可大量合成维生素 K_2，一般不会缺乏。但在生产中，由于饲料间的拮抗作用，如草木樨和一些杂类草中含有与维生素 K 化学结构相似的双香豆素，能妨碍维生素 K 的利用；霉变饲料中的真菌霉素可制约维生素 K 的作用，需要适当增加维生素 K 的用量。

（五）水

水是家畜机体一切细胞和组织的必需构成成分。在组成畜体的所有化学成分中水的比例最高。初生犊牛身体含水 74%，育肥牛含水 50%。如果缺乏水，可使动物比缺乏任何营养都死得快。长时间饮水不足，会造成组织和器官缺水，消化机能减弱，食欲下降，影响体内代谢，严重时可造成死亡。当体内失去的 5% 水则食欲减退，失去 10% 的水分时，即会导致严重的代谢紊乱。失去 20%～25% 以上的水分时即会死亡。水的主要功能是调节体温、保持体形、散发体内热量、运输各种营养物质、帮助消化吸收、排除废物、缓解关节摩擦、促进新陈代谢等。水的需要量因年龄、外界环境条件等的不同而异，一般按采食饲料中的干物质含量来计算需水量，一般每采食 1 千克干物质需要水 3～4 升。饲料中蛋白质和食盐含量增加，饮水量随之增加。摄入高水分饲料饮水量降低。饮水随气温升高而增加，夏季饮水量高于冬季饮水量的 12 倍。妊娠期和泌乳期要增加。

二、饲料营养对肉牛免疫机能的影响

牛日粮营养水平和成分均影响其本身对疾病的抵抗力和恢复力，而这种抵抗力和恢复力需要免疫系统的高度协调，需要氨基酸、能量、酶、辅助因子支持淋巴细胞的增殖，从骨髓中补充新的单核白细胞和嗜异细胞，合成免疫球蛋白、溶菌酶、补体及含氮氧化物。

牛免疫系统对营养素的过剩或缺乏都很敏感，但获得最大免疫力所需要的营养水平高于正常生产所需量，如果某一种或几种营养素摄取不足，就会影响免疫机能的正常发挥，但过多则可能引起其他营养素的继发性缺乏或免疫抑制。一般说来，微量营养素比常量营养素对家畜免疫系统的影响更大，因此人们越来越重视营养调节，希望借此来增强家畜防御机能，减少疾病造成的损失。

（一）氨基酸

抗体是由细胞中自由氨基酸库合成的。这一合成作用要求充足的氨基酸补充，因此对氨基酸库的干扰可能对抗体合成系统造成严重的后果。家畜有机体出现免疫应激时，其代谢加快，对氨基酸的需求量增加。含硫氨基酸的缺乏会抑制体液免疫功能，多形核白细胞在这种缺乏状态下不能以氧化方法去破坏被吞噬的微生物。这种缺乏与胆碱缺乏的相加效应导致淋巴退化，并且抑制脾淋巴细胞对许多促细胞分裂剂的反应。缬氨酸还有刺激骨骼前 T 淋巴细胞分化为成熟 T 淋巴细胞的作用。缬氨酸、亮氨酸、异亮氨酸、赖氨酸、苯丙氨酸的缺乏可使动物胸腺、脾脏萎缩。腹腔注射缬氨酸可以提高牛红细胞免疫后的脾脏 IgM 分泌细胞数。牛日粮中添加亮氨酸与 α-酮异己酸，可调节其 T 淋巴细胞亚群的免疫功能。苏氨酸也是 IgG 合成的第一限制性氨基酸，日粮中添加赖氨酸和苏氨酸可使胸腺重量提高，皮肤对异源移植的排斥反应增加。精氨酸在生物体防御机能中的作用比维持生产更为重要。

（二）脂肪酸

n-3 不饱和脂肪酸能够促进抗体产生，亚油酸不仅影响脾脏淋巴细胞增殖和细胞分裂素的产生，而且能够改善应激引起的生长迟缓。

（三）维生素

不同形式的维生素 A 产生免疫效应的途径不同。视黄醇通过 B 淋巴细胞介导来增加免疫球蛋白的合成。视黄酸通过 T 淋巴细胞介异或产生淋巴因子促进免疫球蛋白合成。胡萝卜素是通过增强脾细胞增殖反应和腹腔巨噬细胞产生细胞毒因子起到抑制肿瘤细胞转移和促进免疫功能的作用，具有保护动物免遭癌症侵害，减轻紫外线致皮肤癌作用。维生素 A 的免疫作用还表现在它的抗氧化性方面，它可以通过降低自由基来调节免疫功能。另外，维生素 A 可通过保护细胞膜的强度而使病毒不能穿透细胞而达到增强动物机体免疫力的功效。不同程度的维生素 A 缺乏，不仅使动物 T 细胞亚群分化异常，胸腺淋巴细胞减少，细菌、病毒和原虫的感染机会增加，而且还可以导致呼吸道黏膜纤毛机能降低和黏液分泌减少，使细菌定居、增殖和侵入，家畜出现腹泻、感冒、肺炎等病症。胡萝卜素在肠壁中转变成维生素 A，任何一种对肠壁有损害的疾病，都会干扰这种转化作用，因此，家畜患病时应注意维生素 A 的供给。

维生素 C 是细胞外液中最重要的抗氧化剂。具有抗应激作用和提高动物免疫力等功能。当家畜受到病毒和细菌感染时，其特异性免疫细胞，如巨噬细胞，首先形成第一道防线，而这些细胞中维生素 C 的含量比血浆中的含量高 40 倍。巨噬细胞中高水平的维生素 C 同细胞的活化膜转运结构一起吞噬或杀死入侵的微生物，同时保护巨噬细胞免遭损伤。家畜遭受病毒和细菌感染时，其代谢活力发生应激变化，即肾上腺分泌皮质酮的速度加快，以动用储备能量，保证葡萄糖异生产生能量，确保即刻生存。一旦皮质酮耗竭或合成不足，葡萄糖异生产生能量的作用就会停止，而皮质酮的合成需要维生素 C，在急性免疫应激时，维生素 C 的生物合成不能满足动物的生理需要和抗应激需要。因此在家畜免疫应激期间，应补充一定量的维生素 C。

维生素 E 对各种动物都有免疫调节作用，主要是通过激活原发性免控反应来调节 IgG 的生物合成，通过激活 B 细胞而促进 IgG 的分泌。家畜服用足量的维生素 E 后，合成抗体的细胞增加，脾脏重量增加，网状内皮系统中的巨噬细胞增加。维生素 E 具有抗氧化功能，可促进不同动物的淋巴细胞增殖，可维持巨噬细胞膜的完整性，而细胞完整性对于免疫调节中接收及反馈信息是非常重要的。维生素 E 还可通过调节 IL-1 水平来促进 B 细胞分化及抗体的产生。

（四）矿物元素

矿物元素，尤其是微量元素在家畜日粮中的比例较小，但其作用很关键，不仅是家畜不可缺少的营养素，而且直接参与机体免疫，维持免疫机能，减少疾病发生。

铜主要是通过由它构成酶组成动物机体的防御系统而起增强机体免疫机能的作用。家畜缺铜时，其体液性、细胞性及非特异性免疫功能下降，如血液中 IgG、IgA 和 IgM 水平下降，对各种微生物易感性增加，而且还产生不完整的抗体，巨噬细胞内铜锌-SOD 活性及杀伤白色念珠菌的活性降低，杀伤酵母细胞数量减少。缺铜可导致动物脾脏 T 淋巴细胞减少，尤其是亚群辅助性 T 淋巴细胞数量减少，胸腺萎缩，肝脏肿大。放牧牛容易发生铜缺乏症，易感染消化道和呼吸道疾病，且炎症反应较重。

锌直接参与免疫调节活动，保持免疫系统的完整性，包括维持胸腺素的生物活性。胸腺素是以含锌复合物的形式存在的，在免疫系统的发育、应激反应、免疫调节、抗感染、抗肿瘤的免疫监视等方面发挥着重要作用。细胞内锌浓度对巨噬细胞活力和嗜中性粒细胞的杀菌能力起着决定性的作用，锌能诱导 B 细胞分泌免疫球蛋白，从而达到抑菌作用。缺锌可使家畜胸腺和脾脏的 T 淋巴细胞依赖区域全面萎缩，辅助性 T 淋巴细胞的功能也受到损害。补锌可提高动物 B 细胞的免疫性能、牛布氏杆菌试管凝集反应抗体滴度和血清 γ-球蛋白含量。

硒被称作免疫促进剂，硒通过 GSH-Px 来及时清除白细胞内的过氧化氢，防止白细胞本身受到危害，从而达到提高免疫活性的目的。家畜缺硒就抑制了 GSH-Px 的合成，降低了嗜中性粒细胞和巨噬细胞的 GSH-Px 活性，使细胞不能及时清除过氧化物而降低免疫细胞的活性。适量的硒还利于淋巴细胞分泌淋巴因子，增强 T 细胞与 NK 细胞吞噬或杀伤病原体和癌细胞的能力。补硒可提高家畜有机体的抗体水平，增强免疫力。

铁是动物体内许多酶的辅助因子，它能促进免疫球蛋白 IgM 的水平升高，从而明显地影响细胞免疫功能。铁同锌、硒、铜、铬等均可使动物胸腺、脾脏等免疫器官重量增加。缺铁可导致酶的活性下降，生长受阻，机体免疫功能受到影响。牛在遭受细菌和病毒感染初期，血清铁浓度降低，恢复期内迅速上升；碘能诱导甲状腺球蛋白加强主动免疫功能；补铬可提高靶组织中胰岛素和类胰岛素生长因子的敏感度，提高血清免疫球蛋白水平，降低直肠温度，减少发病率；妊娠期缺钴的母牛产犊牛在出生前后生活力下降，免疫力降低。

三、饲料污染对肉牛健康的影响

（一）饲料被有毒有害物质污染

饲料和饲草被农药污染（如饲料作物从污染的土壤、水体和空气中吸收；对作物直接喷洒农药以及饲料仓库用农药、杀虫剂防虫、运输饲料工具被农药污染等以及大量使用除草剂等），牛采食后可能引起中毒。

（二）饲料中添加剂使用不当

饲料中使用饲料添加剂，主要是为了补充饲料的营养成分，防止饲料品质劣化，提高饲料适口性和利用率，增强抗病力，促进生长发育，提高生产性能，满足饲料加工过程中某些工艺的特殊需要。饲料添加剂使用剂量极小而作用效果显著，近年来取得了长足的发展。但是，由于部分饲料添加剂具有毒副作用，加之过量的、无标准的使用，不仅不能达到预期的饲养效果，反而会造成牛中毒，轻则造成生产性能下降，重则造成动物大批死亡。特别是抗生素和化学合成药的滥用和一些违禁及淘汰药的非法使用，不仅危害牛的健康，也危害人的健康。

（三）饲料被病原微生物污染

饲料的温度过低（低于10℃）或过高（高于42℃），湿度过大（水分含量≥12%，相对湿度80%～90%）或运输贮藏不当等原因，均会使饲料中滋生有害的腐败性微生物（如细菌、真菌等）。这些有害菌大量生长会引起饲料营养价值降低、适口性变差及组成成分变质。用这种饲料饲喂动物，会发生动物疾病或死亡等不良情况（如饲料受到各种霉菌毒素的污染而导致免疫抑制。有研究表明，黄曲霉毒素、单端孢霉烯族毒素类的T-2毒素和DAS、赭曲霉毒素A都会导致免疫抑制，而这种作用只要在可引起典型显微病变或者慢性病变的浓度时即可发生），而且动物的排泄物、尸体及污水还会成为二次污染牧草和饲料的主要途径。

如谷物原料等在收割后的晾晒过程中受到禽类和啮齿类动物等沙门菌主要宿主的偷食，植物蛋白原料（如豆粕和菜子粕等）和动物蛋白原料（如鱼粉、鱼油、血粉和肉骨粉等）在贮藏时受到鼠类污染以及动物自身携带并在采食过程中污染饲料等，可以引起牛的感染，甚至交叉感染给人。

第二节 优质饲料原料的选择

一、肉牛的常用饲料

肉牛的饲料种类很多，根据饲料营养特性，分为粗饲料、青绿饲料、青贮饲料、能量饲料、蛋白质饲料、矿物质饲料、维生素饲料和饲料添加剂。一般习惯把能量饲料和蛋白质饲料统称为精饲料。

（一）能量饲料

能量饲料在肉牛饲料中占的比例较高。肉牛生产中常用的能量饲料为谷实类饲料、糠麸类饲料和薯类饲料。

谷实类是指禾本科子实，如玉米、高粱、大麦等。大部分是禾本科植物的成熟种子。这类种子的结构可分为种皮、糊粉层、胚乳及胚芽四部分。种皮和糊粉层为种子的外皮，作为保护组织，胚乳为营养贮藏器官，胚芽为生长组织。由丁各种种子的成分不一样，所以营养物质含量也不一样。各类子实中含有丰富的无氮浸出物，占干物质的70%～80%，其中主要为淀粉，故消化率很高，是牛补充热能的主要来源。但谷类子实中的蛋白质含量一般较低，在干物质中占8%～13%。矿物质含量较低，特别是钙的含量很低，一般低于0.1%，磷的含量较高，一般可达0.3%～0.45%。该类饲料通常B族维生素和维生素E较多，而维生素A和维生素D缺乏，除黄玉米外都缺胡萝卜素。肥育期肉牛日粮中占40%～70%。并注意搭配蛋白质饲料，补充钙和维生素A。

糠麸类是谷物加工后的副产品，我国的大宗糠麸类饲料主要是小麦麸（麸皮）和大米糠，它们是面粉厂和碾米厂的副产品。麸皮类包括次粉、小麦麸。碾米厂的砻糠和统糠，营养价值很低，与大米（细）糠显然不同，不能列入糠麸类饲料。糠麸类饲料的优点是：糠麸除无氮浸出物外，其他成分都比原粮多，含能量是原粮的60%左右。蛋白质含量为15%左右，比谷实类饲料（平均蛋白质含量10%）高3%～5%；B族维生素含量丰富，尤其含硫胺素、烟酸、胆碱和吡哆醇较多，维生素E含量也较多；物理结构疏松、体积大、重量轻，属于蓬松饲料，含有适量的粗纤维和硫酸盐类，有利于胃肠蠕动，易消化，有轻泻作用；可作为载体、稀释剂和吸附剂。但消化能或代谢能水平比较低，仅为谷实类饲料的一半，但价格却比谷实类饲料的一半还高很多；含钙量低；含磷量很高，磷多以植酸磷形式存在，肉牛因瘤胃微生物作用可以利用植酸磷。

薯类饲料在其脱去水分之前，被称之为块根、块茎类饲料及瓜果类饲料，它们的特点是水分含量高，相对干物质较少。就干物质的营养价值来考虑，它们归属能量饲料的范畴，折合能量相当于玉米、高粱等。在干物质中它们的粗纤维含量低，一般为2.5%～3.5%，无氮浸出物很高，占干物质的65%～85%，而且多是易消化的糖、淀粉等。它们具有能量饲料的一般缺点，即蛋白质含量低（但生物学价值很高），而且蛋白质中的非蛋白质含氮物质占的比例较高，矿物质和B族维生素的含量也不足。各种矿物质和维生素含量差别很大，一般缺钙、磷，富含钾。胡萝卜含有丰富的胡萝卜素，甘薯和马铃薯却缺乏各种维生素。鲜样含能量低，含水分高达 70%～95%，松脆可口，容易消化，有机物消化率达 85%～90%。冬季在以秸秆、干草为主的肉牛日粮中配合部分多汁饲料，能改善日粮适口性，提高饲料利用率。

常用的能量饲料见表 3-1。

表 3-1　常用的能量饲料

种类		营养特点
谷实类饲料	玉米	玉米中所含的可利用能值均大于谷实类中的任何一种饲料，被称为饲料大王。而且适口性好，易于消化。玉米含可溶性碳水化合物高，可达 72%，其中主要是淀粉，粗纤维含量低，仅 2%，所以玉米的消化率可达 90%。玉米脂肪含量高，在 3.5%～4.5%。含粗蛋白质偏低，8.0%～9.0%，并且氨基酸组成欠佳，缺乏赖氨酸、蛋氨酸和色氨酸。近些年来，在玉米育种工作中，已培育出含高赖氨酸的玉米，并在生产中开始应用，但是由于高赖氨酸玉米产量较低故没能大量推广应用。 玉米因适口性好、能量含量高，在瘤胃中的降解率低于其他谷类，可以通过瘤胃达到小肠的营养物质的量比较高，因此可大量用于肉牛的日粮中，比如用于肉牛的肥育等。青年肉牛或育肥的肉牛，整粒饲喂比粉碎饲喂要好。带芯玉米可以喂肉牛
	高粱	高粱为世界上主要粮食作物之一，其总产量仅次于小麦、水稻和玉米。高粱子实含能量水平因品种不同而不同，带壳少的高粱子实，能量水平并不比玉米低多少，也是较好的能量饲料。高粱蛋白质含量略高于玉米，氨基酸组成的特点和玉米相似，缺乏赖氨酸、蛋氨酸、色氨酸和异亮氨酸。高粱的脂肪含量不高，一般为 2.8%～3.3%，含亚油酸也低，约为 1.1%。 高粱含有单宁，单宁是影响高粱利用的主要因素之一，单宁含量高的高粱有涩味、适口性差，单宁可以在体内和体外与蛋白质结合，从而降低蛋白质及氨基酸的利用率。根据整粒高粱的颜色可以判断其单宁含量，褐色品种的高粱子实含单宁高，白色含量低，黄色居中。现已培育出高赖氨酸高粱，但在实际使用中，仍不能广泛推广。 高粱与玉米配合使用可提高饲料效率与日增重，因为两者饲喂可使它们在瘤胃消化和过瘤胃到小肠的营养物质有一个较好的分配。高粱和玉米的饲料价值相似，含能量略低于玉米，粗灰分略高，喂肉牛效果相当于玉米的 90%左右，喂前最好压碎

种类		营 养 特 点
谷实类饲料	小麦	小麦具有谷类饲料的通性,营养物质易于消化,适口性好。小麦的粗蛋白质含量在谷类子实中也是比较高的,一般在12%左右,高者可达14%~16%。由于传统观念的影响,以前小麦很少作为饲料使用,近年来小麦在饲料中的用量逐渐增多,在欧洲小麦是主要的谷类饲料。小麦是否用于饲料取决于玉米和小麦本身的价格。 小麦作为饲料时喂量不宜过大,否则会引起消化障碍。通常用量最好不超过精饲料的50%。饲喂时应粉碎或碾碎
	大麦	大麦属一年生禾本科草本植物,按播种季节可分为冬大麦和春大麦。大麦子实有两种,带壳者叫"草大麦",不带壳者叫"裸大麦",带壳的大麦,即通常所说的大麦,它的能量含量较低。大麦是一种坚硬的谷粒,在饲喂给肉牛之前必须将其压碎或碾碎,否则它将不经消化就排出体外 大麦所含的无氮浸出物与粗脂肪均低于玉米,因外面有一层种子外壳,粗纤维含量在谷实类饲料中是较高的,5%左右。其粗蛋白质含量为11%~14%,且品质较好。赖氨酸含量比玉米、高粱中的含量约高1倍。大麦粗脂肪中的亚油酸含量很少,仅0.78%左右。大麦的脂溶性维生素含量偏低,不含胡萝卜素,而含有丰富的B族维生素。含粗蛋白质10%以上,高于玉米,钙、磷含量也较高,可大量用来喂肉牛。肉牛因其瘤胃微生物作用,可以很好地利用大麦。细粉碎的大麦易引起肉牛发生膨胀症,可先将大麦浸泡或压扁后饲喂,预防此症。大麦经过蒸汽或高压压扁可提高肉牛的肥育效果
	燕麦	燕麦的品种相当复杂,一般常见的是普通燕麦,其他的还有普通野生燕麦、红色栽培燕麦、大粒裸燕麦及红色野生燕麦。按颜色分有白色、红色、灰黄色、黑色及混合色数种。按栽培季节也分冬燕麦和春燕麦。 燕麦的麦壳占的比重较大,一般占到28%,整粒燕麦子实的粗纤维含量较高,达8%左右。主要成分是淀粉,含量33%~43%,较其他谷实类少。含油脂较其他谷类高,约5.2%,脂肪主要分布于胚部,脂肪中40%~47%为亚麻油酸。燕麦子实的蛋白质含量高达11.5%以上,与大麦含量相似,但赖氨酸含量低。富含B族维生素,但烟酸含量较低,脂溶性维生素及矿物质含量均低。含粗蛋白质高于玉米和大麦,但因麸皮(壳)多,粗纤维超过11%,适当粉碎后是肉牛的好饲料。燕麦有很好的适口性,但必须粉碎后饲喂,肉牛饲喂后有良好的生长性能

续表

种类		营 养 特 点
谷实类饲料	裸麦	裸麦也叫黑麦,是一种耐寒性很强的作物,外观类似小麦,但适口性与饲养价值比不上小麦,依据栽培季节可分为春裸麦与冬裸麦,常见的均为冬裸麦。裸麦成分与小麦相似,粗蛋白质含量约为11.6%,粗脂肪占1.7%,粗纤维占1.9%,粗灰分约1.8%,钙0.08%,磷0.33%。裸麦是最易感染麦角霉菌的作物,感染此症后不仅产量减少、适口性下降,严重时还会引起肉牛中毒。肉牛对裸麦的适应能力较强,有较好的适口性。整粒或粉碎饲喂都可以
	稻谷与糙米	稻谷即带外壳的水稻及旱稻的子实,其中外壳为20%~25%,糙米70%~80%,颜色为白色到淡灰黄色,有新鲜米味,不应有酸败或发霉味道。大米一般多作为人的主食,用于饲料的多属于久存的陈米。大米的粗蛋白质含量为7%~11%,蛋白质中赖氨酸含量为0.2%~0.5%。糙米、碎米及陈米可以广泛用于肉牛饲料中,其饲用价值与玉米相似,但应粉碎使用。此外,稻谷和糙米均可作为精饲料用于肉牛日粮中
糠麸类饲料	小麦麸	小麦麸俗称麸皮,是以小麦为原料加工面粉时的副产品之一。小麦子实由种皮、胚乳和胚芽三部分组成。其中种皮占14.5%,胚乳占83%,胚芽占2.5%。小麦麸主要由子实的种皮、胚芽部分组成,并混有不同比例的胚乳、糊粉层成分。加工面粉的质量要求不同,出粉率也不一样,麸皮的质量相差也很大。如生产的面粉质量要求高,麸皮中来自胚乳糊粉层成分的比例就高,麸皮的质量也相应较高,反之则麸皮的质量较低。一般来讲,优质麸皮的代谢能可达7.9兆焦/千克,而质量差的麸皮代谢能仅为6.27~7.9兆焦/千克。 麸皮适口性好,但能量价值较低,麸皮的消化能、代谢能均较低。粗蛋白含量较高,一般为11%~15%,蛋白质的质量较好,赖氨酸含量为0.5%~0.7%,但是麸皮中蛋氨酸含量较低,只有0.11%左右。麸皮中B族维生素及维生素E的含量高,可以作为肉牛配合饲料中维生素的重要来源,因此,在配制饲料时,麸皮通常都作为一种重要原料。麸皮的最大缺点是钙、磷含量比例极不平衡。在干物质中,钙的含量只有0.16%,而磷的含量可达1.31%,钙和磷的比例几乎是1:8,实际中需要通过其他饲料或矿物饲料配合使用。是牛良好的饲料。麸皮具轻泻作用,母肉牛产后饲喂适量的麦麸,可以调养消化道机能

续表

	种类	营　养　特　点
糠麸类饲料	米糠	细米糠是糙米加工成白米时分离出的种皮、糊粉层与胚三种物质的混合物，一般每百千克糙米可分出细米糠 6～8 千克。与麸皮一样，细米糠的营养价值视白米加工程度不同而异，加工的米越白，则胚乳中物质进入米糠的就越多，米糠的营养价值就越高。细米糠基本不含稻壳，故粗纤维含量低，其粗蛋白质含量约为 13％，细米糠的蛋白质品质较好，在谷类饲料中它的赖氨酸含量较高。脂肪含量较高(15％以上)，并且脂肪中不饱和脂肪比例高，易酸败变质，不宜久存。细米糠的最大缺点与麦麸一样，即钙、磷比例严重不当，两者的含量分别为 0.08％ 和 1.77％，其比例数为 1∶20，因此在大量使用细米糠时，应注意补充含钙饲料。肉牛用量可以达到 20％，脱脂米糠可达 30％
	大豆皮	大豆皮是大豆加工过程中分离出的种皮，含粗蛋白质 18.8％，粗纤维含量高，但其中木质素少，所以消化率高，适口性也好。粗饲料中加入大豆皮能提高牛的采食量；饲喂效果与玉米相同
	玉米皮	含粗蛋白质 10.1％，粗纤维较高(9.1～13.8％)，可消化性比玉米差
薯类饲料	甘薯	甘薯也叫红薯、白薯、红苕、地瓜等。甘薯是高产作物，一般每亩可产 1000～1500 千克，如以块根中干物质计算，甘薯比水稻、玉米产量都高，其有效能值与稻谷近似，适合于作为能量饲料。甘薯中粗蛋白质含量较低，在干物质中也只有 3.3％，粗纤维少，富含淀粉，钙的含量特别低。甘薯怕冷，宜在 13℃左右贮存。甘薯粉渣是在甘薯制粉后留下的残渣。鲜粉渣含水分 80％～85％，干燥粉渣含水分 10％～15％。粉渣中的主要营养成分为可溶性无氮浸出物，容易被肉牛消化、吸收。由于甘薯中含有很少的蛋白质和矿物质，故其粉渣中也缺少蛋白质、钙、磷和其他无机盐类。甘薯易患黑斑病，患有黑斑病的甘薯及其制粉和酿酒的糟渣，不宜作为肉牛饲料，因为这种霉菌产生一种苦味，不但适口性差，还可导致肉牛发病。有黑斑病的甘薯有异味且含毒性酮，喂牛易导致喘气病，严重的会引起死亡。甘薯是肉牛的良好能量饲料。甘薯粉和其他蛋白质饲料结合，制成颗粒肉牛可取得良好的饲喂效果，但应在饲料中添加足够的矿物质饲料

种类		营　养　特　点
薯类饲料	木薯	木薯主要产于我国南方。它与甘薯一样都是高产作物,木薯比甘薯产量更高,一般每亩产量在 2000～5000 千克。以块根中干物质计算,木薯比玉米、水稻的产量都高。木薯属于多汁饲料,含水量为 70%～75%,粗纤维含量比较低,能量营养价值比较高。粗蛋白质的含量低,在干物质中也只有 2%～3%。矿物质含量也很低,特别是钙的含量更低。木薯可切成片晒干,木薯干中含有丰富的碳水化合物,其有效能值与糙米、大麦相近,但蛋白质的含量低且质量差,无机盐、微量元素等矿物质含量均低。木薯分为甜木薯和苦木薯两种,但均含有里那苦苷,易溶丁水,经酶的作用或遇稀酸游离出氢氰酸,氢氰酸对肉牛是一种有毒物质。苦木薯中含量大,0.02%～0.03%,需要脱毒后方可喂肉牛。甜木薯中含量低,约 0.01%,可以直接用于饲料中。木薯经过水浸可溶去里那苦苷,另经过蒸煮也可使氢氰酸消失。有人报道,每千克木薯中含氢氰酸 60 毫克时,经过煮沸 30 分钟以上,其氢氰酸可全部消失。木薯可在肉牛饲料中限量使用,以不超过 20% 为好
	马铃薯	马铃薯也叫土豆,属于块根块茎类植物。它的能量营养价值次于木薯和甘薯,马铃薯含有大量的无氮浸出物,其中大部分是淀粉,约占干物质的 70%。风干的马铃薯中粗纤维的含量为 2%～3%,无氮浸出物含量为 70%～80%,粗蛋白质含量为 8%～9%,每千克中含消化能 14.23 兆焦左右。马铃薯含非蛋白氮较多,约占蛋白质含量的一半。马铃薯中有一种含氰物质,叫龙葵素,是有毒物质,主要分布在块茎青绿皮上、芽眼与芽中。在幼芽及未成熟的块茎和贮存期间,经日光照射变成绿色的块茎,其含量较高,喂量过多可引起中毒。饲喂时要切除发芽部位并仔细选择,以防中毒。马铃薯经加工制粉后的剩余物为马铃薯粉渣,该粉渣与甘薯粉渣同样是含淀粉很丰富的饲料,其饲料成分和营养价值也几乎相同。干粉渣含蛋白质为 4.1% 左右,含可溶性无氮浸出物约 70%,是很好的能量饲料。马铃薯粉渣可以用于肉牛饲料中。肉牛可以很好地利用马铃薯的非蛋白质含氮物和可溶性无氮浸出物,在日粮中的比例应控制在 20% 以下

种类		营 养 特 点
薯类饲料	糖蜜	糖蜜是制糖工业的副产品。按制糖原料不同,分为甘蔗糖蜜、甜菜糖蜜、柑橘糖蜜及淀粉糖蜜。糖蜜为黄色或褐色液体,其中柑橘糖蜜略苦,其余三种均具有甜味。 糖蜜的主要成分为糖类。甘蔗糖蜜含蔗糖 24%～36%,还原糖 12%～24%。甜菜糖蜜所含糖类几乎都是蔗糖,达 47%之多。糖蜜矿物质含量较高,主要为钠、钾、镁、氯等,特别是钾含量最高,甘蔗糖蜜约含钾 3.6%,甜菜糖蜜的含量为 4.8%,还含少量钙、磷,但维生素的含量非常低。除淀粉糖蜜外,其他糖蜜含有 3%～4%的可溶性胶体,主要成分为木糖胶、阿拉伯糖胶及果胶等。各种糖蜜均含有少量粗蛋白质,其中多属非蛋白氮。糖蜜具有黏性,这有助于制粒,可以作为黏结剂使用,1%～3%即具有改善颗粒饲料硬度的效果。对粉状饲料尚有降低粉尘的作用。糖蜜由于含有盐水等原因,故有轻泻作用。糖蜜多为液态,含水虽高,但很难在配合饲料中大量使用。肉牛瘤胃微生物可很好的利用糖蜜中的非蛋白氮,从而提高其蛋白质价值。糖蜜中的糖类有利于瘤胃微生物的生长和繁殖,因此,可以改善瘤胃环境。糖蜜可作为肉牛肥育的饲料,和干草、秸秆等粗饲料搭配使用,可改善它们的适口性,提高采食量。肉牛用量可以占日粮的 5%～10%
	甜菜与甜菜渣	甜菜类作物有许多种类,一般视其块根中干物质含量和糖分含量的多少,可分为饲用甜菜、半糖用甜菜和糖用甜菜。饲用甜菜的鲜样中含干物质 9%～14%,干物质中含粗蛋白质 8%～10%,含粗纤维 4%～6%,糖分 50%～60%;半糖用甜菜鲜样中含干物质 14%～20%,干物质中含粗蛋白质 6%～8%,粗纤维 4%～6%,糖分60%～70%;糖用甜菜鲜样中含干物质 20%～25%,干物质中含粗蛋白质 4%～6%,粗纤维 4%～6%,糖分 65%～75%。由于糖用和半糖用甜菜含有大量蔗糖,故一般不做饲料用,而是用它制糖,再用其副产品——甜菜渣做饲料。甜菜渣是甜菜块根经过浸泡、压榨提取糖液后的残渣,呈粒状或丝状,为淡灰色或灰色,略具甜味。甜菜渣鲜样中水分含量为 88%左右;湿甜菜渣经烘干后制成干粉料,干粉料中粗蛋白质含量约为 9%,粗纤维含量高,可达 20%以上,无氮浸出物为 50%左右,维生素和矿物质含量均低。注意干甜菜渣喂前应先用 2～3 倍重量的水浸泡,避免干饲后在消化道内大量吸水引起膨胀致病。甜菜渣加糖蜜和 7.8%尿素可以制成甜菜渣块制品,它质硬、消化慢、尿素利用率高、安全性好,采食量提高 20%。 甜菜和甜菜渣也都是肉牛肥育的好饲料,干、鲜皆宜。新鲜的甜菜渣每头肉牛可喂 40 千克。干甜菜渣可以取代日粮中的部分谷类饲料,但不可作为唯一精饲料来源。干甜菜渣在肉牛肥育中可取代 50%左右的谷物饲料,并且用它可以预防臌胀症。在犊牛料中,应尽量少用

续表

种类		营 养 特 点
薯类饲料	果渣	我国有大量的果蔬产品副产品,比如苹果渣、葡萄渣、柑橘渣等,这些副产品富含肉牛可以消化的营养物质,然而由于水分含量高,难以保存。近年来通过微生物发酵技术,向这些高水分含量的新鲜果渣中添加益生菌,在有氧和无氧条件下进行发酵,其产品可以很好地用于肉牛饲料中,用量以 20% 以下为宜

(二) 蛋白质饲料

蛋白质饲料可用来补充其他蛋白质含量低的能量饲料以组成平衡日粮。这类饲料具有能量饲料的某些特点,即饲料干物质中粗纤维含量较少,而且易消化的有机物质较多,每单位重量所含的消化能较高,同时含有较高的蛋白质。蛋白质饲料包括植物性蛋白质饲料、动物性蛋白质饲料、非蛋白氮饲料和单细胞蛋白质饲料。

植物性蛋白质饲料蛋白质含量较高,赖氨酸和色氨酸的含量较低。其营养价值随原料的种类、加工工艺和副产品有很大差异。一些豆科子实、饼粕类饲料中还含有抗营养因子。

动物性蛋白质饲料是指用作饲料的水产品、畜禽加工副产品及乳、丝工业的副产品等,如鱼粉、肉骨粉、血粉、羽毛粉、乳清粉、蚕蛹粉等,其营养特点是蛋白质含量高。肉牛饲料中禁用反刍动物性蛋白质饲料。无公害牛肉生产,禁止使用肉骨粉、骨粉、血浆粉、动物下脚料、动物脂粉、蹄粉、角粉、羽毛粉、鱼粉等动物源性饲料。

非蛋白氮饲料主要指蛋白质之外的其他含氮物,如尿素、磷酸脲、硫酸铵、磷酸氢二铵等。其营养特点是粗蛋白质含量高,如尿素中粗蛋白质含量相当于豆粕的 7 倍;味苦,适口性差;不含能量。在使用中应注意补加能量物质;缺乏矿物质,特别要注意补充磷、硫。

单细胞蛋白质是指利用糖、氮、烃类等物质,通过工业方式,培养出能利用这些物质的细菌、酵母等微生物制成的蛋白质。单细胞蛋白质含有丰富的 B 族维生素、氨基酸和矿物质,粗纤维含量较低；单细胞蛋白质中赖氨酸含量较高，蛋氨酸含量低；单细胞蛋白质具有独特的风味，对增进动物的食欲具有良好效果。对于来源于石油化工、污染物处理工业的单细胞蛋白质，往往含有较多的有毒、有害物质，不宜作为单细胞蛋白质的原料。常用的蛋白质饲料见表3-2。

表3-2　常用的蛋白质饲料

种类		营养特性
植物性蛋白质饲料	大豆饼粕	是指以黄豆制成的油饼、油粕，与黑豆制成的不同，是所有饼、粕中最好的饼粕。一般大豆不直接用作饲料，豆类饲料中含有一种不良物质，生喂时，影响动物的适口性和饲料的消化率，这种不良物质需要通过110℃ 3分钟加热才能被消除掉。生豆粕是指大豆在榨油时未加热或加热不足的豆粕。它们在使用前也需经上述同样加热处理。 　大豆饼粕的蛋白质含量较高，在40%～44%，可利用性好，必需氨基酸的组成比例也相当好，尤其是赖氨酸含量，是饼、粕类饲料中含量最高的，高达2.5%～2.8%，是棉子饼粕、菜子饼粕及花生饼粕的1倍。大豆饼粕在氨基酸含量上的缺点是蛋氨酸不足，因而，在主要使用大豆饼粕的日粮中一般要另外添加蛋氨酸，才能满足动物的营养需要。 　大豆饼粕是肉牛的优质蛋白质饲料，可用于配制代乳饲料和犊牛的开口饲料。质量好的大豆饼粕色黄味香，适口性好，但不要在日粮中超过20%
	菜子饼粕	菜子饼粕的原料是油菜子。菜子饼粕的蛋白质含量中等，在36%左右，代谢能较低，约每千克8.4兆焦，矿物质和维生素含量比大豆饼粕丰富，含磷较高，含硒比大豆饼粕高6倍，居各种饼粕之首。菜子饼粕中的有毒有害物质主要是从油菜子中所含的硫代葡萄糖苷类衍生出来的，这种物质分布于油菜子的柔软组织中。此外，菜子中还含有单宁、芥子碱、皂角苷等有害物质。它们有苦涩味，影响蛋白质的利用效果，阻碍生长。菜子饼含芥子毒素，犊牛、孕牛最好不喂。 　菜子饼粕对牛的副作用要低于猪、鸡等单胃动物。菜子饼粕在牛瘤胃内降解速度低于大豆饼粕，过瘤胃蛋白质较大。加拿大、瑞典等国家先后育成毒素（含硫代葡萄糖苷和芥子碱）低的油菜品种，叫双低油菜。由双低油菜加工的菜子饼粕，所含毒素也少。对于这样的菜子饼粕，在饲料中可加大用量

种类		营 养 特 性
植物性蛋白质饲料	棉子饼粕	棉花子实脱油后的饼、粕,因加工条件不同,营养价值相差很大。主要影响因素是棉子壳是否去掉。完全脱了壳的棉仁所制成的饼、粕,叫做棉仁饼粕。其蛋白质含量可达41%以上,甚至可达44%,代谢能水平可达10兆焦/千克左右,与大豆饼粕不相上下。而由不脱掉棉子壳的棉子制成的棉子饼粕,蛋白质含量不过22%左右,代谢能只有6.0兆焦/千克左右,在使用时应加以区分。 　　在棉子内,含有对畜禽健康有害的物质——棉酚和环丙烯脂肪酸。棉酚是一种黄色的多酚色素,存在于种子的腺体内,它是腺体的主要色素,占总色素的95%。在棉仁饼粕内大部分棉酚和蛋白质及棉子的其他成分相结合,只有小部分以游离形式存在。生棉子中游离的棉酚含量依棉花品种、栽培环境不同,其含量在0.4%～1.4%。棉酚可引起畜禽中毒,畜禽游离棉酚中毒一般表现为采食量减少,呼吸困难,严重水肿,体重减轻,以致死亡。一般游离棉酚中毒是慢性中毒。动物尸体解剖可见胸腔和腹腔有大量积液、肝脾出血、肝细胞坏死、心肌损伤和心脏扩大等病变。在生长中通常的症状是,日粮中棉子饼粕用量过度时而发现增重慢,饲料报酬低。 　　牛因瘤胃微生物可以分解棉酚,所以棉酚的毒性相对小。棉子饼粕可作为良好的蛋白质饲料来源,是棉区喂牛的好饲料。在犊牛日粮中,用量不超过20%,在架子牛日粮中,可占精饲料的60%。如果长期过量使用则影响其种用性能,要进行脱毒,常用的脱毒方法为煮沸1～2小时,冷却后饲喂。去壳机榨或浸提的棉子饼粕含粗纤维10%左右,粗蛋白质32%～40%;带壳的棉子饼粕含粗纤维高达15%～20%,粗蛋白质20%左右
	向日葵饼粕	又叫葵花仁饼粕,也就是向日葵子榨油后的残余物。向日葵饼粕的饲用价值视脱壳程度而定。我国的向日葵饼粕,一般脱壳不净,带有的壳多少不等。粗蛋白质含量在28%～32%,赖氨酸含量不足,低于棉仁饼粕和花生饼粕,更低于大豆饼粕。可利用能量水平很低,代谢能6～7兆焦/千克。但也有优质的向日葵饼粕,带壳很少,粗纤维含量在12%,代谢能可达10兆焦/千克。向日葵饼粕与其他饼粕类饲料配合使用可以得到良好的饲养效果。牛对氨基酸的要求比单胃动物低,向日葵饼粕的适口性好,其饲养价值相对比较高,脱壳者效果与大豆饼粕不相上下。它也是肉牛的优质饲料,与棉子饼粕有同等价值

种类	营 养 特 性
植物性蛋白质饲料 花生饼粕	花生又名落花生、长生果等。花生的品种很多,脱油方法不同,因而花生饼粕的性质和成分也不相同。脱壳后榨油的花生饼粕,营养价值高,代谢能含量可超过大豆饼粕,可达到12.50兆焦/千克,是饼粕类饲料中可利用能量水平最高的饼粕。蛋白质含量也很高,高者可以达到44%以上。花生饼粕的另一特点是,适口性极好,有香味,所有动物都很爱吃。 花生饼粕蛋白质中的氨基酸含量比较平衡,利用率也很高,但不像大豆饼粕、鱼粉那样可在配合饲料时,提供更多的赖氨酸及含硫氨基酸,因此需要补充。花生饼粕很易染上黄曲霉。花生的含水量在9%以上、温度30℃、相对湿度为80%时,黄曲霉菌即可繁殖,引起畜禽中毒,因此,花生饼粕应随加工随使用,不要贮存时间过长。黄曲霉毒素可使人患肝癌。采用高温、高湿地区的饲料作原料,包括花生饼粕、玉米、米糠、大米等在内,都要检测它们的黄曲霉毒素含量。 肉牛的饲料可使用花生饼粕,并且其饲喂效果不次于大豆饼粕。因肉牛瘤胃微生物有分解毒素的功能,它们对黄曲霉毒素不很敏感,感染黄曲霉毒素的花生饼粕,可以用氨处理去毒。花生饼粕在瘤胃的降解速度很快,进食后几小时可有85%以上的干物质被降解,因此,不适合作为肉牛唯一的蛋白质饲料原料
芝麻饼粕	芝麻饼粕不含对畜禽有不良作用的因素,是安全的饼粕饲料。芝麻饼粕的粗纤维含量在7%左右,代谢能水平9.5兆焦/千克,视脂肪含量多少而异。芝麻饼粕的粗蛋白含量可达40%。 芝麻饼粕的最大特点是含蛋氨酸特别多,高达0.8%以上,是大豆饼、棉仁饼粕含量的1倍,比菜子饼粕、向日葵饼粕约高1/3,是所有植物性饲料中含蛋氨酸最多的饲料。但是,芝麻饼粕的赖氨酸含量不足,配料时应予注意。肉牛日粮中可以提高用量,可用于犊牛和育肥牛
亚麻饼粕	在我国北方地区种植油用亚麻,俗称胡麻,脱油后的残渣叫胡麻子饼或胡麻子粕(亚麻子饼或亚麻子粕)。我国榨油用的"胡麻子"多系亚麻子与菜子、芜芥子(也叫芥菜子)的混杂物。因此严格地讲,胡麻子饼粕与纯粹的亚麻饼粕是有区别的。亚麻种子中,特别是未成熟的种子中,含有亚麻苷配糖体,叫做里那苦苷,也叫生氰糖苷,它可生成氢氰酸,这是一种对任何畜禽都有毒的物质。 亚麻饼粕对动物的适口性不好,代谢能值较低,每千克约9.0兆焦。其粗脂肪含量约8%,有的残脂高达12%。残脂高的亚麻饼粕很容易变质,不利保存,但经过高温高压榨油的亚麻饼粕很容易引起蛋白质褐变,降低其利用率。一般亚麻饼粕含粗蛋白质32%～34%。赖氨酸含量不足,故在使用亚麻饼粕时要添加赖氨酸或与含赖氨酸高的饲料混合使用。 肉牛可以很好地利用亚麻饼粕,使其成为优质的蛋白质饲料。亚麻饼粕还有促进胃、肠蠕动的功能。用量应在10%以下

种类		营 养 特 性
植物性蛋白质饲料	椰子油粕	椰子的胚乳部分经过干燥成为干核,含油量66%,去油后的产物就是椰子油粕。椰子纤维含量高,代谢能含量比较低,氨基酸组成不够好,缺乏赖氨酸和蛋氨酸。水分含量8%～9%,粗蛋白质含量20%～21%,粗脂肪根据加工方法的不同差异较大,压榨脱油的含量可达6%,溶剂去油的含量仅为1.5%,粗纤维12%～14%。椰子油粕含有饱和脂肪酸,所以在含有椰子油粕的日粮中不需要考虑必需脂肪酸的问题。椰子油粕宜用于肉牛饲料中,适口性好。牛可以把椰子油粕当作蛋白质饲料使用,但采食太多有便秘倾向,精饲料中以使用20%以下为宜
	其他植物加工副产品	主要是糟渣类。常见的有玉米蛋白粉、豆腐渣、酱油渣、粉渣、酒糟等。玉米蛋白粉的蛋白质为25%～60%,蛋白质利用率高,蛋氨酸含量高,但赖氨酸不足;豆腐渣、酱油渣、粉渣粗蛋白质含量在20%以上,粗纤维含量高,缺乏维生素,消化率较低,水分含量高,不宜存放过久,否则极易被霉菌及腐败菌污染变质;酒糟蛋白质含量一般为19%～30%,是育肥牛的好饲料,日喂量可以达到10千克。对妊娠肉牛不宜多喂
动物性蛋白质饲料	鱼粉	鱼粉是优质蛋白质饲料,不仅蛋白质含量高,而且赖氨酸、含硫氨基酸和色氨酸等必需氨基酸含量也很丰富,易在配制日粮时使氨基酸达到平衡。鱼粉含粗蛋白质45%～65%,而国产鱼粉粗蛋白质含量为40%～50%,一般质量不稳定,而且粗脂肪和盐的含量偏高,很易酸败变质,急需在工艺及原料等方面改进。鱼粉是肉牛生产中最好的蛋白质补充料,在实际生产中,由于其价格太贵,且鱼腥味易带入肉中,使用有一定的限制
	血粉	蛋白质含量在80%以上,赖氨酸含量高达7%～9%,是优质的蛋白质饲料,另外,血粉还富有矿物质(如铁等)。但最大的缺点是适口性差,消化率低,异亮氨酸缺乏。如果采用高温、压榨、干燥制成的血粉,溶解性差、消化率低;而采用低温、真空干燥法制成的血粉或者经过二次发酵的血粉,溶解性好,消化率也高。但在日粮中配比不宜过高,应控制在3%以下,一般占日粮的1%～3%
	肉骨粉和肉粉	其含骨量大于10%的称肉骨粉,一般肉骨粉含粗蛋白质35%～40%,并含有一定量的钙、磷和维生素B_{12}。肉粉的粗蛋白质含量为50%～60%,因原料不同和加工方法不同,其营养成分有所变化,蛋氨酸和色氨酸较鱼粉少。在畜禽日粮中可以搭配5%

种类		营 养 特 性
单细胞蛋白质饲料	酵母、真菌及藻类	酵母最粗蛋白质含量为 40%～50%，生物学价值介于动物性蛋白质饲料和植物性蛋白质饲料之间。赖氨酸、异亮氨酸及苏氨酸含量较高，蛋氨酸、精氨酸及胱氨酸含量较低。含有丰富的 B 族维生素，但饲料酵母有苦味，适口性较差，肉牛日粮中可添加 2%～5%，一般不超过 10%
非蛋白氮饲料	尿素	只能喂给成年肉牛，用量一般不超过饲粮干物质的 1%。不能单独饲喂或溶于水中让肉牛直接饮用，要将尿素混合在精饲料或铡短的秸秆、干草中饲喂。严禁饲喂过量产生氨中毒。饲喂时要有 2 周以上的适应期，只能在 6 月龄以上的肉牛日粮中使用

（三）粗饲料

粗饲料常指各种农作物收获原粮后剩余的秸秆、秕壳以及干草等，按国际饲料分类原则，凡是饲料中粗纤维含量在 18% 以上或细胞壁含量为 35% 以上的饲料统称为粗饲料。粗饲料特点是粗蛋白质含量很低（在 3%～4%）；维生素含量极低，每千克秸秆（禾本科和豆科）含胡萝卜素 2～5 毫克；粗纤维含量很高（在 30%～50%）；无氮浸出物含量高（一般在 20%～40%）；灰分中，含钙高，含磷低，在粗饲料矿物质中，硅酸盐含量高，这对其他养分的消化利用有影响；粗饲料含总能高，但是消化能低。粗饲料来源广、种类多、产量大、价格低，是肉牛在冬春季节的主要饲料来源。常用的粗饲料见表 3-3。

（四）青绿饲料

青绿饲料是一类营养相对平衡的饲料，是牛只不可缺少的优良饲料，但其干物质少，能量相对较低。在牛只生长期可用优良青绿饲料作为唯一的饲料来源，但若要在肥育后期加快肥育则需要补充谷物、饼粕等能量饲料和蛋白质饲料。牛只常用的青绿饲料主要包括青牧草、青割饲料和叶菜类等。

1. 青绿饲料的营养特性

青绿饲料的营养特性见表 3-4。

表 3-3 常用的粗饲料

种类	营养特点
干草类饲料	干草是指植物在生长阶段收割后干燥保存的饲草。大部分调制的干草,是牧草在未结子前收割的草。通过制备干草,达到了长期保存青草中的营养物质和在冬季对肉牛进行补饲的目的。粗饲料中,干草的营养价值最高。青干草包括豆科干草(苜蓿、红豆草、毛苕子等)、禾本科干草(狗尾草、牛草等)和野干草(野生杂草晒制而成)。优质青干草含有较多的蛋白质、胡萝卜素、维生素 D、维生素 E 及矿物质。青干草粗纤维含量一般为 20%～30%,所含能量为玉米的 30%～50%。豆科干草蛋白质、钙、胡萝卜素含量很高,粗蛋白质含量一般为 12%～20%,钙含量为 1.2%～1.9%。禾本科干草含碳水化合物较高,粗蛋白质含量一般为 7%～10%,钙含量为 0.4%左右。野干草的营养价值较以上两种干草要差些。青干草的营养价值取决于制作原料的植物种类、收割的生长阶段以及调制技术。禾本科牧草应在孕穗期或抽穗期收割,豆科牧草应在结蕾期干花初期收割,晒制干草时应防止暴晒和雨淋。最好采用阴干法
秸秆类饲料	又称为藁类饲料,其来源非常广泛。凡是农作物子实收获后的茎秆和枯叶均属于秸秆类饲料,例如,玉米秸、稻草、麦秸、高粱秸和各种豆秸,这类植物粗纤维含量较干草高,一般为 25%～50%。木质素含量高,例如,小麦秸中木质素含量为 12.8%,燕麦秸粗纤维中木质素含量为 32%。硅酸盐含量高,特别是稻草。灰分含量高达 15%～17%,灰分中硅酸盐占 30%左右。秸秆饲料中有机物质的消化率很低,肉牛消化率一般小于 50%,每千克含消化能值要低于干草。蛋白质含量低(3%～6%),豆科秸秆饲料中蛋白质含量比禾本科的高。除维生素 D 之外,其他维生素均缺乏,矿物质中钾含量高,钙、磷含量不足。秸秆的适口性差,为提高秸秆的利用率,喂前应进行切短、氨化或碱化处理
秕壳类饲料	秕壳类饲料是种子脱粒或清理时的副产品,包括种子的外壳或颖、外皮以及一些混入的种子成熟程度不等的瘪谷和子实,因此,秕壳类饲料的营养价值变化较大。豆科植物中的蛋白质优于禾本科植物。一般来说,荚壳的营养价值略好于同类植物的秸秆,但稻壳和花生壳除外。砻糠质地坚硬,粗纤维高达 35%～50%。秕壳能值变幅大于秸秆,主要受品种、加工贮藏方式和杂质多少的影响,在打场中有大量泥土混入,而且本身硅酸盐含量高。如果尘土过多,甚至堵塞消化道而引起便秘、疝痛。秕壳具有吸水性,在贮藏过程中易于霉烂变质,使用时,一定要注意

表 3-4 青绿饲料的营养特性

| 水分 | 青绿饲料的含水量一般在 75%～90%,水生饲料可以高达 90%以上,因此,青绿饲料中干物质含量一般较低。青绿饲料中水分大多存在于植物细胞内,它所含有的酶、激素、有机酸等能促进动物的消化吸收,但是营养价值较低。青绿饲料干物质的净能值比干草高,含粗纤维较少,柔嫩多汁,可以直接大量饲喂,肉牛对其中的有机物质消化能力达到 75%～85% |

蛋白质	青绿饲料中蛋白质含量丰富,禾本科牧草和蔬菜类饲料的粗蛋白质含量一般在1.5%～3%,豆科青绿饲料在3.2%～4.4%,按干物质算,前者为13%～15%,后者达18%～24%。青绿饲料中的氨基酸组成比较完全,赖氨酸、色氨酸和精氨酸较多,营养价值高。青绿饲料蛋白质中氢化物(游离氨基酸、酰胺、硝酸盐等),占总氮的30%～60%,氨化物中游离氨基酸占60%～70%,牛可利用,可由瘤胃微生物转化为菌体蛋白质。生长旺盛的植物中氢化物含量较高,随着植物生长,纤维素的含量增加,而氨化物含量逐渐减少
碳水化合物	青绿饲料中粗纤维含量较少,木质素较少,无氮浸出物较高。青绿饲料干物质中粗纤维不超过30%,叶、菜类中不超过15%,无氮浸出物在40%～50%。粗纤维的含量随着生长期延长而增加,木质素含量也显著增加,一般来说,植物开花或抽穗之前,粗纤维含量较低。木质素每增加1%,有机物质消化率下降4.7%。牛对有机物质的消化率可达75%～85%
脂肪	脂肪含量很少,为鲜重的0.5%～1%,占干物质重的3%～6%
矿物质	青绿饲料是矿物质的良好来源,钙、磷比较丰富,矿物质为鲜重的1.5%～2.5%。青绿饲料的钙、磷多集中在叶片内,钙、磷含量因植物种类、土壤与施肥情况而异,一般钙为0.25%～0.50%,磷为0.2%～0.35%,比例较为适宜,特别是豆科牧草钙的含量较高,因此依靠青绿饲料为主食时,不易缺钙。此外,青绿饲料中尚含有丰富的铁、锰、锌、铜等微量元素,如果土壤中不缺乏某种元素,那么各种元素均能满足牛的营养需要
维生素	青绿饲料中维生素含量丰富,特别是胡萝卜素含量较高,每千克饲料中含50～80毫克。豆科牧草中胡萝卜素含量高于禾本科植物。此外,青绿饲料中B族维生素、维生素E、维生素C和维生素K含量也较丰富,如鲜苜蓿中含硫胺素1.5毫克/千克,核黄素4.6毫克/千克,烟酸18毫克/千克,比玉米子实高。但缺乏维生素D,维生素B_6也很少

2. 肉牛常用的青绿饲料

(1) 青牧草。青牧草包括自然生长的野草和人工种植的牧草。青牧草种类很多,其营养价值因植物种类、土壤状况等不同而有差异。人工牧草如苜蓿、沙打旺、草木樨、苏丹草等营养价值较一般野草高。

(2) 青割牧草。青割牧草是把农作物如玉米、大麦、豌豆等进行密植,在子实未成熟之前收割,饲喂肉牛。青割牧草蛋白质含量和消化率均比结子后高。此外,青草茎叶的营养含量上部优于下部,叶优于茎。所以,要充分利用生长早期的青绿饲料,收贮时尽量减少叶部损失。

(3) 叶菜类。叶菜类包括树叶(如榆、杨、桑、果树叶等)和青菜（如白菜等），含有丰富的蛋白质和胡萝卜素，粗纤维含量较低，营养价值较高。胡萝卜产量高、耐贮存、营养丰富：胡萝卜大部分营养物质是淀粉和糖类，因含有蔗糖和果糖，多汁味甜，每千克胡萝卜含胡萝卜素 36 毫克以上及 0.09％的磷，高于一般多汁饲料。含铁量较高，颜色越深，胡萝卜素和铁含量越高。

3. 饲喂青绿饲料时应注意的问题

（1）防止亚硝酸盐中毒。甜菜、萝卜叶、芥菜叶、白菜叶等叶菜类中都含有少量硝酸盐，它本身无毒或毒性很低，只有在细菌的作用下，腐败菌把硝酸盐还原为亚硝酸盐而引起牛中毒。青绿饲料堆放时间过长，发霉，或者在锅里加热或煮开闷在锅、缸里过夜，都会引起硝化细菌将硝酸盐还原为亚硝酸盐。

亚硝酸盐中毒发病很快，多在 1 天之内死亡，甚至在半小时内死亡。发病症状表现为不安、腹痛、呕吐、流涎、吐白沫、呼吸困难、心跳加快、全身震颤、行走摇晃、后肢麻痹，体温无变化或偏低，血液呈酱油色。可注射 1％美蓝溶液，每千克体重 0.1～0.2 毫升。也可用甲苯胺蓝治疗，用量为每千克体重 5 毫克。还注射维生素 C（5％～10％），肉牛的用量为 1 克以上。

（2）防止氢氰酸中毒。青绿饲料中一般不含有氢氰酸，但在高粱苗、玉米苗、马铃薯的幼芽、木薯、亚麻叶、豆麻子饼、三叶草、南瓜蔓等中含有氰苷配糖体，这些饲料经过发霉或霜冻枯萎，在植物体内特殊酶的作用下，氰苷被水解而放出氢氰酸。当含氰苷的饲料进入肉牛体后，在瘤胃微生物作用下，甚至无需特殊的酶作用，仍可使氰苷和氰化物分解为氢氰酸，引发肉牛中毒。因此，用这些饲料饲喂肉牛之前应晒干或制成青贮饲料再饲喂。此外，玉米、高粱收割后的再生苗，经霜冻后危害更大。

氢氰酸中毒的症状为：腹痛或腹胀，呼吸困难，呼出气体有苦杏仁味，行走时站立不稳。可视黏膜，先为红色，但到后期发白或带紫，肌肉痉挛，牙关紧闭，瞳孔散大，最后卧地不起，四肢划动，呼吸麻痹而死。

（3）防止草木樨中毒。草木樨本身并不含有毒物质，但含有香豆素，当草木樨发霉腐败时，在细菌作用下，香豆素转变为有毒性的双香豆素，它与维生素 K 有拮抗作用。由于中毒发生很慢，通常饲喂草木樨2~3周后发病。饲喂草木樨应该逐渐增加饲喂量，不能突然大量饲喂，不饲喂发霉腐败的草木樨和苜蓿。

此外，有些青草要注意适口性，如沙打旺营养价值较高，但有苦味，最好与秸秆或青草混合青贮，或与其他草混合饲喂。

（4）防止农药中毒。蔬菜、棉花田、水稻田刚喷过农药后，路旁、河边的杂草、蔬菜不能用作饲料，等下过雨或隔1个月后再收割，谨防引起农药中毒。

（五）青贮饲料

青绿饲料优点很多，但是水分含量高，不易保存。为了长期保存青绿饲料的营养特性，保证饲料淡季供应，通常采用两种方法进行保存。一种方法是青绿饲料脱水制成干草，另一种方法是利用微生物的发酵作用调制成青贮饲料。将青绿饲料青贮，不仅能较好地保持青绿饲料的营养特性，减少营养物质损失，而且由于青贮过程中产生大量芳香族化合物，使饲料具有酸香味，柔软多汁，改善了适口性，是一种长期保存青绿饲料的良好方法。此外，青贮原料中含有硝酸盐、氢氰酸等有毒物质，经发酵后会大大降低有毒物质的含量，同时，青贮饲料中由于有大量乳酸菌存在，菌体蛋白质含量比青贮前提高20%~30%，很适合喂肉牛。

另外，青贮饲料制作简便、成本低廉、保存时间长、使用方便，解决了冬、春牛只供给青绿饲料的难题，是养肉牛的一类理想饲料。

1. 青贮饲料的特点

（1）青贮饲料可以保持青绿饲料的营养特性。青贮是将新鲜的青绿饲料切碎装入青贮窖或青贮塔内，通过密封措施，造成厌氧条件，利用厌氧微生物的发酵作用，达到保存青绿饲料的目的。因此，在贮藏保存过程中氧化分解作用弱，机械损失少，较好地保持了青绿饲料原有的营养特性。

（2）青贮饲料适口性好，利用率高。青绿多汁饲料经过微生物发酵作用，产生大量芳香族化合物，具有酸香味，柔软多汁，适口性好。有些植物制成干草时，具有特殊气味或质地粗糙，适口性差，但青贮发酵后，成为良好的饲料。

（3）青贮饲料能长期保存。良好的青贮饲料，如果管理得当，青贮窖不漏气,则可多年保存,久者可达二三十年。这样可以在青绿多汁饲料缺乏的冬春季节,均衡地饲喂肉牛。

(4)调制青贮饲料受气候影响小、原料广泛。调制青贮饲料的原料广泛,只要方法得当,几乎各种青绿饲料,包括豆科牧草、禾本科牧草、野草野菜、青绿的农作物秸秆和茎蔓,均能青贮。青贮过程受气候影响小,在阴雨季节或天气不好时,晒制干草困难,但对青贮的影响较小,只要按青贮条件要求严格掌握,仍可制成优良青贮饲料。

(5)调制方法多种多样。除普通青贮法外,还可采用一些特种青贮方法,如加酸、加防腐剂、接种乳酸菌或加氮化物等外加剂青贮及低水分青贮等方法,扩大了可青贮饲料的范围,使普通方法难青贮的植物得以很好地青贮。

2. 牛对青贮饲料的利用

青贮饲料是肉牛日粮的基本组成成分。肉牛对青贮饲料的采食量和有机物质消化率:如果以青绿饲料采食干物质量为100%计,则青贮饲料的采食量为青绿饲料的35%~40%,高水分青贮饲料采食量高于低水分青贮饲料,而且比干草的采食量高。青贮饲料有机物质的消化率和干草差不多,但比青饲料略低。青贮饲料中无氮浸出物含量比青绿饲料中的含量低,糖类显著下降,例如,黑麦草青草中含糖9.5%,而黑麦草青贮中仅为2%,粗纤维含量相对提高。青贮饲料中蛋白氮比例显著提高,例如,苜蓿青贮干物质中非蛋白质含量为62%,青割饲料为22.6%,干草为26%;低水分青贮为44.6%。三种主要处理法可消化氮回收率:田间晒制干草为67%,直接切制青贮为60%,低水分青贮为73%。

青贮饲料饲喂肉牛时,在日粮中应当适量搭配,不宜过多尤其是对初次饲喂青贮饲料的肉牛,要经过短期的过渡期适应,开始饲喂时少喂勤添,以后逐渐增加喂量。

(六)矿物质饲料

矿物质是一类无机营养物质,存在于动物体内的各组织中,广泛参与体内各种代谢过程。除碳、氢、氧和氮4种元素主要以有机化合物形式存在外,其余各种元素无论含量多少,统称为矿物质或矿物质元素。

肉牛日粮组成主要是植物性饲料。而大多数植物性饲料中的矿物质不能满足肉牛快速生长的需要，矿物元素在机体生命活动过程中起着十分重要的调节作用，尽管占体重很小，且不供给能量、蛋白质和脂肪，但缺乏时易造成肉牛生长缓慢、抗病能力减弱，以致威胁生命。因此生产中必须给肉牛补充矿物质，以达到日粮中的矿物质平衡，满足肉牛生存、生长、生产、高产的需要。目前，肉牛常用的矿物质饲料主要是含钠和氯元素的食盐，含钙、磷饲料的骨粉、碳酸钙、磷酸氢钙、蛋壳粉、贝壳粉等。

1. 食盐

食盐的成分是氯化钠，是肉牛饲料中钠和氯的主要来源。在植物性饲料中含钠和氯都很少，故需以食盐方式添加。精制的食盐含氯化钠99％以上，粗盐含氯化钠95％，加碘盐含碘0.007％。纯净的食盐含钠39％，含氯60％，此外尚有少量的钙、镁、硫。食用盐为白色细粒，工业用盐为粗粒结晶。

饲料中缺少钠和氯元素会影响肉牛的食欲，长期摄取食盐不足，可引起活力下降、精神不振或发育迟缓，降低饲料利用率。缺乏食盐的肉牛往往表现舔食棚、圈的地面、栏杆，啃食土块或砖块等异物。但饲料中盐过多，而饮水不足，就会发生中毒，中毒主要表现在口渴，腹泻，身体虚弱，重者可引起死亡。

动物性饲料中食盐含量比较高，一些食品加工副产品，甜菜渣、酱渣等中的食盐含量也较多，故用这些饲料配合日粮时，要考虑它们的食盐含量。食盐容易吸潮结块，要注意捣碎或经粉碎过筛。饲用食盐的粒度应全部通过30目筛，含水量不得超过0.5％，氯化钠纯度应在95％以上。喂量一般占日粮干物质的0.3％。喂量不可过多，否则引起中毒。饲喂青贮饲料需盐量比喂干草多，给高粗日粮需盐量比高精日粮多。

2. 含钙饲料

钙是动物体内最重要的矿物质饲料之一。在生产实际中，含钙饲料来源广泛并且价格便宜，常用的含钙饲料主要有石粉、蛋壳粉、贝壳粉，还有含钙和磷的骨粉及磷酸钙等。肉牛处在不同的生长时期、用于不同的生产目的，不仅对钙的需求量不同，而且对不同来源的钙利用率也不同。一般饲料中钙的利用率随肉牛的生长而变低，但泌乳期和怀孕期间对钙的利用率则提高。微量元素预混料通常使用石粉或贝壳粉作为稀释剂或载体，配料时应将其钙含量计算在内。

钙源饲料价格便宜，但用量不能过大，用量过大，会影响钙、磷平衡，使钙和磷的消化、吸收、代谢都受到影响。钙过多，像缺钙一样，也会引起生长不良，发生佝偻病和软骨症，流产。常见的含钙饲料见表3-5。

表3-5　常见的含钙饲料

碳酸钙 （石粉）	由石灰石粉碎而成最经济的矿物质原料。常用的石粉为灰白色或白色无臭的粗粉或呈细粒状。100％通过35目筛。一般认为颗粒越细，吸收率越佳。市售石粉的碳酸钙含量应在95％以上，含钙量在38％以上
蛋壳粉	用新鲜蛋壳烘干后制成的粉。新鲜蛋壳制粉时应注意消毒。一般在烘干时，最后产品温度应达132℃，以免蛋白质腐败及携带病原菌，蛋壳粉中钙的含量约为25％。性质与石灰石相似
贝壳粉	将各种贝类外壳（牡蛎壳、蛤蜊壳、蚌、海螺等的贝壳）粉碎后制成的产品。海滨多年堆积的贝壳，其内层有机物质已经消失，主要含碳酸钙，一般产品含钙量为30％～38％。细度依用途而定，为较廉价的钙质饲料。质量好的贝壳粉杂质少，钙含量高，呈白色粉状或片状
硫酸钙	主要提供硫和钙，生物学利用率较好。在高温高湿条件下可能会结块。高品质的硫酸钙来自硫酸钙矿开采所得产品精制而成，来自磷石膏者品质较差，含砷、铅、氟等较高，如未除去，不宜用作饲料

3. 含磷饲料

我国是一个缺乏磷矿资源的国家，磷源饲料的解决十分重要。常见的含磷饲料见表3-6。

表3-6　常见的含磷饲料

磷酸钙类	磷酸钙	又称磷酸三钙，含磷20％，含钙38.7％，纯品为白色、无臭的粉末。不溶于水中而溶于酸。经过脱氟的磷酸钙成为脱氟磷酸钙，为灰白色或茶褐色粉末
	磷酸氢钙	又称磷酸二钙，有无水和二水两种。稳定性较好，生物学效价较高，一般含磷18％以上，含钙23％以上，是常用的磷补充饲料
	磷酸二氢钙	又称磷酸一钙及其水合物，一般含磷21％，含钙20％，生物学效价较高。作为饲料时要求含氟量不得高于磷含量的1％。纯品为白色结晶粉末。含一结晶水的磷酸二氢钙在100℃下为无水化合物，152℃时熔融变成磷酸钙

磷酸钠类	磷酸一钠	本品为磷酸的钠盐，呈白色粉末，有潮解性，宜干燥贮存。在钙要求低的饲料中可用它作为磷源，在产品设计调整高钙、低磷配方时使用，磷酸一钠含磷26%以上，含钙19%以上。其价格比较昂贵
	磷酸二钠	为白色无味的细粒状，一般含磷18%～22%，含钠27%～32.5%，应用价值同磷酸一钠
骨粉类		以家畜骨骼加工而成。因是一种钙磷平衡的矿物质饲料，且含氟量低，但在使用前应脱脂、脱胶、消毒，以免传播疾病。一般多用作磷饲料，也能提供一定量的钙，但不如石粉、蛋壳粉价格便宜。动物骨粉同样属于在反刍动物日粮中禁止使用的饲料原料
磷矿石粉		磷矿石经粉碎后的产品。常常含有超过允许量的氟，并有其他杂质，如铅、砷、汞等。必须合乎标准才能用作饲料
液体磷酸		为磷酸水溶液，具有强酸性，使用复杂。尿素、糖蜜及微量元素混合制成液体饲料

4. 天然矿物质饲料

天然矿物质饲料是大自然经过成千上万年筛选、积累下来的宝贵财富。它们含有多种矿物元素和营养成分，可以直接添加到饲料中去，也可以作为添加剂的载体使用。常见的天然矿物质主要有膨润土、沸石、麦饭石、海泡石等。

（1）膨润土。饲用膨润土是指钠基膨润土，或称膨润土钠，是一种天然矿产，呈灰色或灰褐灰，细粉末状。我国膨润土资源非常丰富，易开采，成本低，使用方便，容易保存。钠基膨润土具有多方面的功能，如吸附、膨胀、置换、塑造、润滑、悬浮等。在饲料工业中的应用：一是作为饲料添加成分，以提高饲料效率；二是代替糖浆等作为颗粒饲料的黏结剂；三是代替粮食作为各种微量成分的载体，起稀释作用。例如稀释各种添加剂和尿素。

膨润土所含元素至少在11种以上，产地和来源不同，其成分也有差异。各种元素含量一般为：硅30%、钙10%、铝8%、钾6%、镁4%、铁4%、钠2.5%、锰0.3%、氯0.3%、锌0.01%、铜0.008%、钴0.004%。大都是肉牛生长发育必需的常量元素和微量元素，它还能使酶和激素的活性或免疫反应发生显著变化，对肉牛生长有明显的生物学价值。

（2）沸石。天然沸石大多是由盐湖沉积和火山灰烬形成的，主要成分是硅酸盐和矾土及钠、钾、钙、镁等离子，为白色或灰白色，呈块状，粉碎后为细四面体颗粒。四面体颗粒具有独特的多孔蜂窝状结构。到目前已被发现的天然沸石有 40 多种，其中有利用价值的主要有：斜发沸石、丝光沸石、镁碱沸石、菱沸介、方沸石、片沸心、浊沸石、钙十字沸石等。其中以斜发沸石和丝光沸石使用价值较好。

沸石在结构上具有很多孔径均匀一致的孔道和内表面积很大的孔穴，孔穴和孔道占总体积的 50％以上。因此进入体内具有交换金属离子的功能，即吸收环境中的自由水分子把其本身所带的钾、钠、钙离子等交换出来，它可以吸收和吸附一些有害元素和气体，故有除臭作用，起到了"分子筛"和"离子筛"的功能。沸石还具有很高的活性和抗毒性，可调整肉牛瘤胃的酸碱性，对肝、肾功能有良好的促进作用。沸石还具有较好的催化性、耐酸性、热稳定性。在生产实践中沸石可以作为天然矿物质添加剂用于肉牛日粮中，在精饲料中按 5％添加。沸石也可作为添加剂的载体，用于制作微量元素预混料或其他预混料。

（3）麦饭石。麦饭石的主要成分是硅酸盐，它富含肉牛生长发育所必需的多种微量元素和稀土元素，如硅、钙、铝、钾、镁、铁、钠、锰、磷等，有害成分含量少，是一种优良的天然矿物质营养饲料。我国北方各省均有麦饭石矿藏，有的产品命名为中华麦饭石。

麦饭石具有一定的生理功能和药物作用，它能增强动物肝脏中DNA 和 RNA 的含量，使蛋白质合成增多。还可提高抗疲劳和抗缺氧能力，增加血清中的抗体，具有刺激机体免疫能力的作用。此外，麦饭石还具有吸附性和吸气、吸水性能，因能吸收肠道内有害气体，故能改善消化，促进生长，还可防止饲料在贮藏过程中受潮结块。麦饭石可作为添加剂载体使用。每头肉牛每天在日粮中添加 150～250克，可起到明显的增重效果。

（4）海泡石。海泡石是一种海泡沫色的纤维状天然黏土矿物质。呈灰白色，有滑感，无毒，无臭，具有特殊的层链状晶体结构和稳定性、抗盐性及脱色吸附性，有除毒、去臭、去污能力。

海泡石具有很大的表面积，吸附能力很强，可以吸收自身重量200％～250％的水分，还具有较低的阳离子交换特性和良好的流动性。海泡石在饲料工业上可以作为添加剂加入到肉牛日粮中，在精饲料中按 1%～3% 添加。也可作为其他添加剂的载体或稀释剂。

（5）稀土。稀土由 15 种镧系元素和钪、钇共 17 种元素组成。研究表明，稀土可激活具有吞噬能力的异嗜性细胞，故可增强机体免疫力，提高动物的成活率，而有益于增重及改善饲料效率，并且与微量元素有协同作用。稀土在饲料中的用量很小，来源不同，用量差别很大，应注意阅读产品说明书。

（七）维生素饲料

维生素饲料包括工业合成或由原料提纯的精制的各种单一维生素和混合多种维生素，但富含维生素的天然饲料则不属于维生素饲料，例如，鱼肝富含维生素 A、维生素 D，种子的胚富含维生素 E，酵母富含各种 B 族维生素，水果与蔬菜富含维生素 C，它们都不是维生素饲料，可以根据其特性给予充分利用。

由于各种维生素化学性质不同，生理功能各异，所以对十几种维生素再进行分类。目前将维生素分为脂溶性维生素和水溶性维生素。脂溶性维生素主要有：维生素 A、维生素 D、维生素 K、维生素 E，它们只含有碳、氢、氧三种元素。水溶性维生素包括：维生素 B_1、维生素 B_2、维生素 B_4（胆碱）、维生素 B_5（烟酸）、维生素 B_6（吡哆醇）、维生素 B_7（生物素）、维生素 B_{10}（叶酸）、维生素 B_{12}（钴胺素）和维生素 C。

成年牛瘤胃微生物能合成 B 族维生素和维生素 K，肝、肾可合成维生素 C，一般不缺乏。因此一般除犊牛外，不需额外添加，哺乳犊牛应补给维生素 B_2。但当青饲料不足时应考虑添加维生素 A、维生素 D 和维生素 E。

在实际生产中，为了适应不同生长阶段肉牛对维生素的营养需要，添加剂预混料生产厂有针对性的系列复合多种维生素产品，用户可以根据自己肉牛生产需要直接选用。在此不对有关维生素饲料的机理和配制进行赘述。

（八）饲料添加剂

添加剂在配合饲料中占的比例很小，但作用则是多方面的。对动物的作用有抑制消化道有害微生物繁殖，促进饲料营养消化、吸收，抗病，保健，驱虫，改变代谢类型，定向调控营养，促进动物生长和营养物质沉积，减少动物兴奋，减低饲料消耗及改进产品色泽，提高商品等级等。在饲料环境方面起的作用有：疏水、防霉、防腐、抗氧化、黏结、防静电、增加香味、改变色泽、除臭、防尘等。

常用的饲料添加剂主要有：营养性饲料添加剂（主要包括氨基酸类、维生素类和微量元素类添加剂以及蛋白质、矿物质类）；驱虫保健剂（主要包括各类抗球虫药）；防霉、防腐添加剂（主要包括用于饲料中防止霉变的一类有机酸类）；抗氧化剂（用于防止饲料中有机物质和不饱和脂肪酸物质氧化的一类添加剂）；调味、增香、诱食剂（这种添加剂统称为风味剂，其目的是为了增进动物食欲，或掩盖某些饲料组分中的不良气味）。

近年来饲料添加剂领域增加了很多新型饲料添加剂，它们的特点是无残留或微量残留（不对畜产品产生影响），来自天然物质提取物，在生产实际中对动物的生长和免疫有明显的正面作用。这类添加剂主要有：酶制剂、微生态制剂、中草药制剂或提取物，这类添加剂将为改善我国的畜产品质量发挥重要作用。

二、肉牛常用饲料原料选择的质量标准

构成配合饲料的原料质量决定了配合饲料的质量，直接影响到肉牛的健康、生产性能发挥。应该根据质量标准选择优质原料配制日粮。

（一）玉米

子粒整齐、均匀，色泽呈黄色或白色，无发酵霉变、结块及异味异臭。一般地区玉米水分不得超过 14.0%，东北、内蒙古、新疆等地区不得超过 18.0%。不得掺入玉米以外的物质（杂质总量不超过 1%）。质量指标及等级见表 3-7。

表 3-7 玉米的质量指标及等级

质量指标	一级（优等）	二级（中等）	三级
粗蛋白质/%	≥9.0	≥8.0	≥7.0
粗纤维/%	<1.5	<2.0	<2.5
粗灰分/%	<2.3	<2.6	<3.0

注：玉米各项质量指标含量均以 86% 干物质为基础。低于三级者为等外品。

（二）高粱

感官要求子粒整齐，色泽、新鲜一致，无发酵、霉变、结块及异味异臭。高粱子粒水分含量不得超过 14.0%。不得掺入高粱以外的物质。质量指标及等级见表 3-8。

表 3-8　高粱质量指标及等级

质量指标	一级（优等）	二级（中等）	三级
粗蛋白质/%	≥9.0	≥7.0	≥6.0
粗纤维/%	<2.0	<2.0	<3
粗灰分/%	<2.0	<2.0	<3.0

注：高粱各项质量指标含量均以 86% 干物质为基础。低于三级者为等外品。

（三）小麦麸

小麦麸呈细碎屑状，色泽、新鲜一致，无发酵、霉变、结块及异味异臭。水分含量不得超过 13.0%。不得掺入小麦麸以外的物质。质量指标及等级见表 3-9。

表 3-9　饲用小麦麸的质量指标及等级

质量指标	一级（优等）	二级（中等）	三级
粗蛋白质/%	≥15.0	≥13.0	≥11.0
粗纤维/%	<9.0	<10.0	<11.0
粗灰分/%	<6.0	<6.0	<6.0

注：小麦麸各项质量指标含量均以 87% 干物质为基础；低于三级者为等外品。

（四）米糠

本品为呈淡黄灰色的粉状，色泽、新鲜一致，无酸败、霉变、结块、虫蛀及异味异臭。水分含量不得超过 13.0%。不得掺入米糠以外的物质。质量指标及等级见表 3-10。

（五）菜子粕（饼）

菜子粕（饼）呈黄色或浅褐色，碎片状或粗粉状，具有菜子粕油香味，无发酵、霉变、结块及异味异臭（饼呈褐色，小瓦片状、片状

或饼状）。水分含量不得超过 12.0%。不得掺入菜子粕（饼）以外的物质。质量指标及等级见表 3-11。

表 3-10　米糠质量指标及等级

质量指标	一级（优等）	二级（中等）	三级
粗蛋白质/%	≥13.0	≥12.0	≥11.0
粗纤维/%	<6.0	<7.0	<8.0
粗灰分/%	<8.0	<9.0	<10.0

注：米糠各项质量指标含量均以 87% 干物质为基础。低于三级者为等外品。

表 3-11　菜子粕（饼）质量指标及等级

质量指标	一级（优等）	二级（中等）	三级
粗蛋白质/%	≥40.0（37.0）	≥37.0（34.0）	≥33.0（30.0）
粗纤维/%	<14.0（14.0）	<14.0（14.0）	<14.0（14.0）
粗灰分/%	<8.0（12.0）	<8.0（12.0）	<8.0（12.0）
粗脂肪/%	<（10.0）	<（10.0）	<（10.0）

注：菜子粕（饼）各项质量指标含量均以 88% 干物质为基础。低于三级者为等外品；表中括号内指标是菜子饼的质量指标。

（六）大豆粕（饼）

大豆粕呈黄褐色或淡黄色不规则的碎片状（饼呈黄褐色饼状或小片状），色泽一致，无发酵、霉变、结块及异味异臭。水分含量不得超过 13.0%。不得掺入大豆粕（饼）以外的物质，若加入抗氧化剂、防霉剂等添加剂时，应做相应说明。质量指标及等级见表 3-12。

表 3-12　大豆粕（饼）质量指标及等级

质量指标	一级（优等）	二级（中等）	三级
粗蛋白质/%	≥44.0（41.0）	≥42.0（39.0）	≥40.0（37.0）
粗纤维/%	<5.0（5.0）	<6.0（6.0）	<7.0（7.0）
粗灰分/%	<6.0（6.0）	<7.0（7.0）	<8.0（8.0）
粗脂肪/%	<（8.0）	<（8.0）	<（8.0）

注：大豆粕（饼）各项质量指标含量均以 87% 干物质为基础。低于三级者为等外品；表中括号内指标是大豆饼的质量指标。

（七）花生粕（饼）

以脱壳花料生果为原料经预压浸提或压榨浸提法取油后所得的花生粕（饼）。花生粕呈色泽、新鲜一致的黄褐色或浅褐色碎屑状（饼呈小瓦片状或圆扁块状），色泽一致，无发酵、霉变、结块及异味异臭。水分含量不得超过12.0%。不得掺入花生粕（饼）以外的物质。质量指标及等级见表3-13。

表3-13　花生粕（饼）质量指标及等级

质量指标	一级（优等）	二级（中等）	三级
粗蛋白质/%	≥51.0(48.0)	≥42.0(40.0)	≥37.0(36.0)
粗纤维/%	<7.0(7.0)	<9.0(9.0)	<11.0(11.0)
粗灰分/%	<6.0(6.0)	<7.0(7.0)	<8.0(8.0)

注：花生粕（饼）各项质量指标含量均以88%干物质为基础。低于三级者为等外品。表中括号内指标是花生饼的质量指标。

（八）棉子粕（饼）

以料棉子为原料经脱壳或部分脱壳后再浸提或压榨浸提法取油后所得的棉子粕（饼）。棉子粕呈色泽、新鲜一致的黄褐色（饼呈小瓦片状或圆扁块状），色泽一致，无发酵、霉变、结块及异味异臭。水分含量不得超过12.0%。不得掺入棉子粕（饼）以外的物质，若加入抗氧化剂、防霉剂等添加剂时，应做相应的说明。质量指标及等级见表3-14。

表3-14　棉子粕（饼）质量指标及等级

质量指标	一级（优等）	二级（中等）	三级
粗蛋白质/%	≥51.0(40.0)	≥42.0(36.0)	≥37.0(32.0)
粗纤维/%	<7.0(10.0)	<9.0(12.0)	<11.0(14.0)
粗灰分/%	<6.0(6.0)	<7.0(7.0)	<8.0(8.0)

注：棉子粕（饼）各项质量指标含量均以88%干物质为基础。低于三级者为等外品；表中括号内指标是棉子饼的质量指标。

（九）鱼粉

特等品色泽黄棕色、黄褐色等，组织膨松，纤维状组织明显无结块，无霉变，气味有鱼香味，无焦灼味和油脂酸败味；一级品色泽黄棕色、黄褐色等，较膨松，纤维状组织较明显，无结块，无霉变，气味有鱼香味，无焦灼味和油脂酸败味；二级品和三级品为松软粉状物，无结块，无霉变，具有鱼腥正常气味，无异臭、无焦灼味。鱼粉中不允许添加非鱼粉原料的含氮物质，诸如植物油饼粕、皮革粉、羽毛粉、尿素、血粉等。亦不允许添加加工鱼粉后的废渣。鱼粉的卫生指标应符合 GB13078（饲料卫生标准）的规定，鱼粉中不得有寄生虫。鱼粉中金属铬（以 6 价铬计）允许量小于 10 毫克/千克。质量指标及等级见表 3-15。

表 3-15 鱼粉质量指标及等级

质量指标	特级品	一级品	二级品	三级品
粗蛋白质/%	≥60	≥55	≥50	≥45
粗脂肪/%	≤10	≤10	≤12	≤12
水分/%	≤10	≤10	≤10	≤12
灰分/%	≤15	≤20	≤25	≤25
沙分/	≤2	≤3	≤3	≤4
盐分/%	≤2	≤3	≤3	≤4
粉碎粒度	至少98%能通过筛孔为2.80毫米的标准筛			

（十）肉骨粉

用动物杂骨、下脚料、废弃物经高温处理、干燥和粉碎加工后的粉状物。感观指标：一级品，褐色或灰褐色、粉状、具有固有气味；二级品，灰褐色或浅棕色、粉状、无异味；三级品，灰色或浅棕色、粉状、无异味。质量指标及等级见表 3-16。

（十一）主要饲草

感官要求：呈粉状或颗粒状（苜蓿草粉还有饼状的），暗绿色，无发酵、霉变、结块及异味、异臭。水分含量≤13.0%。质量指标及等级见表3-17。

表3-16 肉骨粉质量指标及等级

质量指标	一级品	二级品	三级品
粗蛋白/%	≥26%	≥23%	≥20%
水分/%	≤9%	≤10%	≤12%
粗脂肪/%	≤8%	≤10%	≤12%
钙/%	≥14%	≥12%	≥10%
磷/%	≥8%	≥5%	≥3%

表3-17 主要饲草质量指标及等级

质量指标	苜蓿草粉			白三叶草粉			蚕豆茎叶粉		
	一级	二级	三级	一级	二级	三级	一级	二级	三级
粗蛋白/%	≥18	≥16	≥14	≥22	≥17	≥14	≥15	≥13	≥14
粗纤维/%	<25	<27.5	<30	<17	<20	<23	<13	<18	<23
粗灰分/%	<12.5	<12.5	<12.5	<11	<11	<11	<13	<13	<11

（十二）青贮饲料

原料越软，发酵时间越短；原料越坚硬，发酵时间就越长。一般情况下，青贮30～45天可完成发酵全过程，即可开封使用；若原料坚硬，需45～50天。豆科植物发酵更长，需3个月左右。青贮饲料开封、饲喂前应进行质量检查。根据青贮饲料的颜色、气味、口味、质地、结构等指标，可以鉴定其质量（表3-18）。

表3-18 青贮饲料外观质量指标

项目	优	中	劣
颜色	青绿色或黄绿色,有光泽。近于原色	黄褐色或暗褐色	黑色、褐色或暗绿色
气味	芳香,酒酸味	具有刺鼻酸味,香味淡	具特殊刺鼻腐臭味或霉味
酸味	浓	中等	淡

项目	优	中	劣
结构	湿润、紧密,茎、叶、花保持原状,容易分离	茎、叶、花保持原状,柔软,水分多	腐烂、污泥状,黏滑或干燥黏结成块
pH值(酸碱度)	4.2以下		5~6

(十三) 饲料添加剂

1. 允许使用的饲料添加剂品种

饲料中使用的添加剂应具有该品种应有的色、嗅、味和组织形态特征,无异味、异臭。允许使用的饲料添加剂品种目录见表 3-19、表 3-20。

表 3-19 允许使用的饲料添加剂品种目录

类别	饲料添加剂名称
饲料级氨基酸 7种	L-赖氨酸盐酸盐,DL-蛋氨酸,DL-羟基蛋氨酸,DL-羟基蛋氨酸钙,N-羟甲基蛋氨酸,L-色氨酸,L-苏氨酸
饲料级维生素 26种	β-胡萝卜素,维生素 A,维生素 A 乙酸酯,维生素 A 棕榈酸酯,维生素 D_3,维生素 E,维生素 E 乙酸酯,维生素 K_3(亚硫酸氢钠甲萘醌),二甲基嘧啶醇亚硫酸甲萘醌,维生素 B_1(盐酸硫胺),维生素 B_1(硝酸硫胺),维生素 B_2(核黄素),维生素 B_6,烟酸,烟酰胺,D-泛酸钙,DL-泛酸钙,叶酸,维生素 B_{12}(氰钴胺),维生素 C(L-抗坏血酸),L-抗坏血酸钙,L-抗坏血酸-2-磷酸酯,D-生物素,氯化胆碱,L-肉碱盐酸盐,肌醇
饲料级矿物质、微量元素 43种	硫酸钠,氯化钠,磷酸二氢钠,磷酸氢二钠,磷酸二氢钾,磷酸氢二钾,碳酸钙,氯化钙,磷酸氢钙,磷酸二氢钙,磷酸三钙,乳酸钙,七水硫酸镁,一水硫酸镁,氧化镁,氯化镁,七水硫酸亚铁,一水硫酸亚铁,三水乳酸亚铁,六水柠檬酸亚铁,富马酸亚铁,甘氨酸铁,蛋氨酸铁,五水硫酸铜,一水硫酸铜,蛋氨酸铜,七水硫酸锌,一水硫酸锌,无水硫酸锌,氧化锌,蛋氨酸锌,一水硫酸锰,氯化锰,碘化钾,碘酸钾,碘酸钙,六水氯化钴,一水氯化钴,亚硒酸钠,酵母铜,酵母铁,酵母锰,酵母硒
饲料级酶制剂 12类	蛋白酶(黑曲霉,枯草芽孢杆菌),淀粉酶(地衣芽孢杆菌,黑曲霉),支链淀粉酶(嗜酸乳杆菌),果胶酶(黑曲霉),脂肪酶,纤维素酶(reesei 木霉),麦芽糖酶(枯草芽孢杆菌),木聚糖酶(insolens 腐质霉),β-葡聚糖酶(枯草芽孢杆菌,黑曲霉),甘露聚糖酶(缓慢芽孢杆菌),植酸酶(黑曲霉,米曲霉),葡萄糖氧化酶(青霉)

续表

类别	饲料添加剂名称
饲料级微生物添加剂 11 种	干酪乳杆菌,植物乳杆菌,粪链球菌,乳酸片球菌,枯草芽孢杆菌,纳豆芽孢杆菌,嗜酸乳杆菌,乳链球菌,啤酒酵母菌,产朊假丝酵母,沼泽红假单胞菌
抗氧化剂 4 种	乙氧基喹啉,二丁基羟基甲苯(BHT),丁基羟基茴香醚(BHA),没食子酸丙酯
防腐剂、电解质平衡剂 25 种	甲酸,甲酸钙,甲酸铵,乙酸,双乙酸钠,丙酸,丙酸钙,丙酸钠,丙酸铵,丁酸,乳酸,苯甲酸,苯甲酸钠,山梨酸,山梨酸钠,山梨酸钾,富马酸,柠檬酸,酒石酸,苹果酸,磷酸,氢氧化钠,碳酸氢钠,氯化钾,氢氧化铵
着色剂 6 种	β-阿朴-8'-胡萝卜素醛,辣椒红,β-阿朴-8'-胡萝卜素酸乙酯,虾青素,β,β-胡萝卜素-4,4-二酮(斑蝥黄),叶黄素(万寿菊花提取物)
调味剂、香料 6 种(类)	糖精钠,谷氨酸钠,5'-肌苷酸二钠,5'-鸟苷酸二钠,血根碱,食品用香料均可作饲料添加剂
黏结剂、抗结块剂和稳定剂 13 种(类)	α-淀粉,海藻酸钠,羧甲基纤维素钠,丙二醇,二氧化硅,硅酸钙,三氧化二铝,蔗糖脂肪酸酯,山梨醇酐脂肪酸酯,甘油脂肪酸酯,硬脂酸钙,聚氧乙烯 20 山梨醇酐单油酸酯,聚丙烯酸树脂Ⅱ
其他 10 种	糖萜素,甘露低聚糖,肠膜蛋白素,果寡糖,乙酰氧肟酸,天然类固醇萨洒皂角苷(YUCCA),大蒜素,甜菜碱,聚乙烯聚吡咯烷酮(PVPP),葡萄糖山梨醇

表 3-20　允许用于肉牛饲料药物添加剂的品种和使用规定

品名		剂型	用量	休药期/天	其他注意事项
饲料药物添加剂	莫能菌素钠	预混剂	混饲,每头每天 200～360 毫克(以有效成分计)	5	禁止与泰妙菌素、竹桃霉素并用;搅拌配料时禁止与人的皮肤、眼睛接触
	杆菌肽锌	预混剂	混饲,每 1000 千克饲料,犊牛 10～100 克(3 月龄以下)、4～40 克(3～6 月龄)(以有效成分计)	0	
	黄霉素	预混剂	混饲,每头每天 30～50 毫克	0	
	盐酸铬	预混剂	每吨饲料添加 10～30 克(以有效成分计)		禁止与泰妙菌素、竹桃霉素并用
	硫酸黏菌素	预混剂	混饲,每 1000 千克饲料,犊牛 5～40 克(以有效成分计)		

2. 饲料添加剂选择使用

饲料添加剂作为配合饲料的核心部分，不仅在饲料工业中具有非常重要的作用，而且在畜产品安全方面也具有重要作用。只有科学合理的选择和应用，才能充分发挥其功能和作用。

(1) 遵守法律法规。所使用的饲料添加剂必须符合《饲料卫生标准》、《饲料标签标准》和饲料添加剂标准的有关规定。饲料中使用的营养性饲料添加剂和一般饲料添加剂应是中华人民共和国农业部公布的《允许使用的饲料添加剂品种目录》所规定的品种和取得生产产品批准文号的新饲料添加剂品种，并且应是具有农业部颁发的饲料添加剂生产许可证的企业生产的、具有产品批准文号的产品。饲料添加剂的使用应遵照饲料标签所规定的用法和用量；药物饲料添加剂的使用应该按照中华人民共和国农业部发布的《饲料药物添加剂使用规范》执行，使用药物添加剂应严格执行休药期制度，饲料中不应直接添加兽药，饲料中不应添加国家严禁使用的如盐酸克伦特罗、激素等违禁药物。

(2) 禁用违禁药物作为饲料添加剂。禁止使用可以给动物机体和畜产品带来安全隐患的添加剂，如β-兴奋剂、镇静剂、激素等。严厉查处在饲料和饲料添加剂产品中或者养殖过程中应用违禁药物的情况。

(3) 严格控制药物添加剂污染。当饲料中需要使用药物添加剂时，所选用的品种应符合我国公布的允许使用的名录，否则会在畜产品中造成残留。应专人负责添加，并有完整详细的书面记录。高浓度药物添加剂要先预稀释再添加。要经常校正计量设备，以保证计量准确。凡饲料中添加使用药物添加剂，要遵循逐级扩大的方法进行，以确保药物添加剂的均匀性。在加工不含药物的饲料前要将混合机存留的上一批饲料清理干净，并定期清理粉碎、混合、输送、贮藏设备和系统。饲料标签要标明药物的名称、含量、使用要求、停药期等。

(4) 科学配制饲料添加剂

① 合理选择添加剂。饲料添加剂的种类很多，每一种类又有其不同的特点、品质要求和功效。在应用前，要充分了解这方面的基本知识，并根据饲养目的、动物种类、生理阶段、气候条件等加以选择。

② 适时、适量添加。大部分饲料添加剂参与动物机体的代谢活动，并对动物产品品质和人类健康产生影响，在使用时间和添加量上必须注意。如维生素 A 的添加量若超出需要量 3～4 倍，便会引起肝脏损伤。

③ 注意添加方式和适用对象。饲料添加剂除了一些专门溶于水中饮用的外，一般只能混于干料中喂给，不宜混于湿料或水中饲喂。用时要按说明书进行，不能图省力，随便改变使用方式。另外，也要注意饲料添加剂的适用对象，例如，有毒（砷、硒等）或产生不良风味的饲料添加剂不能用于奶牛等产奶动物，否则会影响奶产品的品质和损害人类健康。

④ 注意配伍禁忌。当多种饲料添加剂混合使用时，使用前必须了解它们之间是否存在着互相抑制或抵消作用。如果有，必须采取相应的措施，以免造成浪费或产生不利影响。如矿物质元素不能和维生素配在一起添加，因为矿物质会破坏维生素，影响饲喂效果。

⑤ 混合要均匀。饲料添加剂占配合饲料的比例很小，应先将饲料添加剂混于少量饲料中，逐级放大，以保证混合均匀。

（5）加强添加剂使用后的观察。在应用饲料添加剂时，饲养人员应随时注意被饲动物的反应，如发现异常现象，应立即停止饲喂，并采取相应的解救措施。

第三节　饲料的配制加工

一、肉牛的营养标准

肉牛的营养标准是在肉牛营养的基础上增加 10％左右的安全系数，也可以叫推荐量或推荐标准（表 3-21～表 3-24）。

表 3-21　生长肥育牛的营养需要

体重/千克	日增重/千克	干物质/千克	肉牛能量单位（RND）	综合净能/兆焦	粗蛋白质/克	钙/克	磷/克
	0	2.66	1.46	11.76	236	5	5
	0.3	3.29	1.87	15.10	377	14	8
	0.4	3.49	1.97	15.90	421	17	10
	0.5	3.70	2.07	16.74	465	19	10
	0.6	3.91	2.19	17.66	507	22	11
150	0.7	4.12	2.30	18.58	548	25	12
	0.8	4.33	2.45	19.75	589	28	13
	0.9	4.54	2.61	21.05	627	31	14
	1.0	4.75	2.80	22.64	665	34	15
	1.1	4.95	3.02	20.35	704	37	16
	1.2	5.16	3.25	26.28	739	40	16
	0	2.98	1.63	13.18	265	6	6
	0.3	3.63	2.09	16.90	403	14	9
	0.4	3.85	2.20	17.78	447	17	9
	0.5	4.07	2.32	18.70	489	20	10
	0.6	4.29	2.44	19.71	530	23	11
175	0.7	4.51	2.57	20.75	571	26	12
	0.8	4.72	2.79	22.05	609	28	13
	0.9	4.94	2.91	23.47	650	31	14
	1.0	5.16	3.12	25.23	686	34	15
	1.1	5.38	3.37	27.20	724	37	16
	1.2	5.59	3.63	29.29	759	40	17

体重 /千克	日增重 /千克	干物质 /千克	肉牛能量 单位(RND)	综合净能 /兆焦	粗蛋白质 /克	钙/克	磷/克
	0	3.30	1.80	14.56	293	7	7
	0.3	3.98	2.32	18.70	428	15	10
	0.4	4.21	2.43	19.62	472	17	10
	0.5	4.44	2.56	20.67	514	20	11
	0.6	4.66	2.69	21.76	555	23	12
200	0.7	4.89	2.83	22.47	593	26	13
	0.8	5.12	3.01	24.31	631	29	14
	0.9	5.34	3.21	25.90	669	31	15
	1.0	5.57	3.45	27.82	708	34	16
	1.1	5.80	3.71	29.96	743	37	17
	1.2	6.03	4.00	32.30	778	40	17
	0	3.60	1.87	15.10	320	7	7
	0.3	4.31	2.56	20.71	452	15	10
	0.4	4.55	2.69	21.76	494	18	11
	0.5	4.78	2.83	22.89	535	20	12
	0.6	5.02	2.98	24.10	576	23	13
225	0.7	5.26	3.14	25.36	614	26	14
	0.8	5.49	3.33	26.90	652	29	14
	0.9	5.73	3.55	28.66	691	31	15
	1.0	5.96	3.81	30.79	726	34	16
	1.1	6.20	4.10	33.10	761	37	17
	1.2	6.44	4.42	35.69	796	39	18

续表

体重 /千克	日增重 /千克	干物质 /千克	肉牛能量 单位(RND)	综合净能 /兆焦	粗蛋白质 /克	钙/克	磷/克
	0	3.90	2.20	17.78	346	8	8
	0.3	4.64	2.81	22.72	475	16	11
	0.4	4.88	2.95	23.85	517	18	12
	0.5	5.13	3.11	25.10	558	21	12
	0.6	5.37	3.27	26.44	599	23	13
250	0.7	5.62	3.45	27.82	637	26	14
	0.8	5.87	3.65	29.50	672	29	15
	0.9	6.11	3.89	31.38	711	31	16
	1.0	6.36	4.18	33.72	746	34	17
	1.1	6.60	4.49	36.28	781	36	18
	1.2	6.85	4.84	39.08	814	39	18
	0	4.19	2.40	19.37	372	9	9
	0.3	4.96	3.07	24.77	501	16	12
	0.4	5.21	3.22	25.98	543	19	12
	0.5	5.47	3.39	27.36	581	21	13
	0.6	5.72	3.57	28.79	619	24	14
275	0.7	5.98	3.75	30.29	657	26	15
	0.8	6.23	3.98	32.13	696	29	16
	0.9	6.49	4.23	34.18	731	31	16
	1.0	6.74	4.55	36.74	766	34	17
	1.1	7.00	4.89	39.50	798	36	18
	1.2	7.25	5.60	42.51	834	39	19

体重/千克	日增重/千克	干物质/千克	肉牛能量单位(RND)	综合净能/兆焦	粗蛋白质/克	钙/克	磷/克
300	0	4.47	2.60	21.00	397	10	10
	0.3	5.26	3.32	26.78	523	17	12
	0.4	5.53	3.48	28.12	565	19	13
	0.5	5.79	3.66	29.58	603	21	14
	0.6	6.06	3.86	31.13	641	24	15
	0.7	6.32	4.06	32.76	679	26	15
	0.8	6.58	4.31	34.77	715	29	16
	0.9	6.85	4.58	36.99	750	31	17
	1.0	7.11	4.92	39.71	785	34	18
	1.1	7.38	5.29	42.68	818	36	19
	1.2	7.64	5.69	45.98	850	38	19
325	0	4.75	2.78	22.43	421	11	11
	0.3	5.57	3.54	28.58	547	17	13
	0.4	5.84	3.72	30.04	586	19	14
	0.5	6.12	3.91	31.59	624	22	14
	0.6	6.39	4.12	33.26	662	24	15
	0.7	6.66	4.36	35.02	700	26	16
	0.8	6.94	4.60	37.15	736	29	17
	0.9	7.21	4.90	39.54	771	31	18
	1.0	7.49	5.25	42.43	803	33	18
	1.1	7.76	5.65	45.61	839	36	19
	1.2	8.03	6.08	49.12	868	38	20

续表

体重/千克	日增重/千克	干物质/千克	肉牛能量单位(RND)	综合净能/兆焦	粗蛋白质/克	钙/克	磷/克
	0	5.02	2.95	23.85	445	12	12
	0.3	5.87	3.76	30.38	569	18	14
	0.4	6.15	3.95	31.92	607	20	14
	0.5	6.43	4.16	33.60	645	22	15
	0.6	6.72	4.38	35.40	683	24	16
350	0.7	7.00	4.61	37.24	719	27	17
	0.8	7.28	4.89	39.50	757	29	17
	0.9	7.57	5.21	42.05	789	31	18
	1.0	7.85	5.59	45.15	824	33	19
	1.1	8.13	6.01	48.53	857	36	20
	1.2	8.41	6.47	52.26	889	38	20
	0	5.28	3.13	25.27	469	12	12
	0.3	6.16	3.99	32.22	593	18	14
	0.4	6.45	4.19	33.85	631	20	15
	0.5	6.74	4.41	35.61	669	22	16
	0.6	7.03	4.65	37.53	704	25	17
375	0.7	7.32	4.89	39.50	743	27	17
	0.8	7.62	5.19	41.88	778	29	18
	0.9	7.91	5.52	44.60	810	31	19
	1.0	8.20	5.93	47.87	845	33	19
	1.1	8.49	6.26	50.54	878	35	20
	1.2	8.79	6.75	54.48	907	38	20

体重 /千克	日增重 /千克	干物质 /千克	肉牛能量 单位(RND)	综合净能 /兆焦	粗蛋白质 /克	钙/克	磷/克
	0	5.55	3.31	26.74	492	13	13
	0.3	6.45	4.22	34.06	613	19	15
	0.4	6.76	4.43	35.77	651	21	16
	0.5	7.06	4.66	37.66	689	23	17
	0.6	7.36	4.91	39.66	727	25	17
400	0.7	7.66	5.17	41.76	763	27	18
	0.8	7.96	5.49	44.31	798	29	19
	0.9	8.26	5.64	47.15	830	31	19
	1.0	8.56	6.27	50.63	866	33	20
	1.1	8.87	6.74	54.43	895	35	21
	1.2	9.17	7.26	58.66	927	37	21
	0	5.80	3.48	28.08	515	14	14
	0.3	6.73	4.43	35.77	636	19	16
	0.4	7.04	4.65	37.57	674	21	17
	0.5	7.35	4.90	39.54	712	23	17
	0.6	7.66	5.16	41.67	747	25	18
425	0.7	7.97	5.44	43.89	783	27	18
	0.8	8.29	5.77	46.57	818	29	19
	0.9	8.60	6.14	49.58	850	31	20
	1.0	8.91	6.59	53.22	886	33	20
	1.1	9.22	7.09	57.24	918	35	21
	1.2	9.53	7.64	61.67	947	37	22

续表

体重 /千克	日增重 /千克	干物质 /千克	肉牛能量 单位（RND）	综合净能 /兆焦	粗蛋白质 /克	钙/克	磷/克
	0	6.06	3.63	29.33	538	15	15
	0.3	7.02	4.63	37.41	659	20	17
	0.4	7.34	4.87	39.33	697	21	17
	0.5	7.66	5.12	41.38	732	23	18
	0.6	7.98	5.40	43.60	770	25	19
450	0.7	8.30	5.69	45.94	806	27	19
	0.8	8.62	6.03	48.74	841	29	20
	0.9	8.94	6.43	51.92	873	31	20
	1.0	9.26	6.90	55.77	906	33	21
	1.1	9.58	7.42	59.96	938	35	22
	1.2	9.90	8.00	64.60	967	37	22
	0	6.31	3.79	30.63	560	16	16
	0.3	7.30	4.84	39.08	681	20	17
	0.4	7.63	5.09	41.09	719	22	18
	0.5	7.96	5.35	43.26	754	24	19
	0.6	8.29	5.64	45.61	789	25	19
475	0.7	8.61	5.94	48.03	825	27	20
	0.8	8.94	6.31	51.00	860	29	20
	0.9	9.27	6.72	54.31	892	31	21
	1.0	9.60	7.22	58.32	928	33	21
	1.1	9.93	7.77	62.76	957	35	22
	1.2	10.26	8.37	67.61	989	36	23

体重/千克	日增重/千克	干物质/千克	肉牛能量单位（RND）	综合净能/兆焦	粗蛋白质/克	钙/克	磷/克
	0	6.56	3.95	31.92	582	16	16
	0.3	7.58	5.04	40.71	700	21	18
	0.4	7.91	5.30	42.84	738	22	19
	0.5	8.25	5.58	45.10	776	24	19
	0.6	8.59	5.88	47.53	811	26	20
500	0.7	8.93	6.20	50.08	847	27	20
	0.8	9.27	6.58	53.18	882	29	21
	0.9	9.61	7.01	56.65	912	31	21
	1.0	9.94	7.53	60.88	947	33	22
	1.1	10.28	8.10	65.48	979	34	23
	1.2	10.62	8.73	70.54	1011	36	23

注：为简化起见，小肠可消化粗蛋白质的需要量可按表中所列粗蛋白质的55%进行计算。

表3-22 生长母牛的营养需要

体重/千克	日增重/千克	干物质/千克	肉牛能量单位（RND）	综合净能/兆焦	粗蛋白质/克	钙/克	磷/克
	0	2.66	1.46	11.76	236	5	5
	0.3	3.29	1.90	15.31	377	13	8
	0.4	3.49	2.00	16.15	421	16	9
	0.5	3.70	2.11	17.07	465	19	10
150	0.6	3.91	2.24	18.07	507	22	11
	0.7	4.12	2.36	19.08	548	25	11
	0.8	4.33	2.52	20.33	589	28	12
	0.9	4.54	2.69	21.76	627	31	13
	1.0	4.75	2.91	23.47	665	34	14

体重/千克	日增重/千克	干物质/千克	肉牛能量单位(RND)	综合净能/兆焦	粗蛋白质/克	钙/克	磷/克
	0	2.98	1.63	13.18	265	6	6
	0.3	3.63	2.12	17.15	403	14	8
	0.4	3.85	2.24	18.07	447	17	9
	0.5	4.07	2.37	19.12	489	19	10
175	0.6	4.29	2.50	20.21	530	22	11
	0.7	4.51	2.64	21.34	571	25	12
	0.8	4.72	2.81	22.27	609	28	13
	0.9	4.94	3.01	24.34	650	30	14
	1.0	5.16	3.24	26.19	686	33	15
	0	3.30	1.80	14.56	293	7	7
	0.3	3.98	2.34	18.92	428	14	8
	0.4	4.21	2.47	19.46	472	17	10
	0.5	4.44	2.61	21.09	514	20	11
200	0.6	4.66	2.76	22.30	555	22	12
	0.7	4.89	2.92	23.43	593	25	13
	0.8	5.12	3.10	25.06	631	28	14
	0.9	5.34	3.32	26.78	669	30	14
	1.0	5.57	3.58	28.87	708	33	15
	0	3.60	1.87	15.10	320	7	7
	0.3	4.31	2.60	20.71	452	15	10
	0.4	4.55	2.74	21.76	494	17	11
	0.5	4.78	2.89	22.89	535	20	12
225	0.6	5.02	3.06	24.10	576	23	12
	0.7	5.26	3.22	25.36	614	25	13
	0.8	5.49	3.44	26.90	652	28	14
	0.9	5.73	3.67	29.62	691	30	15
	1.0	5.96	3.95	31.92	726	33	16

体重 /千克	日增重 /千克	干物质 /千克	肉牛能量 单位(RND)	综合净能 /兆焦	粗蛋白质 /克	钙/克	磷/克
	0	3.90	2.20	17.78	346	8	8
	0.3	4.64	2.84	22.97	475	15	11
	0.4	4.88	3.00	24.23	517	18	11
	0.5	5.13	3.17	25.01	558	20	12
250	0.6	5.37	3.35	27.03	599	23	13
	0.7	5.62	3.53	28.38	637	25	14
	0.8	5.87	3.76	30.38	672	28	15
	0.9	6.11	4.02	32.47	711	30	15
	1.0	6.36	4.33	34.98	746	33	17
	0	4.19	2.40	19.37	372	9	9
	0.3	4.96	3.10	25.06	501	16	11
	0.4	5.21	3.27	26.40	543	18	11
	0.5	5.47	3.45	25.01	581	20	12
275	0.6	5.72	3.65	27.03	619	23	13
	0.7	5.98	3.85	28.53	657	25	14
	0.8	6.23	4.10	30.38	696	28	15
	0.9	6.49	4.38	32.47	731	30	16
	1.0	6.36	4.72	34.98	766	33	17
	0	4.47	2.60	21.00	397	10	10
	0.3	5.26	3.35	27.07	523	16	12
	0.4	5.53	3.54	28.58	565	18	13
	0.5	5.79	3.74	30.17	603	21	14
300	0.6	6.06	3.95	31.88	641	23	14
	0.7	6.32	4.17	33.64	679	25	15
	0.8	6.58	4.44	35.82	715	28	16
	0.9	6.85	4.74	38.24	750	30	17
	1.0	7.11	5.10	41.17	785	32	17

体重 /千克	日增重 /千克	干物质 /千克	肉牛能量 单位(RND)	综合净能 /兆焦	粗蛋白质 /克	钙/克	磷/克
	0	4.75	2.78	22.43	421	11	11
	0.3	5.57	3.59	28.95	547	17	13
	0.4	5.84	3.78	30.54	586	19	14
	0.5	6.12	3.99	32.22	624	21	14
325	0.6	6.39	4.22	34.06	662	23	15
	0.7	6.66	4.46	35.98	700	25	16
	0.8	6.94	4.74	38.28	736	28	17
	0.9	7.21	5.06	40.88	771	30	18
	1.0	7.49	5.45	44.02	803	32	18
	0	5.02	2.95	23.85	445	12	12
	0.3	5.87	3.81	30.75	569	17	14
	0.4	6.15	4.02	32.47	607	19	14
	0.5	6.43	4.24	34.27	645	21	15
350	0.6	6.72	4.49	36.23	683	23	16
	0.7	7.00	4.74	38.24	719	25	16
	0.8	7.28	5.04	40.71	757	28	17
	0.9	7.57	5.38	43.47	789	30	18
	1.0	7.85	5.80	46.82	824	32	18
	0	5.28	3.13	25.27	469	12	12
	0.3	6.16	4.04	32.59	593	18	14
	0.4	6.45	4.26	34.39	631	20	15
	0.5	6.74	4.50	36.32	669	22	16
375	0.6	7.03	4.76	38.41	704	24	17
	0.7	7.32	5.03	40.58	743	26	17
	0.8	7.62	5.35	43.18	778	28	18
	0.9	7.91	5.71	46.11	810	30	19
	1.0	8.20	6.15	49.66	845	32	19

续表

体重/千克	日增重/千克	干物质/千克	肉牛能量单位(RND)	综合净能/兆焦	粗蛋白质/克	钙/克	磷/克
	0	5.55	3.31	26.74	492	13	13
	0.3	6.45	4.26	34.43	613	18	15
	0.4	6.76	4.50	36.36	651	20	16
	0.5	7.06	4.76	38.41	689	22	16
400	0.6	7.36	5.03	40.58	727	24	17
	0.7	7.66	5.31	42.89	763	26	17
	0.8	7.96	5.65	45.65	798	28	18
	0.9	8.26	6.04	48.74	830	29	19
	1.0	8.56	6.50	52.51	866	313	19

注：为简化起见，小肠可消化粗蛋白质的需要量可按表中所列粗蛋白质的55%进行计算。

表 3-23　妊娠期母牛的营养需要

体重/千克	妊娠月份/月	干物质/千克	肉牛能量单位(RND)	综合净能/兆焦	粗蛋白质/克	钙/克	磷/克
	6	6.32	2.80	22.60	409	14	12
300	7	6.43	3.11	25.12	477	16	12
	8	6.60	3.50	28.26	587	18	13
	9	6.77	3.97	32.05	735	20	13
	6	6.86	3.12	25.19	449	16	13
350	7	6.98	3.45	27.87	517	18	14
	8	7.15	3.87	31.24	627	20	15
	9	7.32	4.37	35.30	775	22	15
	6	7.39	3.43	27.69	488	18	15
400	7	7.51	3.78	30.56	556	20	16
	8	7.68	4.23	34.13	666	22	16
	9	7.84	4.76	38.47	814	24	17

续表

体重/千克	妊娠月份/月	干物质/千克	肉牛能量单位(RND)	综合净能/兆焦	粗蛋白质/克	钙/克	磷/克
450	6	7.90	3.73	30.12	526	20	17
	7	8.02	4.11	33.15	594	22	18
	8	8.19	4.58	36.99	704	24	18
	9	8.36	5.15	41.58	852	27	19
500	6	8.40	4.03	32.51	563	22	19
	7	8.52	4.42	35.72	631	24	19
	8	8.69	4.92	39.76	741	26	20
	9	8.86	5.53	44.62	889	29	21
550	6	8.89	4.31	34.83	599	24	20
	7	9.00	4.73	38.23	667	26	21
	8	9.17	5.26	42.47	777	29	22
	9	9.34	5.90	47.61	925	31	23

注：为简化起见，小肠可消化粗蛋白质的需要量可按表所列粗蛋白质的 55% 进行计算。

表 3-24　哺乳母牛的营养需要

体重/千克	干物质/千克	肉牛能量单位(RND)	综合净能/兆焦	粗蛋白质/克	钙/克	磷/克
300	4.47	2.36	19.04	332	10	10
350	5.02	2.65	21.38	372	12	12
400	5.55	2.93	23.64	411	13	13
450	6.06	3.20	25.82	449	15	15
500	6.56	3.46	27.91	486	16	16
550	7.04	3.72	30.04	522	18	18

二、肉牛的日粮配合

(一) 日粮配方设计的原则

1. 营养性原则

营养性原则是配合饲料配方设计的基本原则。

(1) 合理地设计饲料配方的营养水平。设计饲料配方的水平,必须以饲养标准为基础,同时要根据动物生产性能、饲养技术水平与饲养设备、饲养环境条件、市场行情等及时调整饲粮的营养水平,特别要考虑外界环境与加工条件等对饲料原料中活性成分的影响。

设计配方时要特别注意诸养分之间的平衡,也就是全价性。有时即使各种养分的供给量都能满足甚至超过需要量,但由于没有保证有拮抗作用的营养素之间的平衡,反而出现营养缺乏症或生产性能下降。设计配方时应重点考虑能量和蛋白质、氨基酸之间、矿物质元素之间、抗生素与维生素之间的相互平衡。诸养分之间的相对比例比单种养分的绝对含量更重要。

(2) 合理选择饲料原料,正确评估和决定饲料原料营养成分含量。饲料配方平衡与否,很大程度上取决于设计时所采用的原料营养成分值。条件允许的情况下,应尽可能多的选择原料种类。原料营养成分值尽量有代表性,避免极端数字,要注意原料的规格、等级和品质特性。对重要原料的重要指标最好进行实际测定,以提供准确参考依据。选择饲料原料时除要考虑其营养成分含量和营养价值,还要考虑原料的适口性、原料对畜产品风味及外观的影响、饲料的消化性及容重等。

(3) 正确处理配合饲料配方设计值与配合饲料保证值的关系。配合饲料中的某一养分往往由多种原料共同提供,且各种原料中养分的含量与其真实值之间存在一定的差异,加之饲料加工过程的偏差,同时生产的配合饲料产品往往有一个合理的贮藏期,贮藏过程中某些营养成分还要因受外界各种因素的影响而损失。所以,配合饲料的营养成分设计值通常应略大于配合饲料保证值,以保证商品配合饲料营养成分在有效期内不低于产品标签中的标示值。

2. 安全性原则

配合饲料对动物自身必须是安全的，发霉、酸败、污染和未经处理的含毒素的等饲料原料不能使用。动物采食配合饲料而生产的动物产品对人类必须既富营养又健康安全。设计配方时，某些饲料添加剂（如抗生素等）的使用量和使用期限应符合安全法规。

3. 经济性原则

经济性即经济效益和社会效益。不断提高配合饲料设计质量，降低成本是配方设计人员的责任。饲料原料种类越多，越能起到饲料原料营养成分的互补作用，有利于配合饲料的营养平衡，但原料种类过多，会增加加工成本。所以设计配方时，应掌握使用适度的原料种类和数量。另一方面还要考虑动物废弃物（如粪、尿等）中氮、磷、药物等对人类生存环境的不利影响。

4. 市场性原则

产品设计必须以市场为目标。配方设计人员必须熟悉市场，及时了解市场动态，准确确定产品在市场中的定位（如高、中、低档等），明确用户的特殊要求（如外观、颜色、风味等），设计出各种不同档次的产品，以满足不同用户的需要。同时还要预测产品的市场前景，不断开发新产品，以增强产品的市场竞争力。

（二）日粮配方的设计方法

常用的日粮配方设计方法有电脑配方设计法和手工设计法。手工设计包括试差法和对角线法。以对角线法举例设计体重 350 千克，预期日增重 1.2 千克的舍饲生长育肥牛日粮配方。

1. 查肉牛饲养标准

具体见表 3-25。

表 3-25　体重 350 千克，预期日增重 1.2 千克的舍饲生长育肥牛营养需要量

干物质/千克	肉牛能量单位（RND）	粗蛋白质/克	钙/克	磷/克
8.41	6.47	889	38	20

2. 查出所选饲料的营养成分

饲料营养含量（干物质）见表 3-26。

表 3-26　饲料营养含量（干物质）

饲料名称	干物质/千克	肉牛能量单位(RND)	粗蛋白质/%	钙/%	磷/%
玉米青贮	22.7	0.54	7.0	0.44	0.26
玉米	88.4	1.13	9.7	0.09	0.24
麸皮	88.6	0.82	16.3	0.20	0.88
棉子饼	89.6	0.92	36.3	0.30	0.90
碳酸氢钙	100			23.00	16.00
石粉	100			38.00	

3. 确定精、粗饲料用量及比例

确定日粮中精饲料占 50%，粗饲料占 50%。由肉牛的营养需要可知每日每头肉牛需 8.41 千克干物质，所以每日每头由粗饲料（青贮玉米）应供给的干物质质量为 8.41×50% = 4.2 千克，首先求出青贮玉米所提供的养分量和尚缺的养分量（表 3-27）。

表 3-27　粗饲料提供的养分量

	干物质/千克	肉牛能量单位(RND)	粗蛋白质/克	钙/克	磷/克
需要量	8.41	6.47	889	38	20
4.2 千克青贮玉米干物质提供	4.2	2.27	294	18.48	10.92
尚差	4.21	4.20	595	19.52	9.08

4. 求出各种精饲料和拟配合料粗蛋白/肉牛能量单位比

玉米 = 97/1.13 = 85.84

麸皮 = 163/0.82 = 198.78

棉子饼 = 363/0.92 = 394.57

拟配合精饲料混料 = 595/4.2 = 141.67

5. 用对角线法算出各种精饲料的用量

（1）先将各精饲料按蛋白能量比分为两类：一类高于拟配混合料；另一类低于拟配混合料，然后一高一低两两搭配成组。本例高于 141.67 的有麸皮和棉子饼，低的有玉米。因此玉米既要和麸皮搭配，又要和棉子饼搭配，每组画一个正方形。将 3 种精饲料的蛋白能量比置于正方形的左侧，拟配混合料的蛋白能量比放在中间，在两条对角线上做减法，大数减小数，得数是该饲料在混合料中应占有的能量比例数。

（2）本例要求混合精饲料中肉牛能量单位是 4.20，所以应将上述比例算成总能量 4.20 时的比例，即将各饲料原来的比例数分别除各饲料比例数之和，再乘 4.20。然后将所得数据分别被各原料每千克所含的肉牛能量单位除，就得到这三种饲料的用量了。

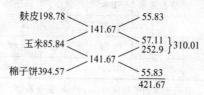

则

玉米：$310.01 \times \dfrac{4.20}{421.67} \div 1.13$ 千克 $= 2.73$ 千克

麸皮：$55.83 \times \dfrac{4.20}{421.67} \div 0.82$ 千克 $= 0.68$ 千克

棉子饼：$55.83 \times \dfrac{4.20}{421.67} \div 0.92$ 千克 $= 0.60$ 千克

6. 验证精饲料混合料养分含量

见表 3-28。

表 3-28　精饲料混合料养分含量

饲料名称	用量/千克	干物质/千克	肉牛能量单位（RND）	粗蛋白质/克	钙/克	磷/克
玉米	2.73	2.41	3.08	264.81	2.46	6.55
麸皮	0.68	0.60	0.56	110.84	1.36	5.98
棉子饼	0.60	0.54	0.55	217.80	1.80	5.40
合计	4.01	3.55	4.19	593.50	7.62	17.93
差		−0.66	−0.01	−1.50	−11.90	+8.85

由表 3-28 可以看出，精饲料混合料中肉牛能量单位和粗蛋白质含量与要求基本一致，干物质尚差 0.66 千克，可以适当增加青贮玉米的喂量。钙磷的余缺可以用矿物质饲料调整。本例中磷已经满足需

要，不必考虑补充，只需要用石粉补钙即可。

石粉用量＝11.9÷0.38＝31.32克。

混合料中另加1%食盐，约合0.04千克。

7. 列出日粮配方与精饲料混合料的百分比组成

见表3-29。

表3-29　育肥牛的日粮配方

	青贮玉米	玉米	麸皮	棉子饼	石粉	食盐
干物质含量/千克	4.2	2.73	0.68	0.60	0.031	0.04
饲喂量/千克	18.5	3.09	0.77	0.67	0.031	0.04
精饲料组成/%		67.16	16.74	14.56	0.67	0.87

注：在实际生产中，青贮玉米的喂量应增加10%的安全系数，即每天每头饲喂20.35千克。混合精饲料每天每头饲喂4.6千克。

（三）日粮配方举例

1. 犊牛舍饲持续育肥日粮配方

（1）舍饲持续育肥日粮配方

① 精饲料补充料配方。具体配方（%）：玉米40，棉子饼30，麸皮20，鱼粉4，磷酸氢钙2，食盐0.6，微量元素维生素复合预混料0.4，沸石3。6月龄后按1千克混合精饲料添加15克尿素。

② 不同阶段饲料喂量见表3-30示。

表3-30　不同阶段饲料喂量

月龄/月	体重/千克	青干草 /[千克/（天·头）]	青贮料 /[千克/（天·头）]	精饲料补充料 /[千克/（天·头）]
3～6	70～166	1.5	1.8	2.0
7～12	167～328	3.0	3.0	3.0
13～16	329～427	4.0	8.0	4.0

（2）强度育肥1岁左右出栏日粮配方（表3-31）。选择良种肉牛或其改良肉牛，在犊牛阶段采取较合理的饲养，使日增重达0.8～0.9千克。180日龄体重超过200千克后，按日增重大于1.2千克配

制日粮。12月龄体重达450千克左右，上等膘时出栏。

表3-31 强度育肥1岁左右出栏日粮配方

日龄/天	0～30	31～60	61～90	91～120	121～180	181～240	241～300	301～360
始重/千克	30～50	62～66	88～91	110～114	136～139	209～221	287～299	365～377
日增重/千克	0.8	0.7～0.8	0.7～0.8	0.8～0.9	0.8～0.9	1.2～1.4	1.2～1.4	1.2～1.4
全乳喂量/千克	6～7	8	7	4	0	0	0	0
精饲料补充料喂量/千克	自由	自由	自由	1.2～13	1.8～2.5	3～3.5	4～5	5.6～6.5
精饲料补充料配方	10周龄前			10周龄后至180日龄				
玉米/%	60			60			67	
高粱/%	10			10			10	
饼粕类/%	15			24			30	
鱼粉/%	3			0			0	
动物性油脂/%	10			3			0	
磷酸氢钙/%	1.5			1.5			1	
日龄/天	0～60			61～180			180～360	
食盐/毫克	0.5			1			1	
小苏打/毫克	0			0.5			1	
土霉素（另加）/（毫克/千克）	22			0			0	
维生素A（另加）/（万单位/千克）	干草期加1～2			干草期加0.5～1			干草期加0.5	

2. 不同粗饲料类型日粮配方

(1) 青贮玉米秸类型日粮。适用于玉米种植密集、有较好青贮基础的地区。使用如下配方，青贮玉米秸日喂量15千克。精饲料配方见表3-32。

表 3-32 青贮玉米秸类型日粮系列配方

体重阶段/千克	300～350		350～400		400～450		450～500	
精饲料配比	配方1	配方2	配方1	配方2	配方1	配方2	配方1	配方2
玉米/%	71.8	77.7	80.7	76.8	77.6	76.7	84.5	87.6
麸皮/%	3.3	2.4	3.3	4.0	0.7	5.8	0	0
棉子粕/%	21.0	16.3	12.0	15.6	18.0	14.2	11.6	8.2
尿素/%	1.4	1.3	1.7	1.4	1.7	1.5	1.9	2.2
食盐/%	1.5	1.5	1.5	1.5	1.2	1.0	1.2	1.2
石粉/%	1.0	0.8	0.8	0.7	0.8	0.8	0.8	0.8
日喂料量/千克	5.2	7.2	7.0	6.1	5.6	7.8	8.0	8.0
营养水平								
肉牛能量单位(RND)	6.7	8.5	8.4	7.2	7.0	9.2	8.8	10.2
粗蛋白质/克	747.8	936.6	756.7	713.5	782.6	981.76	776.4	818.6
钙/克	39	43	42	36	37	46	45	51
磷/克	21	36	23	22	21	28	25	27

（2）青贮＋谷草类型日粮配方及喂量。见表 3-33。

表 3-33 青贮＋谷草类型日粮配方及喂量

月龄/月	精饲料配方/%							采食量/[千克/(日·头)]		
	玉米	麸皮	大豆粕	棉子粕	石粉	食盐	碳酸氢钠	精饲料	青贮玉米秸	谷草
7～8	32.5	24	7	33	1.5	1	1	2.2	6	1.5
9～10								2.8	8	1.5
11～12	52	14	5	26				3.3	10	1.8
13～14								3.6	12	2
15～16	67	4		26	0.5		1	4.1	14	2
17～18								5.5	14	2

（3）酒糟类型日粮。酒糟作为酿酒的副产品，经与干粗料、精饲料及预混合料合理搭配，实现了酒糟的合理利用（表 3-34）。

表 3-34　酒糟类型日粮

体重阶段/千克	300～350		350～400		400～450		450～500	
精饲料配比/%	配方 1	配方 2	配方 1	配方 2	配方 1	配方 2	配方 1	配方 2
玉米/%	58.9	69.4	64.9	75.1	73.1	80.8	78.0	85.2
麸皮/%	20.3	14.3	16.6	11.1	12.1	7.8	9.6	5.9
棉子粕/%	17.7	12.7	14.9	9.7	11.0	7.0	9.6	4.5
尿素/%	0.4	1.0	1.0	1.6	1.5	2.1	8.4	2.3
食盐/%	1.5	1.5	1.5	1.5	1.5	1.5	1.9	1.5
石粉/%	1.2	1.1	1.0	1.0	0.8	0.8	1.5	1.5
采食量								
精饲料/[千克/(头·千克)]	4.1	6.8	4.6	7.6	5.2	7.5	5.8	8.2
酒糟/[千克/(头·千克)]	11.8	10.4	12.1	11.3	14.0	12.0	15.3	13.1
玉米秸/[千克/(头·千克)]	1.5	1.3	1.9	1.7	2.0	1.8	2.2	1.8
营养水平								
肉牛能量单位(RND)	7.4	9.4	9.4	11.8	10.7	12.3	11.9	13.2
粗蛋白质/克	787.8	919.4	1016.4	1272.3	1155.7	1306.6	1270.2	1385.6
钙/克	46	54	47	57	48	52	49	51
磷/克	30	37	32	39	34	37	37	39

（4）干玉米秸日粮配方。见表 3-35。

表 3-35　干玉米秸日粮配方

体重阶段/千克	300～350		350～400		400～450		450～500	
精饲料配比	配方 1	配方 2	配方 1	配方 2	配方 1	配方 2	配方 1	配方 2
玉米/%	66.2	69.6	70.5	72.0	72.7	74.0	78.3	79.1
麸皮/%	2.5	1.4	1.9	4.8	6.6	6.6	1.6	2.0
棉子粕/%	27.9	25.4	24.1	19.5	16.8	15.8	16.3	15.0
尿素/%	0.9	1.06	1.2	1.25	1.43	1.56	1.77	1.90
食盐/%	1.5	1.5	1.5	1.5	1.5	1.5	1.5	1.5

体重阶段/千克	300～350		350～400		400～450		450～500	
石粉/%	1.0	1.1	0.8	0.9	1.0	0.6	0.5	0.5
采食量								
精饲料/[千克/(头·千克)]	4.8	5.6	5.4	6.1	6.0	6.3	6.7	7.0
酒糟/[千克/(头·千克)]	3.6	3.0	4.0	3.0	4.2	4.5	4.6	4.7
玉米秸/[千克/(头·千克)]	0.5	0.2	0.3	1.0	1.1	1.2	0.3	0.5
营养水平								
肉牛能量单位(RND)	6.1	6.4	6.8	7.2	7.6	8.0	8.4	8.8
粗蛋白质/克	660	684	691	713	722	744	754	776
钙/克	38	40	38	40	37	39	36	38
磷/克	27	27	28	29	31	32	32	32

3. 架子牛舍饲育肥日粮配方

（1）氨化稻草类型日粮配方。见表 3-36。

表 3-36 架子牛舍饲育肥氨化稻草类型日粮配方

[单位：千克/(天·头)]

阶段	日粮配方						
	玉米面	大豆饼	骨粉	矿物微量元素	食盐	碳酸氢钠	氨化稻草
前期	2.5	0.25	0.060	0.030	0.050	0.050	20
中期	4.0	1.00	0.070	0.030	0.050	0.050	17
后期	5.0	1.50	0.070	0.035	0.050	0.050	15

（2）酒精糟＋青贮玉米秸日粮配方。饲喂效果：日增重1千克以上。精饲料配方：玉米93%、棉子粕2.8%、尿素1.2%、石粉1.2%、食盐1.8%、添加剂（育肥灵）另加。不同体重阶段，精粗饲料用量见表 3-37。

表 3-37　不同体重阶段精粗饲料用量

体重/千克	250~350	350~450	450~550	550~650
精饲料/千克	2~3	3~4	4~5	5~6
酒精槽/千克	10~12	12~14	14~16	16~18
青贮(鲜)/千克	10~12	12~14	14~16	16~18

4. 育肥牛饲料典型配方

育肥牛饲料典型配方见表 3-38。

表 3-38　育肥牛饲料典型配方

	300 千克架子牛过渡期				300~350 千克架子牛				350~400 千克架子牛			肉牛催肥期		
玉米/%	20.6	8.5	14.3	4.7	31.2	18.4	17.3	21.1	26.4	30.7	31.2	40.9	35.9	24.7
大麦/%	0.0	0.0	0.0	0.0	0.0	0.0	0.0	0.0	0.0	0.0	0.0	8.0	0.0	0.0
棉子饼/%	13.9		13.2	0	9.8	0.0	0.0	9.4	10.8	13.1	10.5	8.1	0.0	0.0
玉米胚芽饼/%	0.0	20.9	0.0	14.8	0.0	13.2	14.1	0.0	0.0	0.0	0.0	0.0	16.0	17.8
麦麸/%	0.0	0.0	0.0	0.0	0.0	0.0	0.0	0.0	0.0	0.0	0.0	0.0	0.0	0.0
甜菜干饼/%	6.9	15.1	0.0	15.3	10.0	0.0	0.0	0.0	7.0	0.0	13.6	16.0	0.0	0.0
玉米酒精蛋白/%	0.0	0.0	0.0	5.4	18.6	15.0	0.0	0.0	0.0	0.0	0.0	0.0	0.0	0.0
全株玉米青贮/%	44.5	28.3	49.0	27.0	44.1	27.0	40.0	50.0	41.0	48.4	44.0	26.0	25.1	32.6
苜蓿/%	0.0	0.0	0.0	0.0	0.0	0.0	0.0	0.0	0.0	0.0	0.0	0.0	4.3	0.0
玉米秸/%	13.6	0.0	23.1	15.8	3.4	10.7	10.5	18.0	10.7	7.4	0.0	0.0	2.6	9.2
玉米皮/%	0.0	3.4	0.0	5.0	0.0	4.4	1.5	0.0	0.0	0.0	0.0	0.0	7.3	10.0
小麦秸/%	0.0	0.0	0.0	2.4	0.0	7.2	0.0	0.0	0.0	0.0	0.0	0.0	0.0	0.0
添加剂/%	1.0	1.0	1.0	1.0	1.0	1.0	1.0	1.0	1.0	1.0	1.0	1.0	1.0	1.0
食盐/%	0.2	0.2	0.2	0.2	0.2	0.2	0.2	0.2	0.2	0.2	0.2	0.2	0.2	0.2
石粉/%	0.3	0.4	0.3	0.3	0.3	0.3	0.4	0.3	0.3	0.3	0.3		0.55	0.4
配合饲料成分/%														
维持净能/(兆焦/单位)	6.14	7.32	6.39	6.19	7.28	6.95	7.03	6.81	6.94	7.27	7.31	7.67	7.66	7.28

	300 千克架子牛过渡期				300～350 千克架子牛				350～400 千克架子牛			肉牛催肥期		
增重净能/(兆焦/单位)	3.64	1.09	3.73	3.68	4.45	4.20	4.27	4.09	4.25	4.46	4.47	4.71	4.77	4.56
粗蛋白/%	11.4	13.7	11.0	14.4	11.0	12.8	12.96	10.4	12.55	11.2	11.2	10.7	13.46	12.6
钙/%	0.46	0.44	0.4	0.37	0.37	0.33	0.38	0.34	0.39	0.34	0.39	0.34	0.35	0.40
磷/%	0.32	0.36	0.34	0.36	0.32	0.3	0.32	0.31	0.37	0.32	0.33	0.28	0.33	0.35

注：在实际应用时要考虑饲料的含水量；在实际应用时要考虑饲料杂质的含量。

第四节　饲料的加工调制和品质管理

一、肉牛饲料的加工调制

（一）精饲料的加工调制

精饲料的加工调制主要目的是便于牛咀嚼和反刍，提高养分的利用率，同时为合理和均匀搭配饲料提供方便。

1. 粉碎与压扁

精饲料最常用的加工方法是粉碎，可以为合理和均匀的搭配饲料提供方便，但用于肉牛日粮不宜过细。粗粉与细粉相比，粗粉可提高适口性，提高牛唾液分泌量，增加反刍，一般筛孔通常 3～6 毫米。将谷物用蒸汽加热到 120℃左右，再用压扁机压成厚 1 毫米的薄片，迅速干燥。由于压扁饲料中的淀粉经加热糊化，用于饲喂肉牛消化率明显提高。

2. 浸泡

豆类、油饼类、谷物等饲料相当坚硬，不经浸泡很难嚼碎。经浸泡后吸收水分，膨胀柔软，容易咀嚼，便于消化。浸泡方法：用池子或缸等容器把饲料用水拌匀，一般料水比为 1∶(1～1.5)，即手握指缝渗出水滴为准，不需任何温度条件。有些饲料中含有单宁、棉酚等有毒物质，并带有异味，浸泡后毒素、异味均可减轻，从而提高适口性。浸泡的时间应根据季节和饲料种类而异，以免引起饲料变质。

3. 肉牛饲料的过瘤胃保护

强度育肥的肉牛补充过瘤胃保护蛋白质、过瘤胃淀粉和过瘤胃保护脂肪能提高生产性能。

(1) 热处理。加热可降低饲料蛋白质的降解率，但过度加热也会降低蛋白质的消化率，引起一些氨基酸、维生素的损失，应适度加热。一般认为，140℃左右烘焙 4 小时，或 130～145℃火烤 2 分钟，或 3420.5×10³ Pa 压力和 121℃处理饲料 45～60 分钟较宜。有研究表明，加热以 150℃、45 分钟最好。

膨化技术用于全脂大豆的处理，取得了理想效果。李建国等用 YG-Q 型多功能糊化机进行大豆粕糊处理，使蛋白质瘤胃降解率显著下降，方法简单易行。

(2) 化学处理

① 甲醛处理。甲醛可与蛋白质分子的氨基、羟基、硫氢基发生基化反应而使其变性，免于被瘤胃微生物降解。处理方法：饼粕经 2.5 毫米筛孔粉碎，然后每 100 克粗蛋白质称 0.6～0.7 克甲醛溶液 (36%)，用水稀释 20 倍后喷雾，与饼粕混合均匀，用塑料薄膜封闭 24 小时后打开薄膜，自然风干。

② 锌处理。锌盐可以沉淀部分蛋白质，从而降低饲料蛋白质在瘤胃中的降解。处理方法：硫酸锌溶解在水里，其比例为大豆粕：水：硫酸锌＝1：2：0.03，拌匀后放置 2～3 小时，50～60℃烘干。

③ 鞣酸处理。将 1% 的鞣酸均匀地喷洒在蛋白质饲料上，混合后烘干。

④ 过瘤胃保护脂肪。许多研究表明，直接添加脂肪对反刍动物效果不好，脂肪在瘤胃中干扰微生物的活动，降低纤维消化率，影响生产性能的提高，所以，添加的脂肪采用某种方法保护起来，形成过瘤胃保护脂肪。最常见的是脂肪酸钙产品。

(二) 干草的处理加工

干草是青绿饲料在尚未结子以前刈割，经过日晒或人工干燥除去大量水分而制成的，因其较好地保留了青绿饲料的养分和绿色故又称青干草。优质干草叶多且有芳香味，适口性好，含有丰富的蛋白质、维生素及矿物质。干草中粗蛋白质含量：禾本科干草为 7%～13%，豆科干草为 10%～21%。粗纤维含量为 20%～30%，干草中维生素 D 含量丰富，并含有一定的 B 族维生素。钙的含量，苜蓿干草 1.29%，而禾本科仅为 0.4%左右。影响青干草质量因素很多，不同种类的牧草质量不同，一般豆科牧草较禾本科质量好。刈割时间过早水分含量多，不易晒干；过晚营养价值降低。禾本科类在抽穗期，豆科草类在孕蕾及初花期刈割为好。另外，在干燥过程中应尽可能减少机械损失、雨淋等。

1. 牧草的干燥方法

（1）田间晒制法。牧草刈割后，在原地或附近干燥地段摊开曝晒，每隔数小时加以翻晒，待水分降至 40%～50%时，用搂草机或手工搂成松散的草垄，可集成高 0.5～1 米的草堆，保持草堆的松散通风。天气晴好可倒堆翻晒，天气恶劣时小草堆外面最好盖上塑料布，以防雨水冲淋。直到水分降到 17%以下即可贮藏，如果采用摊晒和捆晒相结合的方法，可以更好的防止叶片、花序和嫩枝脱落。

（2）草架干燥法。田间晒制青干草虽然简单易行，但营养损失很大。如果是多雨季节最好采用草架干燥法，草架可用木棍搭成，也可以做成组合式三角形草架，架的大小可根据草的产量和场地而定。虽然花费一定的物力，但明显加快了干燥速度，干草品质好。牧草刈割后在田间干燥半天或 1 天，使其水分降到 40%～50%时，把牧草自下而上逐渐堆放或打成 15 厘米左右的小捆，草的顶端朝里，并避免与地面接触吸潮，草层厚度不宜超过 70～80 厘米。上架后的牧草应堆成圆锥屋顶形，力求平顺。由干草架中部空虚，空气可以流通加速了牧草水分散失，提高了牧草的干燥速度，其营养损失比地面干燥减少 5%～10%。

（3）发酵干燥法。晒草季节如遇连阴雨，可将已割下的青草铺平自然干燥，使水分减少到 50%左右，然后分层堆积（高 3～5 米）。新割的草，亦可堆为草堆。为防止发酵过度，应逐层堆紧，每层可撒上为青草重量 0.5%～1%的食盐。经堆放 2～3 天后，堆内温度可上升到 60～70℃，未干草料所含水分即受热蒸发，并产生一种酸香味。发酵干燥需 30～60 天的时间，方可完成，也可适时把草堆打开，使水分蒸发。这种经过高温发酵的干草，可消化营养物质的损失可达 50%以上，蛋白质的消化率也明显下降，干草颜色变成棕褐色。

(4) 常温鼓风干燥法。为了保存营养价值高的叶片、花序、嫩枝，减少干燥后期阳光曝晒时对胡萝卜素的破坏，把刈割后的牧草在田间就地晒干至水分到 $40\%\sim50\%$ 时，再放置于设有通风道的干草棚内，用鼓风机、电风扇等吹风装置，进行常温吹风干燥。采用此方法调制干草时只要不受雨淋、渗水等危害，就能获得品质优良的青干草。

(5) 常温快速干燥法。此法多用于工厂化生产草粉、草块。先把牧草切碎，放入烘干机中，通过高温空气，使之迅速干燥，然后把草段制成草粉或草块等。干燥时间的长短取决于烘干机的性能，从数秒钟到几小时不等，可使牧草含水量从 $80\%\sim90\%$ 下降到 15% 以下。虽然有的烘干机内热空气温度可达到 $1100℃$，但牧草的温度一般不超过 $30\sim35℃$，所以可以保存养分在 90% 以上。

2. 青干草的贮藏

(1) 露天堆垛贮藏。垛址应选择地势平坦干燥、排水良好的地方，离牛舍不宜太远。垛底应用石块、木头、秸秆等垫起铺平，高出地面 $40\sim50$ 厘米，四周有排水沟。垛的形式一般采用圆形和长方形两种。无论采用哪种形式，其外形均应由下向上逐渐扩大，顶部又逐渐形成圆形，形成下狭、中大、上圆的形状。垛的大小可根据需要，圆形垛一般直径 $4.5\sim5$ 米，高 $6\sim5$ 米，长方形垛一般长 $8\sim10$ 米，宽 $4.5\sim5$ 米，高 $6\sim6.5$ 米。封顶时可用麦秸或杂草覆盖顶部，最后用草绳或泥土封压，以防大风吹刮。

(2) 草棚堆垛。有条件的地方可建筑简易干草棚，以防雨雪、潮湿和阳光直射。存放干草时，应使青干草与地面和棚顶保持一定距离，以便通风散热。

(3) 防腐剂的使用。要使调制成的青干草达到合乎贮藏安全指标（含水量 17% 以下），生产上是很困难的。为了防止干草在贮存过程中因水分过高而发霉变质，可以使用防腐剂。较为普遍的有丙酸和丙酸盐、液态氨和氢氧化物（氨或钠）等。目前丙酸应用较为普遍。液态氨不仅是一种有效的防腐剂，而且还能增加干草中氮的含量。氢氧化物处理干草不仅能防腐，而且还能提高青干草消化率。

3. 草捆、草粉的生产与贮藏

(1) 草捆生产。主要是利用打捆机，将松散的牧草打成密实的捆，以利于机械操作、堆垛、装卸和运输。采用常规小型打捆机，草捆重量在14~16千克，密度为每立方米160~300千克。采用大圆柱形打捆机，常用的草捆重600千克左右，密度为每立方米110~250千克。青草和干草均可进行打捆。

（2）草粉加工。草粉是将青干草粉碎而制成的饲料。我国农村地区饲料粉碎机的普及率很高，草粉生产量也很大，但草粉的质量有待进一步提高。保证加工草粉质量的主要措施是提高加工原料青干草的质量。只有调制出优质的青干草，才能生产出高质量的草粉。养牛业中草粉主要用于饲养犊牛和成年牛短期育肥。一般喂牛，饲草不需要粉碎即可作为主要饲料使用。

（3）草捆和草粉的贮藏。干草捆本身是青干草的一种贮藏方法，占地面积小，节约空间，适于贮藏在草棚内，重点是防潮和防鼠。其贮藏原理和青贮饲料相同。这种草一般用塑料薄膜密封，在管理上应严防塑料薄膜破裂，以免造成饲草腐败变质。

草粉安全贮藏的含水量和温度：含水量12%时，要求温度为15℃以下；含水量在13%以上时，要求贮藏温度为5~10℃。在密闭低温条件下贮藏，可减少草粉中胡萝卜素损失。在寒冷地区利用自然低温容易贮藏。草粉也可以利用添加抗氧化剂和防腐剂的方式贮藏。

4. 青干草的品质鉴定

（1）质量鉴定。

① 含水量及感官鉴定。青干草的最适含水量为15%~17%，适于堆垛永久保存，用手成束紧握时，发出沙沙响声和破裂声，草束反复折曲时易断，搓揉的草束能迅速、完全的散开，叶片干而卷曲。青干草含水量为17%~19%时也能较好的保存，用手成束紧握时无干裂声，只有沙沙声，草束反复折曲不易断，搓揉的草束散开缓慢，叶片干而卷曲。青干草含水量为19%~20%堆垛贮藏时会发热，甚至起火，用手成束紧握时无清脆响声，容易拧成紧实而柔韧的草瓣，搓拧时不易折断。青干草含水量为23%以上时，不能堆垛贮藏，搓揉时无沙沙响声，多次折曲草束时，折曲处有水珠，手插入草中有凉感。

② 颜色、气味。绿色越深，营养物质损失越少，质量越好，并具有浓郁的芳香味；如果发黄，且有褐色斑点，无香味，则为劣等。

如果发霉变质，则不能饲用。

③ 植物组成。青干草组成中，如豆科草的比例超过5%～10%时为上等，禾本科草和杂草比例占80%以上为中等，不可食杂草占15%～20%的为劣等，有毒有害草超过1%的不可饲用。

④ 叶量。叶量越多说明营养损失越少，植株叶片保留95%以上的为优等，叶片损失10%～15%的为中等，叶片损失15%以上时为劣等。

⑤ 含杂质量。青干草中夹杂土、枯枝、树叶等杂质量越少，品质越好。

（2）综合感官评定。见表3-39。

表3-39　青干草综合感官评定指标

一级	枝叶鲜绿或深绿色，叶及花序损失不到5%，含水量15%～17%，有浓郁的干草香味，但再生草调制的干草香味较淡
二级	绿色，叶及花序损失不到10%，含水量15%～17%，有香味
三级	叶色发黑，叶及花序损失不到15%，含水量15%～17%，有干草香味
四级	茎叶发黄、发白，部分有褐色斑点，叶及花序损失大于15%，含水量15%～17%，香味较淡
五级	发霉有臭味，不能饲用

（三）青贮饲料的加工调制

青贮饲料是养牛业最主要的饲料来源，在各种粗饲料加工中保存的营养物质最高（保存83%的营养），粗硬的秸秆在青贮过程中还可以得到软化，增加适口性，使消化率提高。在密封状态下可以长年保存，制作简便，成本低廉。

青贮是在厌氧环境中，让乳酸菌大量繁殖，从而将饲料中的淀粉和可溶性糖变成乳酸，当乳酸积累到一定浓度后，便抑制霉菌和腐败菌生长，pH值降到4.2以下时可以把青饲料中的养分长时间地保存下来。青贮饲料制作要保持无氧。在青贮发酵的第一阶段，窖内的氧气越多，植物原料呼吸时间就越长，不仅消耗大量糖，还会导致窖中温度升高。若窖内氧气多，还会使好气性细菌很快繁殖，使青贮料腐败、降低品质。有氧环境不利于乳酸菌增殖及乳酸生成，影响青贮质量。

1. 青贮窖的准备

（1）窖址选择。青贮窖应建在离牛舍较近的地方，地势要干燥，易排水，切忌在低洼处或树阴下建窖，以防漏水、漏气和倒塌。

（2）窖形及规格。窖形及规格见表3-40。几种青贮原料的容重见表3-41。

表 3-40　窖形及规格

窖形		规格	备注
小圆窖		直径2米×深3米	适用于用草量少的养殖户
长方形窖	一般窖	宽1.5~2米(内壁呈倒梯形,倾斜度为每深1.0米上口外倾15厘米)×深2.5~3米×长6~10米	适用于用草量多的养牛场
	大型	宽4.5~6米(内壁呈倒梯形)×深3.5~7米×长10~30米	适用于规模化的养牛场

宽度和深度确定后，根据青贮需要量，计算出青贮窖的长度。

$$窖长(米)=青贮需要量(千克)÷[\frac{上口宽(米)+下口宽(米)}{2}$$

$$×深度(米)×每立方米原料重量(千克)]$$

表 3-41　几种青贮原料的容重

原　　料	铡得细碎		铡得较粗	
	制作时/千克	利用时/千克	制作时/千克	利用时/千克
玉米秸	450~500	500~600	400~450	450~550
藤蔓类	500~600	700~800	450~550	650~750
叶、根茎类	600~700	800~900	550~650	750~850

2. 青贮原料的选择

（1）对青贮原料的要求

① 适宜的含水量。为造成无氧环境要把原料压实，而水分含量过低（低于60%），不容易压实，所以青贮料一般要求适宜的含水量（65%~70%），最低不少于55%。含水量也不要过高，否则使青贮料腐烂，因为压挤结成黏块易引起酪酸发酵。用手抓一把铡短

的原料，轻揉后用力握，手指缝中出现水珠但不成串滴出，说明含水量适宜；无水珠则含水分少，成串滴出水珠则水分过多。原料中含水分过多会造成压实结块，腐败发臭，品质降低。这样的原料青贮前需加入适量的麸皮或干草等吸收水分，也可适当延长晾晒时间；原料中含水分过少，青贮时难压紧，窖内空气较多，使好气性菌大量繁殖，导致饲料发霉腐烂，所以应适量均匀加入清水或含水分高的青饲料。

② 含有一定的糖量。青贮原料要有一定的含糖量，一般不应低于 1%～1.5%，这样才能保证乳酸菌活动。含糖多的玉米秸和禾本科草易于青贮，若含糖量不足的原料青贮时（如苜蓿等豆科牧草）应将含糖量低的青贮原料混合青贮或加含糖高的青贮添加剂。禾本科牧草或秸秆含糖量符合青贮要求，可制作单一青贮；豆科牧草含糖量少，粗蛋白含量高，不宜单独作青贮，应按 1：3 比例与禾本科牧草混贮。此外每 1000 千克豆科牧草与带穗玉米秸 3000 千克或者每 3000 千克豆科牧草与 100 千克青高粱混贮都可以。

③ 原料切铡。任何青贮原料装窖前必须铡短，质地粗硬的原料，如玉米秸等以长 1 厘米为宜，柔软的原料，如藤蔓类以长 4～5 厘米为宜。铡短后利于压实，减小原料间隙，入窖时层层踩实、压紧，造成无氧环境。

（2）常用的青贮原料。凡是无毒的青绿植物均可制成青贮料。

① 青刈带穗玉米。乳熟期整株玉米含有适宜的水分和糖分，是青贮的好原料。用这样的玉米青贮从单位面积土地上获得的营养物质或换回的产肉数量要比玉米子实加玉米秸饲喂的效果好。

② 玉米秸。收获果穗后的玉米秸上能保留 1/2 的绿色叶片，适于青贮。若部分秸秆发黄，3/4 的叶片干枯视为青黄秸，青贮时每 100 千克需加水 5～15 千克。为了满足肉牛对粗蛋白质的要求，可在制作时加入草量 0.5% 左右的尿素。添加方法是：原料装填时，将尿素制成水溶液，均匀喷洒在原料上。

③甘薯蔓。粗纤维含量低，易消化。注意及时调制，避免霜打或晒成半干状态而影响青贮质量。青贮时与小薯块一起装填更好。

④ 各种青草。各种禾本科青草所含的水分与糖分均适于调制青贮饲料。豆科牧草如苜蓿，因含粗蛋白质量高，不宜单独青贮。

3. 青贮的制作

（1）原料适时刈割。青贮原料的适宜收割期，既要兼顾较高的营养成分和单位面积产量，又要保证有较为适量的可溶性碳水化合物和水分。一般宁早勿迟。豆科牧草的适宜收割期是现蕾至开花期，禾本科牧草为孕穗至抽穗期，带果穗的玉米在蜡熟期收割，如有霜害则应提前收割、青贮。收穗的玉米秸，应在玉米穗成熟收获后，玉米秸仅有下部 1～2 片叶枯黄时收割，立即青贮；也可在玉米七成熟时收割果穗以上的部分（果穗上部要保证有 1 张叶片）青贮。常见青贮原料适宜收割期见表 3-42。

（2）运输、切碎。如果具备联合收割机，最好在田间进行青贮原料的切铡，再由翻斗车拉到青贮窖，直接青贮，可以提高青贮质量。中小型牛场常在窖边切铡秸秆，应在短时间内将青贮原料收运到青贮地点。不要长时间在阳光下曝晒。切短的长度，细茎牧草以 7～8 厘米为宜，而玉米等较粗的作物秸秆最好不要超过 1 厘米，国外要求0.7 厘米。

表 3-42　常见青贮原料适宜收割期

青贮原料种类	收割适期	含水量/%
收果穗后的玉米秆	果粒成熟立即收割	50～60
豆科牧草及野草	现蕾期至开花初期	70～80
禾本科牧草	孕穗至抽穗期	70～80
甘薯藤	霜前或收薯前 1～2 天	86
马铃薯茎叶	收薯前 1～2 天	80
三水饲料	霜前	90

（3）装填。填装时窖底可先填一层厚 10～15 厘米切短的秸秆，以便吸收青贮汁液，然后再分层填装。一般每填装 50 厘米厚时，即应用拖拉机填压，直到下陷不明显后再填装一层、再填压，依次填装直到高出窖面 50 厘米。注意窖的壁边和四角要压紧压实，不能有渗漏。

（4）封严及整修。原料填装完后应立即密封。拖延封窖时间对于青贮料有不良影响。密封的方法是在顶部呈方形填装好的原料上面，盖一层秸秆或软草，再铺盖塑料薄膜，上压厚 30～50 厘米的土，压实成馒头状。封窖后应经常检查，发现有塌陷、渗漏等现象应及时处理。窖四周应有排水沟，防止水渍。

4. 特殊青贮饲料的制作

（1）低水分青贮。低水分青贮亦称半干青贮，其干物质含量比一般青贮饲料高 1 倍多。无酸味或微酸，适口性好，色深绿，养分损失少。

制作低水分青贮时，青饲料原料应迅速风干，要求在收割后24～30 小时，豆科牧草含水量达 50％左右，禾本科牧草达到 45％，在低水分状态下装窖、压实、封严。由于原料含水分少，青贮原料对于腐败菌、酪酸菌造成生理干燥状态，生长繁殖受到限制。在低水分青贮过程中，微生物发酵微弱，蛋白质不被分解，有机酸形成数量少，因而能保持较多的营养成分。在华北地区，二茬苜蓿收割时正值雨季，晒制干草常遇雨霉烂，利用二茬苜蓿制作半干青贮是解决这一问题的好办法。

（2）拉伸膜青贮。这是草地就地青贮的最新技术，全部机械化作业，操作程序为：割草—打捆—出草捆—缠绕拉伸膜。其优点主要是不受天气变化影响，保存时间长（一般可存放 3～5 年）、使用方便。

（3）混合青贮。常用于豆科牧草与禾本科牧草混合青贮以及含水量较高的牧草（如鲁梅克斯草、紫云英等）和非常规饲料与作物秸秆（玉米秸、麦秸、稻草等）进行的混合青贮。这些原料中，有些豆科牧草含糖量较低，单独青贮很难成功。而禾本科牧草含糖量较高，如果进行混贮，容易获得质量很高的青贮。含水量较高的原料和作物秸秆进行混贮，秸秆吸收了牧草细胞中大量的营养汁液，提高了秸秆的营养成分，特别是粗蛋白质含量显著增加，使秸秆柔软多汁，气味芳香，提高了营养价值和消化率，进一步开发了农区秸秆的利用，同时减少了牧草的营养损失，满足了冬、春季节枯草期肉牛对青绿多汁饲料的需要。豆科牧草与禾本科牧草混合青贮时的比例以 1：1.3 为宜。含水量较高的牧草与秸秆进行混贮，每 100 千克牧草需加秸秆量可按下式进行计算。

$$需加秸秆量＝（牧草的含水量－理想含水量）÷（理想含水量－干秸秆含水量）×100％$$

例如，含水量 90％ 的鲁梅克斯牧草与含水量 10％ 的干玉米秸秆进行混贮，需要多少千克干玉米秸秆？

可按上面公式进行计算：[（90％ － 65％）÷（65％ － 10％）]×100％＝46 千克，即青贮时每 100 千克含水量 90％ 的鲁梅克斯应加入含水量 10％ 的干玉米秸 46 千克。

(4) 加添加剂青贮。在青贮过程中，合理使用青贮饲料添加剂可以改变因原料的含糖量及含水量的不同对青贮品质的影响，增加青贮料中有益微生物的含量，提高原料的利用率及青贮料的品质。

① 加尿素青贮。为了提高青贮饲料中粗蛋白质的含量，可在每吨青贮原料中添加 5 千克尿素。添加的方法是：将尿素充分溶于水，制成水溶液，在入窖装填时均匀将其喷洒在青贮原料上。除喷洒尿素外，还可在每吨青贮原料中加入 3～4 千克的磷酸脲，从而有效地减少青贮饲料中的营养损失。

② 加微量元素青贮。为提高青贮饲料的营养价值，可在每吨青贮原料中添加硫酸铜 0.5 克、硫酸锰 5 克、硫酸锌 2 克、氯化钴 1 克、碘化钾 0.1 克、硫酸钠 500 克。添加方法是：将适量的上述几种物质充分混合溶于水后均匀喷洒在原料上，然后密闭青贮。

③ 添加乳酸菌青贮。接种乳酸菌能增加青贮饲料中的乳酸含量，提高其营养价值和利用率。目前，饲料青贮时使用的乳酸菌种主要是德氏乳酸杆菌，其添加量为每吨青贮原料中加乳酸菌培养物 0.5 升或者乳酸菌剂 450 克。

④ 添加甲醛青贮。在青贮原料中添加甲醛可防止饲料在青贮过程中发生霉变。每吨青贮饲料中添加浓度为 85％ 的甲醛 3～5 千克能保证青贮过程中无腐败菌活动，从而使饲料中的干物质损失减少50％ 以上，饲料的消化率提高 20％。

⑤ 加酸青贮。加酸青贮可抑制饲料腐败。加酸青贮常用的添加剂为甲酸，其用量为每吨禾本科牧草加 3 千克，每吨豆科牧草加 5 千克，但玉米茎秆青贮时一般不用加甲酸。使用甲酸青贮时工作人员要注意避免手脚直接接触，以免灼伤皮肤。

⑥ 添加酶制剂。添加酶制剂（淀粉酶、纤维素酶、半纤维素酶等），酶制剂可使青贮料中的部分多糖水解成单糖，有利于乳酸发酵，不仅能增加发酵糖的含量，而且能改善饲料的消化率。豆科牧

草青贮，按青贮原料的 0.25％添加酶制剂，如果酶制剂添加量增加到 0.5％，青贮料中含糖量可高达 2.48％，有效的保证了乳酸生产。

5. 青贮饲料的开窖取用与饲喂

（1）开窖取用。一般青贮在制作 45 天后（温度适宜 30 天即可）即可开始取用，长方形窖应从由一端开始取料，从上到下直到窖底，应坚持每天取料，每次取料层应在 15 厘米以上。切勿全面打开，防止曝晒、雨淋、结冰，严禁掘洞取料。每天取后及时覆盖草帘或席片，防止二次发酵。如果青贮制作符合要求，只要不启封窖，青贮料保存多年不变质。

（2）喂法与喂量。育肥肉牛，日喂量每 100 千克体重 4～5 千克。初喂肉牛时肉牛不适应，应少喂，经短期训练，即可习惯采食。冰冻的青贮饲料待融化后再饲喂，每天用多少取多少，不能一次大量取用，连喂数日。防止青贮饲料霉烂变质，发霉变质后不能饲喂肉牛。

（3）防止青贮二次发酵。青贮饲料启窖后，由于管理不当引起霉变而出现温度再次上升称为青贮的二次发酵。这是由于启窖后的青贮开始接触空气后，好气性细菌和霉菌开始大量繁殖所致，在夏季高温天气和品质优良的青贮容易发生。

6. 青贮饲料质量评定

青贮饲料品质的评定有感官（现场）鉴定法、化学分析法和生物技术法，生产中常用感官鉴定法（表 3-43～表 3-46）。农业部颁布的青贮饲料质量标准见表 3-47。

表 3-43　青贮牧草质量评定标准

项目	pH 值	水分	气味	色泽	质地
总配分	25	20	25	20	10
优等	3.6(25) 3.7(23) 3.8(21) 3.9(20) 4.0(18)	70%(20) 71%(19) 72%(18) 73%(17) 74%(16) 75%(14)	酸香味 舒适感 (18～25)	亮黄色 (14～20)	松散软弱 不粘手 (8～10)

项目	pH 值	水分	气味	色泽	质地
良好	4.1(17) 4.2(14) 4.3(10)	76%(13) 77%(12) 78%(11) 79%(10) 80%(8)	酸臭味 (9~17)	黄绿色 (8~13)	(中间) (4~7)
一般	4.4(8) 4.5(7) 4.6(6) 4.7(5) 4.8(3) 4.9(1)	81%(7) 82%(6) 83%(5) 84%(3) 85%(1)	刺鼻酸味 不舒适感 (1~8)	淡黄褐色 (1~7)	略带黏性 (1~3)
劣等	5.0以上 (0)	86%以上 (0)	腐败味 霉烂味(0)	暗褐色 (0)	腐烂发黏 结块(0)

注：(1) pH 值用广泛试纸测定；
(2) 括号内数值表示得分数。

表 3-44 青贮紫云英质量评定标准

项目	pH 值	水分	气味	色泽	质地
总配分	25	20	25	20	10
优等	3.6(25) 3.7(23) 3.8(21) 3.9(20) 4.0(18)	70%(20) 71%(19) 72%(18) 73%(17) 74%(16) 75%(14)	酸香味 舒适感 (18~25)	亮黄色 (14~20)	松散软弱 不粘手 (8~10)
良好	4.1(17) 4.2(14) 4.3(10)	76%(13) 77%(12) 78%(11) 79%(10) 80%(8)	酸臭味 酒酸味 (9~17)	金黄色 (8~13)	(中间) (4~7)
一般	4.4(8) 4.5(7) 4.6(6) 4.7(5) 4.8(3) 4.9(1)	81%(7) 82%(6) 83%(5) 84%(3) 85%(1)	刺鼻酸味 不舒适感 (1~8)	淡黄褐色 (1~7)	略带黏性 (1~3)

续表

项目	pH 值	水分	气味	色泽	质地
劣等	5.0以上 (0)	86％以上 (0)	腐败味 霉烂味(0)	暗褐色 (0)	腐烂发黏 结块(0)

注：（1）pH 值用广泛试纸测定；

（2）括号内数值表示得分数。

表 3-45　青贮红薯藤质量评定标准

项目	pH 值	水分	气味	色泽	质地
总配分	25	20	25	20	10
优等	3.4(25) 3.5(23) 3.6(21) 3.7(20) 3.8(18)	70％(20) 71％(19) 72％(18) 73％(17) 74％(16) 75％(14)	甘酸味 舒适感 (18～25)	棕褐色 (14～20)	松散软弱 不粘手 (8～10)
良好	3.9(17) 4.0(14) 4.1(10)	76％(13) 77％(12) 78％(11) 79％(10) 80％(8)	淡酸味 (9～17)	（中间） (8～13)	（中间） (4～7)
一般	4.2(8) 4.3(7) 4.4(6) 4.5(5) 4.6(3) 4.7(1)	81％(7) 82％(6) 83％(5) 84％(3) 85％(1)	刺鼻酒酸味 (1～8)	暗褐色 (1～7)	略带黏性 (1～3)
劣等	4.8以上 (0)	86％以上 (0)	腐败味 霉烂味(0)	黑褐色 (0)	腐烂发黏 结块(0)

注：（1）pH 值用广泛试纸测定；

（2）括号内数值表示得分数。

表 3-46　青贮红薯藤质量评定标准

项目	pH 值	水分	气味	色泽	质地
总配分	25	20	25	20	10
优等	3.4(25) 3.5(23) 3.6(21) 3.7(20) 3.8(18)	70%(20) 71%(19) 72%(18) 73%(17) 74%(16) 75%(14)	甘酸味 舒适感 (18~25)	亮黄色 (14~20)	松散软弱 不粘手 (8~10)
良好	3.9(17) 4.0(14) 4.1(10)	76%(13) 77%(12) 78%(11) 79%(10) 80%(8)	淡酸味 (9~17)	黄色 (8~13)	(中间) (4~7)
一般	4.2(8) 4.3(7) 4.4(6) 4.5(5) 4.6(3) 4.7(1)	81%(7) 82%(6) 83%(5) 84%(3) 85%(1)	刺鼻酒酸味 (1~8)	中间 (1~7)	略带黏性 (1~3)
劣等	4.8 以上 (0)	86% 以上 (0)	腐败味 霉烂味(0)	暗褐色 (0)	发黏结块 (0)

注：(1) pH 值用广泛试纸测定；
(2) 括号内数值表示得分数。

表 3-47　各种青贮饲料的现场评定得分与等级划分

质量等级	优等	良好	一般	劣质
评定得分	75~100	51~75	26~50	25 以下

（四）秸秆饲料的加工调制

1. 粉碎、铡短处理

秸秆经粉碎、铡短处理后，体积变小，便于家畜采食和咀嚼，增加了与瘤胃微生物的接触面，可提高过瘤胃速度，增加牛的采食量。由于秸秆粉碎、铡短后在瘤胃中停留时间缩短，养分来不及充分降解发酵，便进入了真胃和小肠，所以消化率并不能得到改进。

经粉碎和铡短的秸秆，可增加家畜采食量20%～30%，消化吸收的总养分增加，不仅减少了秸秆浪费，而且可提高日增重20%左右；尤其在低精饲料饲养条件下，饲喂肉牛的效果更有明显改进。实践证明，未经切短的秸秆，家畜只能采食70%～80%，而经切碎的秸秆几乎可以全部利用。

用于肉牛的秸秆饲料不提倡全部粉碎。一方面，由于粉碎可增加饲养成本；另一方面，粗饲粉过细后不利于肉牛的咀嚼和反刍。粉碎多用于精饲料加工。有些研究证明，在肉牛的日粮中适当混入一些秸秆粉可以提高采食量。铡短是秸秆处理中常用的一种方法。过长过细都不好，一般在肉牛生产中，依据年龄情况以2～4厘米为好。

2. 热喷与膨化处理

热喷和膨化秸秆虽然能提高秸秆的消化利用率，但成本较高。

（1）热喷。热喷是近年来采用的一项新技术，主要设备为压力罐，工艺程序是将秸秆送入压力罐内，通入饱和蒸汽，在一定压力下维持一段时间，然后突然降压喷爆。由于受热效应和机械效应的作用，秸秆被撕成乱麻状，秸秆结构重新分布，从而对粗纤维有降解作用。经热喷处理的鲜玉米秸，可使粗纤维由30.5%降低到0.14%，热喷处理干玉米秸，可使粗纤维含量由33.4%降低到27.5%。另外，将尿素、磷酸铵等工业氮源添加到秸秆上进行热喷处理，可使麦秸消化率达到75.12%，玉米秸的消化率达88.02%，稻草达64.42%。每千克热喷秸秆的营养价值相当于0.6～0.7千克的玉米。

（2）膨化。膨化需专门的膨化机。工艺程序是将含有一定量水分的秸秆放入密闭的膨化设备中，经过高温（200～300℃）、高压（1.5MPa以上）处理一定时间（5～20秒）迅速降压，使秸秆膨胀，组织遭到破坏而变得松软。原来紧紧包在纤维素外的木质素全部被撕裂，而变得易于消化。

3. 揉搓处理

揉搓处理比铡短处理秸秆又进了一步。经揉搓的玉米秸成柔软的丝条状，适口性增加，肉牛的吃净率由秸秆全株的70%提高到90%以上，揉碎的玉米秸在奶牛日粮中可代替干草，对于肉牛铡短的玉米秸更是一种价廉、适口性好的粗饲料。目前，揉搓机正在逐步取代铡草机，如果能和秸秆的化学、生物处理相结合，效果更好。

4. 制粒与压块处理

（1）制粒。制粒的目的是便于肉牛机械化饲养和自动饲槽的应用。由于颗粒料质地硬脆，大小适中，便于咀嚼和改善适口性，从而提高采食量和生产性能，减少秸秆的浪费。秸秆经粉碎后制粒在国外很普遍。我国随着秸秆饲料颗粒化成套设备相继问世，颗粒饲料已开始在肉牛生产中应用。肉牛的颗粒料以直径 6～8 毫米为宜。

（2）压块。秸秆压块能最大限度地保存秸秆营养成分，减少养分流失。秸秆经压块处理后密度提高，体积缩小，便于贮存运输，运输成本降低 70%。给饲方便，便于机械化操作。秸秆经高温高压挤压成型，使秸秆的纤维结构遭到破坏，粗纤维的消化率提高 25%。在制块的同时可以添加复合化学处理剂，如尿素、石灰、膨润土等，可使粗蛋白质提高到 8%～12%，秸秆消化率提高到 60%。

5. 秸秆碾青技术

秸秆碾青是将干秸秆铺在打谷场上，厚约 33 厘米，上面再铺 33 厘米左右的青牧草，青牧草上面铺相同厚度的秸秆，然后用滚碾压，流出的牧草汁被干秸秆吸收。这样，被压扁的青牧草可在短时间内晒制成干草，并且茎叶干燥速度一致，叶片脱落损失减少，而秸秆的适口性和营养价值提高，一举两得。

6. 氨化处理

秸秆中含氮量低，秸秆氨化处理时与氨相遇，其有机物就与氨发生氨解反应，打断木质素与半纤维素的结合，破坏木质素-半纤维素-纤维素的复合结构，使纤维素与半纤维素被解放出来，被微生物及酶分解利用。氨是一种弱碱，处理后使木质化纤维膨胀，增大空隙度，提高渗透性。氨化能使秸秆含氮量增加 1～1.5 倍，肉牛对秸秆采食量和消化率有较大提高。

（1）材料选择。清洁未霉变的麦秸、玉米秸、稻草等，一般铡成长 2～3 厘米。市售通用液氨，由氨瓶或氨罐装运。市售工业氨水，无毒、无杂质，含氨量 15%～17%，用密闭的容器，如胶皮口袋、塑料桶、陶瓷罐等装运。或出售的农用尿素，含氨量 46%，塑料袋密封包装。

（2）氨化处理。氨化方法有多种，其中使用液氨的堆贮法适于大批量生产；使用氨水和尿素的窖贮法适于中、小规模生产；使用尿素的小垛法、缸贮法、袋贮法适合农户少量制作，近年还出现了加热氨化池氨化法、氨化炉等，（表 3-48）。

表 3-48 氨化处理方法

方法	操 作
堆贮法	①物料及工具。厚透明聚乙烯塑料薄膜 10 米×10 米一块，6 米×6 米一块；秸秆 2200～2500 千克；输氨管、铁锹、铁丝、钳子、口罩、风镜、手套等。 ②堆垛。选择向阳，高燥，平坦，不受人、畜危害的地方。先将聚乙烯塑料薄膜铺在地面上，在上面垛秸秆。草垛底面积为 5 米×5 米为宜，高度接近 2.5 米。 ③调整原料含水量。秸秆原料含水量要求 20%～40%，一般干秸秆仅 10%～13%，故需边码垛边均匀地洒水，使秸秆含水量达到 30% 左右。 ④放置输氨管。草码到 0.5 米高处时，于垛上面分别平放直径 10 毫米，长 4 米的硬质塑料管 2 根，在塑料管前端 2/3 长的部位钻若干个 2～3 毫米小孔，以便充氨。后端露出草垛外面约长 0.5 米。通过塑料管接上氨瓶，用铁丝缠紧。 ⑤封垛。堆完草垛后，用 10 米×10 米聚乙烯塑料薄膜盖严，四周留下 0.5 厘米宽的余头。在垛底部用一长杠将四周余下的聚乙烯塑料薄膜上下合在一起卷紧，以石头或土压住，但输氨管外露。 ⑥充氨。按秸秆重量 3% 的比例向垛内缓慢输入液氨。输氨结束后，抽出塑料管，立即将余孔堵严。 ⑦草垛管理。注氨密封处理后，经常检查聚乙烯塑料薄膜，发现破孔立即用塑料黏胶剂黏补。 除以上方法外，在我国北方寒冷冬季可采用土办法建加热氨化池，规模化养殖场可使用氨化炉
窖贮法	①建窖。用土窖或水泥窖，深不应超过 2 米。长方形、方形、圆形均可，也可用上宽下窄的梯形窖，四壁光滑，底微凹（蓄积氨水）。下面以长 5 米、宽 5 米、深 1 米的方形土窖为例进行介绍。 ②装窖。土窖内先铺一块厚 0.08～0.2 毫米，8.5 米×8.5 米规格的塑料薄膜。将含水量 10%～13% 的铡短秸秆填入窖中，装满，覆盖 6 米×6 米塑料薄膜，留出上风头一面的注氨口，将其余几面上、下两块塑料薄膜压角部分（约 0.7 米）卷成筒状后压土封严。 ③氨水用量。氨水用量按 3 升/(氨水含氮量×1.21)计算。如氨水含氮量为 15%，每 100 千克秸秆需氨水量为 3 千克÷(15%×1.21)＝16.5 千克。 ④注氨水。准备好注氨管或桶，操作人员佩戴防氨口罩，站在上风头，将注氨管插入秸秆中，打开开关注入，也可用桶喷洒，注完后抽出注氨管，封严。使用尿素处理（配比见小垛法），要逐层喷洒，压实
小垛法	在家庭院内向阳处地面上，铺 2.6 米² 塑料薄膜，取 3～4 千克尿素，溶解在水中，将尿素溶液均匀喷洒在 100 千克秸秆上，堆好踏实后用 13 米² 塑料布盖好封严。小垛氨化以 100 千克一垛为宜，占地少，易管理，塑料薄膜可连续使用，投资少，简便易行

（3）氨化时间。密封时间应根据气温和感观来确定。根据气温确定氨化天数，并结合查看秸秆颜色变化，变褐黄即可。环境温度30℃以上，需要 7 天；15～30℃需要 7～28 天；5～15℃需要 28～56 天；5℃以下，需要 56 天以上。

（4）开封放氨。一般经 2～5 天自然通风将氨味全部放掉，呈糊香味时，才能饲喂，如暂时不喂，可不必开封放氨。

（5）饲喂。开始喂时，应由少到多，少给勤添，先与谷草、青干草等搭配饲喂，1 周后即可全部喂氨化秸秆。并合理搭配精饲料（玉米、麦麸、饼类）。

（6）氨化品质鉴定。氨化秸秆的好坏主要凭感觉去鉴定。好的氨化秸秆，其颜色呈棕色或深黄色，发亮，有强烈的氨味，气味糊香，质地柔软，发散，放氨后干燥，温度不高，适口性好；若色泽灰黑或灰白、发黏、结块，有腐臭味，开垛后温度继续升高，表明秸秆霉坏，不可饲喂。

7. "三化"复合处理

秸秆"三化"复合处理技术，发挥了氨化、碱化、盐化的综合作用，弥补了氨化成本过高、碱化不易久贮、盐化效果欠佳单一处理的缺陷。经实验证明，"三化"处理的麦秸与未处理组相比各类纤维都有不同程度的降低，干物质瘤胃降解率提高 22.4%，饲喂肉牛日增重提高 48.8%，饲料/增重降低 16.3%～30.5%，而"三化"处理成本比普通氨化（尿素 3%～5%）降低 32%～50%，肉牛育肥经济效益提高 1.76 倍。

此方法适合窖贮法（土窖、水泥窖均可），也可用小垛法、塑料袋或水缸。其余操作见氨化处理。将尿素、生石灰粉、食盐按比例放入水中，充分搅拌溶解，使之成为混浊液。处理液的配制如表 3-49 所示。

表 3-49　处理液的配制

秸秆种类	秸秆重量/千克	尿素用量/千克	生石灰用量/千克	食盐用量/千克	水用量/千克	贮料含水量/%
干麦秸	100	2	3	1	45～55	35～40
干稻草	100	2	3	1	45～55	35～40
干玉米秸	100	2	3	1	40～50	35～40

8. 秸秆微贮

秸秆微贮饲料就是在农作物秸秆中，加入微生物高效活性菌种——秸秆发酵活杆菌，放入密封的容器（如水泥池、土窖）中贮藏，经一定的发酵过程，使农作物变成具有酸香味、草食家畜喜食的饲料。

（1）窖的建造。微贮的建窖和青贮窖相似，也可选用青贮窖。

（2）秸秆的准备。应选择无霉变的新鲜秸秆，麦秸铡短为 25 厘米，玉米秸最好铡短为 1 厘米左右或粉碎（孔径 2 厘米筛片）。

（3）复活菌种并配制菌液。根据当天预计处理秸秆的重量，计算出所需菌剂的数量，按以下方法配制。

① 菌种的复活。秸秆发酵活干菌每袋 3 克，可处理麦秸、稻秸、干玉米秸或青料 2000 千克。在处理秸秆前先将袋剪开，将菌剂倒入 2 千克水中，充分溶解（有条件的情况下，可在水中加白糖 20 克，溶解后，再加入活干菌，这样可以提高复活率，保证微贮饲料质量）。然后在常温下放置 1～2 小时使菌种复活，复活好的菌剂一定要当天用完。

② 菌液的配制。将复活好的菌剂倒入充分溶解的 0.8%～1% 食盐水中拌匀，食盐水及菌液量的计算方法见表 3-50。菌液兑入食盐水中后，再用潜水泵循环，使其浓度一致，这时就可以喷洒了。

表 3-50　菌液的配制

秸秆种类	秸秆质量/千克	秸秆发酵活干菌用量/克	食盐用量/千克	自来水用量/升	贮料含水量/%
干麦秸	1000	3.0	9～12	1200～1400	60～70
干稻草	1000	3.0	8～36	800～1000	60～70
干玉米秸	1000	1.5	—	适量	60～70

（4）装窖。土窖应先在窖底和四周铺上一层塑料薄膜，在窖底先铺放厚 20 厘米的秸秆，均匀喷洒菌液，压实后再铺秸秆 20 厘米，再喷洒菌液压实。大型窖要采用机械化作业，用拖拉机压实，喷洒菌液可用潜水泵，一般以扬程 20～50 米，流量每分钟 30～50 升为宜。在操作中要随时检查贮料含水量是否均匀合适，层与层之间不要出现夹层。检查方法：取秸秆，用力握紧，指缝间有水但不滴下，水分为 60%～70% 最为理想。否则为过高或过低。

（5）加入精饲料辅料。在微贮麦秸和稻草时应加入 0.3% 左右的玉米粉、麦麸或大麦粉，以利于发酵初期菌种生长，提高微贮质量。加精饲料辅料时应铺一层秸秆，撒一层精饲料粉，再喷洒菌液。

（6）封窖。秸秆分层压实直到高出窖口 100～150 厘米，再充分压实后，在最上面一层均匀撒上食盐，再压实后盖上塑料薄膜。食盐的用量为每平方米 250 克，其目的是确保微贮饲料上部不发生霉烂变质。盖上塑料薄膜后，在上面撒上厚 20～30 厘米的稻草、麦秸，覆土 20 厘米以上，密封。密封的目的是为了隔绝空气与秸秆接触，保证微贮窖内呈厌氧状态，在窖边挖排水沟防止雨水积聚。窖内贮料下沉后应随时加土使之高出地面。

（7）秸秆微贮饲料的质量鉴定。可根据微贮饲料的外部特征，用看、嗅和手感的方法，鉴定微贮饲料的好坏。

① 看。优质微贮青玉米秸秆饲料的色泽呈橄榄绿，稻、麦秸秆呈金黄色。如果变成褐色或墨绿色则质量较差。

② 嗅。优质秸秆微贮饲料具有醇香和果香气味，并具有弱酸味。若有强酸味，表明醋酸较多，这是由于水分过多和高温发酵造成的。若有腐臭味、发霉味则不能饲喂。

③ 手感。优质微贮饲料拿到手里感到很松散，质地柔软湿润。若拿到手里发黏，或者黏到一起说明质量不佳。有的虽然松散，但干燥粗硬，也属不良的饲料。

（8）秸秆微贮饲料的取用与饲喂。根据气温情况，秸秆微贮饲料一般需在窖内贮藏 21～45 天才能取喂。

开窖时应从窖的一端开始，先去掉上边覆盖的部分土层、草层，然后揭开塑料薄膜，从上到下垂直逐段取用。每次取出量应以白天喂完为宜，坚持每天取料，每层所取的料不应少于 15 厘米，每次取完后要用塑料薄膜将窖口密封，尽量避免与空气接触，以防二次发酵和变质。开始饲喂时肉牛有一个适应期，应由少到多逐步增加喂量，一般育肥肉牛每天可喂，冻结的微贮应先化开后再用，由于制作微贮中加入了食盐，应在饲喂时由日粮中扣除。

二、肉牛饲料的质量管理

由于肉牛饲料直接影响牛肉的质量，和人类健康息息相关。因此肉牛饲料应符合国家标准。

（一）粗饲料质量管理

各种原料青贮和干草等，分不同的刈割期分别采样进行常规营养成分测定，以便根据不同的粗饲料质量，调整精饲料配方和喂量。

1. 青贮饲料

青贮饲料的加工调制严格按青贮的调制技术进行，青贮饲料的质量按农业部颁布的青贮饲料质量评定标准进行。青贮的等级应良好以上，严禁用劣质青贮饲料喂肉牛。

青贮开窖时应剔除边角漏气处的腐烂块，垂直或稍倾斜面向前清底拉运。

2. 青干草

青干草饲料的加工调制严格按青干草的调制技术进行，调制或购买的青干草应为质量检验标准二级以上，并严格管理，防止发霉变质。杜绝用劣质青干草饲喂肉牛。青干草饲喂时铡短 10 厘米长，剔除霉烂草，铡草机装入磁铁吸取铁钉、铁丝等，拾净掉叶，防止浪费。

3. 秸秆类

秸秆类饲料首先应去掉根部泥土部分，妥善保存，防止发霉变质，尽量减少风、雨、阳光等带来的损失，饲喂前应适当加工处理，改善消化率。

（二）精饲料质量管理

精饲料也应首先符合饲料卫生标准。各种精饲料的管理要求见表3-51。

表 3-51　各种精饲料的管理要求

饲料原料	①感官要求。应具有一定的新鲜度，并具有该品种应有的色、嗅、味和组织形态特征，无发霉、结块、变质、异味及异臭。②禁止购入不符合饲料卫生标准和质量标准的饲料，禁止购入高水分料。③营养成分测定。各种精饲料原料，受产地、品种及加工工艺的影响，质量差异很大。因此，每次购应分别采样进行常规营养成分测定，根据不同的质量，调整精饲料配方

添加剂	①使用的营养性饲料添加剂和一般性饲料添加剂产品应是中华人民共和国农业部《允许使用的饲料添加剂品种目录》所规定的品种,或取得试生产产品批准文号的新饲料添加剂品种。不使用违禁药物和添加剂。②感官要求。应具有该品种应有的色、嗅、味和组织形态特征,无发霉、结块、变质、异味及异嗅。③禁止购入不符合饲料卫生标准和质量标准的添加剂。④肉牛饲料不得使用任何药物。合理使用添加剂,减少环境污染和肉中残留。严格执行《饲料和饲料添加剂管理条例》有关规定
配合精饲料	①配合精饲料时应按配方比例称量正确无误,微量和极微量组分应进行预稀释。配好的饲料每月抽样,进行常规成分测定。②应经常检查饲料库,及时清除墙角、墙根、仓底处的霉变饲料。③粉碎机和混合搅拌机都要安装磁铁吸取铁钉、铁丝等异物,粉碎机以压扁锤碎为目的,肉牛料不宜过细。④禁止在肉牛饲料中添加和使用任何动物源性饲料(肉骨粉、骨粉、血粉、血浆粉、动物下脚料、动物脂肪、干血浆及其他血液制品、脱水蛋白、蹄粉、角粉、鸡杂碎粉、羽毛粉、油渣、鱼粉、骨胶等)

第四章

肉牛的饲养管理

第一节 肉牛品种的选择及经济杂交

一、常见的肉牛品种

不同品种，肥育期的增重速度是不一样的，肉用品种的增重速度比本地黄牛（耕牛）快，我国尚未培育出自己的肉用牛品种，实际可以用来作为商品肉牛进行肥育的，大量还是利用国外肉牛品种和我国地方品种母牛杂交产生的改良牛，这类牛的生长速度、饲料利用率和肉的品质都超过本地品种。如我国地方品种用西门塔尔牛改良，产肉、产奶效果都很好。用海福特牛改良，能提高早熟性和牛肉品质；用利木赞牛改良，牛肉的大理石花纹明显改善；用夏洛莱牛或皮埃蒙特牛改良，后代的生长速度快，瘦肉率、屠宰率和净肉率高，肉质好；用安格斯牛改良，后代抗逆性强，早熟，肉质上乘。

中华人民共和国成立以后，我国先后从国外引进了20多个肉牛品种，除纯种繁殖外，均用来改善本地黄牛，取得了可喜的成就。但是由于我国生态条件复杂，气候多样，引进国外的优良品种仅是用作经济杂交，不可能取代我国各地的牛种，因而培育我国新型肉牛，还应该以本地品种选育为主，本地良种是必不可少的基因库。值得注意的是，中国地方良种黄牛品种，在某些肉用性状上，比国际上公认的肉用牛种更好，值得提倡和强化利用。

（一）我国的主要优良品种

中国黄牛是我国曾经长期以役肉兼用为主的黄牛群体的总称。泛指除水牛、牦牛以外的所有家牛。中国黄牛广泛分布于我国各地。按地理分布划分，中国黄牛包括中原黄牛、北方黄牛和南方黄牛三大类型。在地方黄牛中体型大、肉用性能好的培育品种有秦川牛、南阳牛、鲁西牛、晋南牛等优良品种。我国的主要黄牛品种见表 4-1。

表 4-1　我国的主要黄牛品种

名称	产地及分布	外貌特征	生产性能	改良效果
秦川牛	因产于陕西关中地区的"八百里秦川"而得名。其中，渭南、蒲城、扶风、岐山等 15 县市为主产区，尤以扶风、礼泉、乾县、咸阳、兴平、武功和蒲城 7 个县、市的秦川牛最为著名。目前全国各地都有	秦川牛体格高大，骨骼粗壮，肌肉丰满，体质强健，前躯发育好，具有肉役兼用牛的体型。头部方正，肩长而斜。胸部宽深，肋长而弓。背腰平直宽长，长短适中，结合良好。荐骨稍隆起，后躯发育中等。四肢粗壮结实，两前肢相距较宽，蹄叉很紧。角短而钝。被毛细致有光泽，毛色多为紫红色及红色；鼻镜呈肉红色，部分个体有色斑；蹄壳和角多为肉红色。公牛头大颈短，鬐甲高而厚，肉垂发达；母牛头清目秀，鬐甲低而薄，肩长而斜，荐骨稍隆起，缺点是牛群中常见有尻稍斜的个体	肉用性能比较突出，尤其经过数十年的系统选育，秦川牛不仅数量大大增加，而且牛群质量、等级、生产性能也有了很大提高。短期（82 天）育肥后屠宰，18 月龄和 22.5 月龄屠宰的公、母阉牛，其平均屠宰率分别为 58.3% 和 60.75%，净肉率分别为 50.5% 和 52.21%，相当于国外著名的乳肉兼用品种水平。13 月龄屠宰的公、母牛其平均肉骨比（6∶13）、瘦肉率（76.04%）、眼肌面积（公）（106.5 厘米²），远远超过国外同龄肉品种。平均泌乳期 7 个月，产奶量 715.8 千克（最高达 1006.75 千克）。秦川牛常年发情，在中等饲养条件下，初情期为 9.3 月，成年母牛发情周期 20.9 天，发情持续期平均 39.4 小时，妊娠期 285 天，产后第一次发情约 53 天。秦川公牛一般 12 月龄性成熟，2 岁左右开始配种	秦川牛适应性良好，全国已有 20 多个省区引进秦川公牛以改良当地牛，杂交效果良好。秦川牛作为母本，曾与荷斯坦牛、丹麦红牛、兼用短角牛杂交，杂交后代肉、乳性能均得到明显提高

续表

名称	产地及分布	外貌特征	生产性能	改良效果
南阳牛	产于河南省南阳地区白河和唐河流域的广大平原地区，以南阳市郊区、南阳县、唐河县、邓县、新野县、镇平县、社旗县、方城县8个县（市）为主要产区	体格高大、肌肉发达、结构紧凑、四肢强健，它的皮薄、毛细，行动迅速，性情温顺，鼻镜宽，多为肉红色，其中部分带有黑点。公牛颈侧多有皱襞，尖峰隆起多8～9厘米。毛色有黄、红、草白三种，以深浅不一的黄色为最多。一般牛的面部、腹部、四肢下部的毛色较浅。南阳牛的蹄壳以黄蜡色、琥珀色带血筋者较多。角形以萝卜角为主，公牛角基粗壮，母牛角细。鬐甲较高，肩部较突出，背腰平直，荐部较高，额微凹；颈短厚而多皱褶，部分牛只胸部欠宽深，体长不足，尻部较斜，乳房发育较差	产肉性能良好，15月龄育肥牛，体重达到441.7千克，日增重813克，屠宰率55.6%，净肉率46.6%，胴体产肉率83.7%，肉骨比为5∶1，眼肌面积92.6厘米²；表现出肉质细嫩，颜色鲜红，大理石花纹明显，味道鲜美。泌乳期6～8个月，产乳量600～800千克。南阳牛适应性强，耐粗饲。母牛常年发情，在中等饲养水平下，初情期在8～12月龄，初配年龄一般掌握在2岁。发情周期17～25天，平均21天。妊娠期平均289.8天，范围为250～308天，产后发情约需77天	已被全国22个省区引入，与当地黄牛杂交。改良后的杂种牛体格高大、体质结实，生长发育快，采食能力强，耐粗饲，适应本地生态环境。四肢较长，行动迅速，毛色多为黄色，具有父本的明显特征
晋南牛	产于山西省南部晋南盆地的运城地区。晋南牛是经过长期不断地人工选育而形成的地方良种	属于大型役肉兼用品种，体格粗壮，胸围较大，躯体较长，成年牛的前躯较后躯发达，胸部及背腰宽阔，毛色以枣红色为主，红色和黄色次之，富有光泽，鼻镜和蹄壳多呈粉红色。公牛头短，额宽，颈较短粗，背腰平直，垂皮发达，肩峰不明显，臀端较窄；母牛头部清秀，体质强健，但乳房发育较差。晋南牛的角为顺风角	产肉性能良好，18月龄时屠宰中等营养水平的该牛，其屠宰率和净肉率分别为53.9%和40.3%；经高营养水平育肥者屠宰率和净肉率分别为59.2%和51.2%。育肥的成年阉牛屠宰率和净肉率分别为62%和52.69%。晋南牛育肥日增重、饲料报酬、形成"大理石肉"等性能优于其他品种，晋南牛的泌乳期为7～9个月，泌乳量为754千克，乳脂率为55%～61%。晋南牛的性成熟期为10～12月龄，初配年龄为18～20月龄，产犊间隔14～18个月，妊娠期287～297天，繁殖年限12～15年，繁殖率为80%～90%，犊牛初生重23.5～26.5千克	用于改良我国一般黄牛效果较好。从对山西本省其他黄牛的品种来看，改良牛的体尺和体重都大于当地牛，体型和毛色也酷似晋南牛。这表明晋南牛的遗传相当稳定

续表

名称	产地及分布	外貌特征	生产性能	改良效果
鲁西牛	产于山东省西南部的菏泽、济宁两地区,以郓城、鄄城、菏泽、嘉祥、济宁等10县为中心产区。在鲁南地区、河南东部、河北南部、江苏和安徽北部也有分布	体躯高大,结构紧凑,肌肉发达,前躯较宽深,具有较好的肉役兼用体型。被毛从浅黄到棕红都有,而以黄色为最多,约占70%以上。一般前躯毛色较后躯深,公牛毛色较母牛的深。多数牛具有完全的"三粉特征",即眼圈、口轮、腹下四肢内侧毛色较浅。垂皮较发达,角多为龙门角;公牛肩峰宽厚而高,胸部深而宽,后躯发育差,尻部肌肉不够丰满,前高后低;母牛后躯较好,鬐甲低平,背腰短而平直,尻部稍倾斜,尾细长。高轮型牛肢高体短,而抓地虎型牛则体矮,胸深广,四肢粗短	肉用性能良好,据菏泽地区测定,18月龄的育肥公、母牛的平均屠宰率为57.2%,净肉率为49.0%,肉骨比为6:1,眼肌面积89.1厘米^2。该牛皮薄骨细,肉质细嫩,大理石纹明显,市场占有率较高。总体上讲,鲁西牛以体大力强,外貌一致,品种特征明显,肉质良好而著称,但尚存在体成熟较晚、日增重不高、后躯欠丰满等缺陷。鲁西牛繁殖能力较强,母牛性成熟早,公牛稍晚。一般2~2.5岁开始配种。此外,自有记载以来,鲁西牛从未流行过绦虫病,说明它有较强的抗绦虫病能力。母牛性成熟早,有的8月龄即能受胎。一般10~12月龄开始发情,发情周期平均22天,范围16~35天,发情持续期2~3天。妊娠期平均285天,范围270~310天。产后第一次发情平均为35大,范围22~79天	
延边牛	是东北地区优良地方牛种之一。延边牛产于吉林省延边朝鲜族自治州及朝鲜,尤以延吉、珲春、和龙及汪清等县的牛著称。现在东北三省均有分布,属寒温带山区的役肉兼用品种	体质结实,抗寒性能良好,适宜林间放牧,冬季都有暖棚,是北方水稻田的重要耕畜,是寒温带的优良品种。在体型外貌上,毛色为深浅不一的黄色。被毛密而厚,皮厚有弹力。胸部宽深,体质结实,骨骼坚实,公牛额宽,角粗大,母牛角细长。鼻镜一般呈淡褐色,带有黑点。成年时平均活重:公牛465.5千克,母牛365.2千克。体高公、母牛分别为130.6厘米和121.8厘米;体长分别为151.8厘米和141.2厘米	18月龄育肥公牛平均屠宰率为57.7%,净肉率47.23%。眼肌面积75.8厘米^2;母牛泌乳期6~7个月,一般产奶量500~700千克;20~24月龄初配,母牛繁殖年限10~13岁。该牛耐寒、耐粗饲、抗病力强,适应性良好	

续表

名称	产地及分布	外貌特征	生产性能	改良效果
蒙古牛	蒙古牛广泛分布于我国北方各省、自治区，以内蒙古中部和东部为集中产区	毛色多样，但以黑色和黄色者居多，头部粗重，角长，垂皮不发达，胸较宽深，背腰平直，后躯短窄，尻部倾斜；四肢短，蹄质坚实。成年平均体重：公牛350~450千克，母牛206~370.0千克，地区类型间差异明显。体高分别为113.5~120.9厘米和108.5~112.8厘米	泌乳力较好，产后100天内，日均产乳5千克，最高日产8.10千克，平均含脂率5.22%。中等膘情的成年阉牛，平均屠宰前重376.9千克，屠宰率为53.0%，净肉率44.6%，眼肌面积56.0厘米^2。该牛繁殖率50%~60%，犊牛成活率90%；4~8岁为繁殖旺盛期。蒙古牛终年放牧，在－50~35℃不同季节、气温剧烈变化条件下能常年适应，且抓膘能力强，发病率低，是我国最耐干旱和严寒的少数几个品种之一	

（二）国外肉牛品种

国外肉牛品种见表4-2。

表 4-2 国外肉牛品种

名称	产地及分布	外貌特征	生产性能	与我国黄牛杂交效果
夏洛莱牛	夏洛莱牛原产于法国中西部到东南部的夏洛莱省和涅夫勒地区，是古老的大型役用牛，18世纪经过长期严格的本品种选育而成为举世闻名的大型肉牛品种。以其生长快、肉量多、体型大、耐粗放受到国际市场的广泛欢迎，输往世界许多国家，参与新型肉牛品种的育成、杂交繁育，或在引入国进行纯种繁殖	该牛最显著的特点是被毛为白色或乳白色，皮肤常有色斑；全身肌肉特别发达；骨骼结实，四肢强壮，体力强大。夏洛莱牛头小而宽，角圆而较长，并向前方伸展，角质蜡黄，颈粗短，胸宽深，肋骨开圆，背宽肉厚，体躯呈圆筒状，后躯、背腰和肩胛部肌肉发达，并向后和侧面突出，常形成"双肌"特征。公牛常有双鬐甲和凹背的缺点。成年活重，公牛平均为1100~1200千克，母牛700~800千克	生长速度快，增重快，瘦肉多，且肉质好，无过多的脂肪。在良好的饲养条件下，6月龄公犊可以达250千克，母犊210千克。日增重可达1400克。在加拿大，良好饲养条件下公牛周岁可达511千克。该牛作为专门化大型肉用牛，产肉性能好，屠宰率一般为60%~70%，胴体瘦肉率为80%~85%。16月龄的育肥母牛胴体重达418千克，屠宰率66.3%。夏洛莱母牛泌乳量较高，一个泌乳期可产奶2000千克，乳脂率为4.0%~4.7%，但纯种繁殖时难产率较高(13.7%)。夏洛莱牛有良好的适应能力，耐旱抗热，冬季严寒不夹尾，不拱腰，盛夏不热喘，采食正常。夏季全天放牧，采食快、觅食能力强，在不额外补饲条件下也能增重上膘。我国引进的夏洛莱母牛发情周期为21天，发情持续期36小时，产后第一次发情时间为62天，妊娠期平均为286天	夏杂一代具有父系品种的明显特征，毛色多为乳白色或草黄色，体格略大，四肢坚实，骨骼粗壮，胸宽尻平，肌肉丰满，性情温驯，且耐粗饲易于饲养管理。我国两次直接由法国引进夏洛莱牛，在东北、西北和南方部分地区用该品种与我国本地牛杂交来改良黄牛，取得了明显效果，表现为夏杂后代体格明显加大，增长速度加快，杂种优势明显

名称	产地及分布	外貌特征	生产性能	与我国黄牛杂交效果
利木赞	利木赞牛也称利木辛牛,原产于法国中部的利木赞高原,并因此得名。在法国主要分布在中部和南部的广大地区,数量仅次于夏洛莱牛,育成后于20世纪70年代初,输入欧美各国,现在世界上许多国家都有该牛分布,属于专门化的大型肉牛品种	利木赞牛毛色为红色或黄色,背毛浓厚而粗硬,有助于抗拒寒冷的放牧生活。口鼻周围、眼圈周围、四肢内侧及尾帚毛色较浅(即称三粉特征),角为白色,蹄为红褐色。头较短小,额宽,胸部宽深,体躯较长,后躯肌肉丰满,四肢粗短。利木赞牛全身肌肉发达,骨骼比夏洛莱牛略细,因而一般较夏洛莱牛小一些。平均成年体重:公牛1100千克、母牛600千克;在法国较好饲养条件下,公牛活重可达1200~1500千克,母牛达600~800千克	利木赞牛产肉性能高,胴体质量好,眼肌面积大,前后肢肌肉丰满,出肉率高,在肉牛市场上很有竞争力,其育肥牛屠宰率在65%左右,胴体瘦肉率为80%~85%,且脂肪少、肉味好、市场售价高。集约饲养条件下,犊牛断奶后生长很快,10月龄体重即达408千克,周岁时体重可达480千克左右,哺乳期平均日增重为0.86~1.0千克。该牛8月龄的小牛就可生产出具有大理石纹的牛肉。因此,是法国等一些欧洲国家生产牛肉的主要品种	由于利木赞牛的犊牛出生体格小,具有快速的生长能力,以及良好的体躯长度和令人满意的肌肉量,因而被广泛用于经济杂交来生产小牛肉。我国从法国引入利木赞牛,在河南、山东、内蒙古等地改良当地黄牛,杂种优势明显。利杂牛体型改善,肉用特征明显,生长强度增大。目前,黑龙江、山东、安徽为主要供种区,现有改良牛45万头

续表

名称	产地及分布	外貌特征	生产性能	与我国黄牛杂交效果
皮埃蒙特牛	皮埃蒙特牛原产于意大利北部的皮埃蒙特地区,原为役用牛,经长期选育,现已成为生产性能优良的专门化肉用品种。因其具有双肌肉基因,是目前国际公认的终端父本,已被世界22个国家引进,用于杂交改良	该牛体躯发育充分,胸部宽阔,肌肉发达,四肢强健,公牛皮肤为灰色,眼、睫毛、眼睑边缘、鼻镜、唇以及尾巴端为黑色,肩胛毛色较深。母牛毛色为全白,有的个体眼圈为浅灰色,眼睫毛、耳廓四周为黑色,犊牛幼龄时毛色为乳黄色,4~6月龄前毛退去后,呈成年牛毛色。牛角在12月龄变为黑色,成年牛的角底部为浅黄色,角尖为黑色。体型较大,体躯呈圆筒状,肌肉高度发达。成年体重:公牛不低于1000千克,母牛平均为500~600千克。平均体高:公牛和母牛分别为150厘米和136厘米	皮埃蒙特牛肉用性能十分突出,其肥育期平均日增重1500克(1360~1657克),生长速度为肉用品种之首。公牛屠宰适期为550~600千克活重,一般在15~18月龄即可达到此值。母牛14~15月龄体重可达400~450千克。肉质细嫩,瘦肉含量高,屠宰率一般为65%~70%。经试验测定,该品种公牛屠宰率可达到68.23%,胴体瘦肉率达84.13%,骨骼占13.60%,脂肪仅占1.50%。每100克肉中胆固醇含量只有48.5克,低于一般牛肉(73毫克)、猪肉(79毫克)和鸡肉(76毫克)	从意大利引进冻精及胚胎,山东高密、河南南阳及黑龙江齐齐哈尔等地设有胚胎中心。我国已展开了皮埃蒙特牛的杂交改良。现已在全国12个省、市推广应用。河南南阳地区对南阳牛的杂交改良,已显示出良好的效果。通过244天的育肥,2000多头皮杂后代创造了18月龄耗料800千克、获重500千克、眼肌面积114.1厘米^{2}的国内最佳记录,生长速度达国内肉牛领先水平

续表

名称	产地及分布	外貌特征	生产性能	与我国黄牛杂交效果
比利时蓝白牛	比利时蓝白牛原产于比利时王国的南部,占该国牛群的40%。该品种能够适应多种生态环境,在山地和草原都可饲养,是欧洲市场较好的双肌大型肉牛品种	比利时蓝白牛的毛色主要是蓝白色和白色,也有少量带黑色毛片的牛。体躯强壮,背直,肋圆。全身肌肉极度发达,臀部丰满,后腿肌肉突出。温顺易养	成年体重:公牛1250千克,母牛750千克。早熟,幼龄公牛可用于育肥。经育肥的比利时蓝白牛,胴体中可食部分比例大,优等者,胴体中肌肉占70%,脂肪占13.5%,骨占16.5%。胴体一级切块率高,即使前腿肉也能形成较多的一级切块。肌纤维细,肉质嫩,肉质完全符合国际市场的要求	可作为父本,与荷斯坦牛或地方黄牛杂交。欧洲国家的试验表明,其杂交效果良好。山西省于1996年已少量引入该品种。河南省1997年引进30头,犊牛初生重达50千克以上。适于作商品肉牛杂交的终端父本
海福特牛	原产于英格兰西部的海福特郡。是世界上最古老的中小型早熟肉牛品种,现分布于世界上许多国家	具有典型的肉用牛体型,分为有角和无角两种。颈粗短,体躯肌肉丰满,呈圆筒状,背腰宽平,臀部宽厚,肌肉发达,四肢短粗,侧望体躯呈矩形。全身被毛除头、颈垂、腹下、四肢下部以及尾尖为白色外,其余均为红色,皮肤为橙黄色,角为蜡黄色或白色	成年母牛平均重520~620千克,成年公牛平均重900~1100千克;犊牛初生重28~34千克。该牛7~18月龄的平均日增重为0.8~1.3千克;良好饲养条件下,7~12月龄平均日增重可达1.4千克以上。据载,加拿大一头公牛,肥育期日增重高达2.77千克。屠宰率一般为60%~65%,18月龄公牛活重可达500千克以上。该品种牛适应性好,在干旱高原牧场冬季严寒(−48~−50℃)的条件下,或夏季酷暑(38~40℃)条件下,都可以放牧饲养和正常生活繁殖,表现出良好的适应性和生产性能	与本地黄牛杂交,海杂牛一般表现体格加大,体型改善,宽度提高明显;犊牛生长快,抗病耐寒,适应性好,体躯被毛为红色,但头、腹下和四肢部位多有白毛

续表

名称	产地及分布	外貌特征	生产性能	与我国黄牛杂交效果
短角牛	原产于英格兰东北部的诺森伯兰郡、达勒姆郡。最初只强调育肥,到20世纪初已培育成为世界闻名的肉牛良种。近代短角牛的两种类型:即肉用短角牛和乳肉兼用型短角牛	肉用短角牛被毛以红色为主,有白色和红白交杂的沙毛个体,部分个体腹下或乳房部有白斑;鼻镜粉红色,眼圈色淡;皮肤细致柔软。该牛体型为典型肉用体型,侧望体躯为矩形,背部宽平,背腰平直,尻部宽广、丰满,股部宽而多肉。体躯各部位结合良好,头短,额宽平;角短细、向下稍弯,角呈蜡黄色或白色,角尖部为黑色,颈部被毛较长且多卷曲,额顶部有丛生的被毛	该牛活重:成年公牛平均900~1200千克,母牛600~700千克。公、母牛体高分别为136厘米和128厘米左右。早熟性好,肉用性能突出,利用粗饲料能力强,增重快,产肉多,肉质细嫩。17月龄活重可达500千克,屠宰率为65%以上。大理石纹好,但脂肪沉积不够理想	在东北、内蒙古等地改良当地黄牛,杂种牛毛色紫红、体型改善、体格加大、产乳量提高,杂种优势明显。乳用短角牛同吉林、河北和内蒙古等地的土种黄牛杂交育成了乳肉兼用型新品种——草原红牛。其乳肉性能得到全面提高,表现出了很好的杂交改良效果
安格斯牛	属于古老的小型肉牛品种。原产于英国的阿伯丁、安格斯和金卡丁等郡,因此得名。目前世界大多数国家都有该品种	安格斯牛以被毛黑色和无角为重要特征,故也称无角黑牛,也有红色类型的安格斯牛。该牛体躯低矮、结实,头小而方,额宽,体躯深深,呈圆筒形,四肢短而直,前后挡较宽,全身肌肉丰满,具有现代肉牛的典型体型	安格斯牛成年公牛平均活重700~900千克,母牛500~600千克,犊牛平均初生重25~32千克。成年体高:公、母牛分别为130.8厘米和118.9厘米。安格斯牛具有良好的肉用性能,被认为是世界上专门化肉品种中的典型品种之一。表现早熟,胴体品质高,出肉多。屠宰率一般为60%~65%,哺乳期日增重900~1000克。肥育期日增重(1.5岁以内)平均0.7~0.9千克。肌肉大理石纹很好	该牛适应性强,耐寒抗病。缺点是母牛稍具神经质

（三）兼用牛品种

兼用牛品种是肉乳兼用或乳肉兼用的育成品种，主要包括国外的西门塔尔牛、丹麦红牛、德国黄牛以及国内的三河牛、草原红牛和新疆褐牛（表4-3）。

表 4-3　兼用牛品种

名称	产地及分布	外貌特征	生产性能	与黄牛杂交效果
西门塔尔牛	原产于瑞士西部的阿尔卑斯山区，主要产地为西门塔尔平原和萨能平原。在法、德、奥等国边邻地区也有分布。现成为世界上分布最广、数量最多的乳、肉、役兼用品种之一	属宽额牛，角较细而向外上方弯曲，尖端稍向上。毛色为黄白花或红白花，身躯缠有白色胸带，腹部、尾梢、四肢、腓节和膝关节以下为白色。颈长中等，体躯长。属欧洲大陆型肉用体型，体表肌肉群明显易见，臀部肌肉充实，尻部肌肉深，多呈圆形。前躯较后躯发育好，胸深，尻宽平，四肢结实，大腿肌肉发达，乳房发育好	成年公牛体重平均800～1200千克，母牛650～800千克。乳、肉用性能均较好，平均产奶量为4070千克，乳脂率3.9%。在欧洲良种登记牛中，年产奶4540千克者约占20%。生长速度较快，平均日增重可达1.0千克以上，生长速度与其他大型肉用品种相近，胴体肉多，脂肪少而分布均匀，公牛育肥后屠宰率可达65%左右。成年母牛难产率低，适应性强，耐粗放管理。是兼具乳牛和肉牛特点的典型品种	改良各地的黄牛，都取得了比较理想的效果。另据刘竹初报道，西门塔尔牛与当地黄牛的F1代、F2代2岁牛体重分别比黄牛体重提高24.18%和24.13%，其中F2代牛屠宰率比黄牛提高9.25个百分点。在产奶性能上，从全国商品牛基地县的统计资料来看，207天的泌乳量，西杂一代为1818千克，西杂二代为2121.5千克，西杂三代为2230.5千克

续表

名称	产地及分布	外貌特征	生产性能	与黄牛杂交效果
德国黄牛	原产德国和奥地利,其中德国数量最多,系瑞士褐牛与当地黄牛杂交选育而成	毛色为浅黄色(奶油色)到浅红色,体躯长,体格大,胸深,背直,四肢短而有力,肌肉强健。母牛乳房大,附着结实	成年牛活重:公牛900～1200千克,母牛600～700千克。体高分别为145～150厘米和130～134厘米。屠宰率62%,净肉率56%,分别高于南阳牛5.7个百分点和4.9个百分点。泌乳期产乳量4164千克,乳脂率4.15%(据1970年良种簿登记资料),比南阳牛高4倍多。母牛初产年龄为28个月,犊牛初生重平均为42千克,难产率很低。小牛易肥育,肉质好,屠宰率高。去势小公牛育肥至18月龄时体重达500～600千克	河南省南阳牛育种中心、陕西省秦川肉牛良种繁育中心场引进饲养有批量的德国黄牛。国内许多地方拟选用该品种改良当地黄牛
丹麦红牛	原产于丹麦的西南岛、洛兰岛及默恩岛。1878年育成,以泌乳量、乳脂率及乳蛋白率高而闻名于世,现在许多国家都有分布	被毛呈一致的紫红色,不同个体间也有毛色深浅的差别;部分牛只的腹部、乳房和尾帚部生有白毛。该牛体躯长而深,胸部向前突出;背腰平直,尻宽平;四肢粗壮结实;乳房发达而匀称	成年牛活重:公牛1000～1300千克,母牛650千克。其体高分别为148厘米和132厘米。犊牛初生重40千克。产肉性能较好,屠宰率平均为54%,育肥牛胴体瘦肉率65%。犊牛哺乳期日增重较高,平均为0.7～1.0千克。性成熟早,耐粗饲,耐寒,耐热,采食快,适应性强。丹麦红牛的产乳性能也好,据1989～1990年年鉴记载,年平均产乳量为6712千克,乳脂率为4.21%,乳蛋白率为3.30%,高产个体305天产乳量超过1万千克	吉林省和原西北农业大学引入该牛,改良辽宁、陕西、河南、甘肃、宁夏、内蒙古、福建等省区的当地黄牛,效果良好。如用丹麦红牛改良秦川牛,丹秦杂种一代公、母犊牛的初生重比秦川牛分别提高24.1%和49.2%。杂种一代牛30日龄、90日龄、180日龄、360日龄体重分别比本地秦川牛提高了43.9%、30.6%、4.5%和23.0%。丹秦杂种牛背腰宽广,后躯宽平,乳房大。杂种一代牛在农户饲养的条件下,第一泌乳期225.2天,泌乳2015千克,杂种优势十分明显

名称	产地及分布	外貌特征	生产性能	与黄牛杂交效果
三河牛	产于内蒙古呼伦贝尔草原的三河（根河、得勒布尔河、哈布尔河）地区。是我国培育的第一个乳肉兼用品种，含西门塔尔牛血液	三河牛毛色以黄白花、红白花片为主，头白色或有白斑，腹下、尾尖及四肢下部为白色毛。头清秀，角粗细适中，体躯高大，骨骼粗壮，结构匀称，肌肉发达，性情温驯。角稍向上向前弯曲	平均活重：公牛1050千克，母牛547.9千克。体高分别为156.8厘米和131.8厘米。初生重：公牛为35.8千克，母牛为31.2千克。三河牛年产乳量在2000千克左右，条件好时可达3000～4000千克，乳脂率一般在4%以上。该牛产肉性能良好，未经肥育的阉牛，屠宰率一般为50%～55%，净肉率44%～48%，肉质良好，瘦肉率高。该牛由于个体间差异很大，在外貌和生产性能上表现均不一致，有待于进一步改良提高	
草原红牛	是由吉林省白城地区、内蒙古赤峰市、锡盟南部和河北省张家口地区联合育成的一个兼用型新品种，1985年正式命名为"中国草原红牛"	大部分有角，角多伸向前外方，呈倒八字形，略向内弯曲。全身被毛为紫红色或红色，部分牛的腹下或乳房有白斑；鼻镜、眼圈粉红色。体格中等大小	成年活重：公牛为700～800千克，母牛450～500千克。初生重：公牛为37.3千克，母牛为29.6千克。成年牛体高：公牛137.3厘米，母牛124.2厘米。在放牧为主的条件下，第一胎平均泌乳量为1127.4千克，年均产乳量为1662千克；泌乳期为210天左右。18月龄阉牛经放牧肥育，屠宰率达50.84%，净肉率40.95%。短期育肥牛的屠宰率和净肉率分别达到58.1%和49.5%，肉质良好。该牛适应性好，耐粗放管理，对严寒酷热的草场条件耐力强，且发病率很低；繁殖性能良好，繁殖成活率为68.5%～84.7%	

续表

名称	产地及分布	外貌特征	生产性能	与黄牛杂交效果
新疆褐牛	原产于新疆伊犁、塔城等地区。由瑞士褐牛及含有该牛血液的阿拉塔乌牛与当地黄牛杂交育成	被毛为深浅不一的褐色,额顶、角基、口轮周围及背线为灰白色或黄白色。体躯健壮,肌肉丰满。头清秀、嘴宽、角中等大小,向侧前上方弯曲,呈半椭圆形,颈适中,胸宽宽深,背腰平直	成年体重:公牛平均为950.8千克,母牛为430.7千克。一般母牛体高为121.8厘米。新疆褐牛平均产乳量2100～3500千克,高产个体产乳量达5162千克;平均乳脂率4.03%～4.08%,乳中干物质13.45%。该牛产肉性能良好,在伊犁、塔城牧区天然草场放牧9～11个月屠宰测定,1.5岁、2.5岁和阉牛的屠宰率分别为47.4%、50.5%和53.1%,净肉率分别为36.3%、38.4%和39.3%。该牛适应性好,可在极端温度−40℃和47.5℃下放牧,抗病力强	

二、肉牛的选种和经济杂交

(一) 肉牛的选种方法

肉牛选择的一般原则是:"选优去劣,优中选优"。种公牛和种母牛的选择,是从品质优良的个体中精选出最优个体,即"优中选优"。而对种母牛大面积的普查鉴定、评定等级,同时及时淘汰劣等,则是"选优去劣"的过程。在肉牛种公母牛选择中,种公牛的选择对牛群的改良起着关键作用。

种公牛的选择,首先是审查系谱,其次是审查该公牛外貌表现及发育情况,最后还要根据种公牛的后裔测定成绩,以断定其遗传性是否稳定。对种母牛的选择则主要根据其本身的生产性能或与生产性能相关的一些性状,此外还要参考其系谱、后裔及旁系的表现情况。故选择肉牛的途径主要包括系谱、本身、后裔和旁系选择四项。

1. 系谱选择

通过系谱记录资料是比较牛只优劣的重要途径。肉牛业中，对小牛的选择，并考察其父母、祖父母及外祖父母的性能成绩，对提高选种的准确性有重要作用。据资料表明，种公牛后裔测定的成绩与其父亲后裔测定成绩的相关系数为 0.43，与其外祖父后裔测定成绩的相关系数为 0.24，而与其母亲 1～5 个泌乳期产奶量之间的相关系数只有 0.21、0.16、0.16、0.28、0.08。由此可见，估计种公牛育种值时，对来自父亲的遗传信息和来自母亲的遗传信息不能等量齐观。

2. 本身表现选择（个体成绩选择）

当小牛长到 1 岁以上，就可以直接测量其某些经济性状，如 1 岁活重、肉牛肥育期增重效率等。而对于胴体性状，则只能借助如超声波测定仪等设备进行辅助测量，然后对不同个体作出比较。对遗传力高的性状，适宜采用这种选择途径。本身表现选择就是根据种牛个体本身和一种或若干种性状的表型值判断其种用价值，从而确定个体是否选留，该方法又称性能测定和成绩测验。具体做法是：可以在环境一致并有准确记录的条件下，与所有牛群的其他个体进行比较，或与所在牛群的平均水平比较。有时也可以与鉴定标准比较。

肉用种公牛的体型外貌主要看其体型大小，全身结构是否匀称，外型和毛色是否符合品种要求，雄性特征是否明显，有无明显的外貌缺陷。如公牛母相、四肢不够强壮结实、肢势不正、背线不平、颈线薄、胸狭腹垂、尖斜尻等。生殖器官发育良好，睾丸大小正常，有弹性。凡是体型外貌有明显缺陷的，或生殖器官畸形的，睾丸大小不等均不合乎种用。肉用种公牛的外貌评分不得低于一级，其种用公牛要求特级。

除外貌外，还要测量种公牛的体尺和体重，按照品种标准分别评出等级。另外，还需要检查其精液质量。

3. 后裔测验（成绩或性能试验）

后裔测验是根据后裔各方面的表现情况来评定种公牛好坏的一种鉴定方法，这是多种选择途径中最为可靠的选择途径。具体方法是将选出的种公牛令其与一定数量的母牛配种，对犊牛成绩加以测定，从而评价使（试）用种公牛品质优劣。

（二）肉牛的经济杂交方法

多用于生产性牛场，特别是用于黄牛改良、肉牛改良和奶牛的肉用生产。目的是为了利用杂交优势，获得具有高度经济利用价值的杂交后代，以增强商品肉牛的数量和降低生产成本，获得较好的效益。生产中，简便实用的杂交方式主要有二元杂交、三元杂交。

1. 二元杂交

又称两品种固定杂交或简单杂交，即利用两个不同品种（品系）的公母牛进行固定不变的杂交，利用一代杂种的杂种优势生产商品牛。这种杂交方法简单易行，杂交一代都是杂种，具有杂种优势的后代比例高，杂种优势率最高。这种杂交方式的最大缺点是不能充分利用繁殖性能方面的杂种优势。通常以地方品种或培育品种为母本，只需引进一个外来品种做父本，数量不用太多，即可进行杂交。如利用西门塔尔牛或夏洛莱牛杂交本地黄牛。其杂交模式图见图 4-1。

西门塔尔公牛或夏洛莱公牛(♂)×本地黄牛(♀)

↓

二元杂交牛(商品肉牛育肥)

图 4-1 二元杂交模式图

2. 三元杂交

又称三品种固定杂交。是从两品种杂交到的杂种一代母牛中选留优良的个体，再与另一品种的公牛进行杂交，所生后代全部作为商品肉牛肥育。第一次杂交所用的公牛称为第一父本，第二次杂交利用的公牛称为第二父本或终端父本。这种杂交方式由于母牛是一代杂种，具有一定的杂种优势，再杂交可望得到更高的杂种优势，所以三品种杂交的总杂种优势要超过两品种。其杂交模式图见图 4-2。

西门塔尔公牛(♂)×本地黄牛(♀)

↓

夏洛莱公牛(♂)×西门塔尔与本地黄牛杂交母牛(♀)

↓

三元杂交牛(商品肉牛育肥)

图 4-2 三元杂交模式图

第二节 肉用牛的饲养管理

一、种公牛的饲养管理

（一）育成公牛的饲养管理

犊牛断奶至第一次配种的母牛，或做种用之前的公牛，统称为育成牛。此期间是生长发育最迅速的阶段，精心的饲养管理，不仅可以获得较快的增重速度，而且可使幼牛得到良好的发育。公、母犊牛在饲养管理上几乎相同，但进入育成期后，二者在饲养管理上则有所不同，必须按不同年龄和发育特点予以区别对待。

1. 饲养

育成公牛的生长比育成母牛快，因而需要的营养物质较多，特别需要以补饲精料的形式提供营养，以促进其生长发育和性欲发展。对育成公牛的饲养，应在满足一定量精饲料供应的基础上，令其自由采食优质的精、粗饲料。6～12 月龄，粗饲料以青草为主时，精、粗饲料占饲料干物质的比例为 55：45；以干草为主时，其比例为 60：40。在饲喂豆科或禾本科优质牧草的情况下，对于周岁以上育成公牛，混合精饲料中粗蛋白质的含量以 12％左右为宜。

断奶后，饲料选用优质的干草、青干草，不用酒糟、秸秆、粉渣类粗饲料以及棉子饼、菜子饼。6 月龄后日喂量为月龄乘以 0.5 千克，1 岁以上日喂量为 8 千克，成年牛为 10 千克，以避免出现草腹。饲料中应注意补充维生素 A、维生素 E 等。冬季没有青草时，每头牛可喂胡萝卜 0.5～1.0 千克来补充维生素，同时要有充足的矿物质。

充足供应饮水，并保证水质良好和卫生。

2. 饲养方式

后备公牛的饲养方式有如下几种。

（1）舍饲拴系培育。在舍饲拴系培育条件下，在犊牛头 10～30天在个体笼内管理，而后到公、母分群前（4～5 月龄前）在群栏内管理，每栏 5～10 头。在哺乳期过后拴系管理，在舍饲管理条件下培育到种用出售。在这种情况下新生犊牛失去了正常生长发育所必需的生理活动。舍饲拴系管理是出现各种物质代谢障碍、发生异常性反射等的主要原因。所以，必须保证充足的活动空间和运动。

（2）拴系放牧管理。许多牛场在夏季采用。在距其他牛群较远的地方，选定不受主导风作用的一块平坦的放牧场，呈一线排列，用15～20米的铁链将牛只固定在可移动的钉进地里的具有钩环的柱上。柱间距40～50米，每头小公牛都能自由地在周围运动。每头小公牛附近都放有饲槽和饮水器，于早、晚放补充料和水。2～3天后可以更换到另一个地点。观察表明，采用这种管理方式，每头6月龄、12月龄、18月龄小公牛每日相应消耗15千克、20千克、35千克青饲料。

（3）分群自由运动。在分群自由运动培育情况下，小公牛在牛群内分群管理，每群5～6头，而在运动场和放牧场培育情况下每群40～50头。夏天，小公牛终日在设有遮棚的运动场内和放牧场内管理。冬天，4～12月龄小公牛在运动场管理4～5小时，在严寒期（－20℃以下）不超过2小时。

（4）复合管理。白天在运动场或放牧场管理，晚上在舍内或棚下拴系管理。

3. 管理

（1）分群。牛断奶后应根据性别和年龄情况进行分群。首先是公母牛分开饲养，因为育成公牛与育成母牛的发育不同，对饲养条件的要求不同，而且公、母牛混养，会干扰其成长。分群时，同性别内年龄和体格大小应该相近，月龄差异一般不应超过2个月，体重差异低于30千克。

（2）拴系。留种公牛6月龄始带笼头，拴系饲养。为便于管理，达8～10月龄时就应进行穿鼻带环（穿鼻用的工具是穿鼻钳，穿鼻的部位在鼻中隔软骨最薄处），用皮带拴系好，沿公牛额部固定在角基部，鼻环以不锈钢的为最好。牵引时，应坚持左右侧双绳牵导。对烈性公牛，需用勾棒牵引，由一个人牵住缰绳的同时，另一人两手握住勾棒，勾搭在鼻环上以控制其行动。

（3）刷拭。为了保持牛体清洁，促进皮肤代谢和养成温驯的气质，育成公牛上槽后应进行刷拭，每天至少1次，每次5～10分钟。

（4）试采精。从12～14月龄后即应试采精，开始从每个月1次或 2 次采精逐渐增加到 18 月龄的每周 1 次或 2 次，检查采精量、精子密度、活力及有无畸形，并试配一些母牛，看后代有无遗传缺陷并决定是否作种用。

(5) 加强运动。育成公牛的运动关系到它的体质，因为育成公牛有活泼好动的特点。加强运动，可以提高体质，增进健康。对于种用育成公牛，要求每天上、下午各 1 次，每次 1.5～2 小时，行走距离4.0 千米。运动方式有旋转架运动、套爬犁，或拉车。实践证明，种用公牛如果运动不足或长期拴系，会使牛性情变坏，精液质量下降，患肢蹄病、消化道疾病等。但也要注意不能运动过度，否则同样对公牛的健康和精液质量有不良影响。

(6) 调教。对青年公牛还要进行必要的调教，包括与人的接近、牵引训练，配种前还要进行采精前的爬跨训练。饲养公牛必须注意安全，因其性情一般较母牛暴躁。

(7) 防疫卫生。定期对育成公牛进行防疫注射，防止传染病；保持牛舍环境卫生及防寒防暑也是必不可少的管理工作。除此之外，育成牛要定期称重，以检查饲养情况，及时调整日粮。做好各项生产记录工作。

(二) 成年公牛的饲养管理

种公牛饲养管理良好的衡量标准是强的性欲、良好的精液质量、正常的膘情和种用体况。

1. 种公牛的质量要求

作种用的肉用型公牛，其体质、外貌和生产性能均应符合本品种的种用畜特级和一级标准，经后裔测定后方能作为主力种公牛。肉用性能和繁殖性状是肉用型种公牛极其重要的两项经济指标。其次，种公牛必须经检疫确认无传染病，体质健壮，对环境的适应性及抗病力强。

2. 种公牛的饲养

种公牛不可过肥，但也不可过瘦。过肥的种公牛常常没有性欲，但过瘦时精液质量不佳。成年种公牛营养中重要的是蛋白质、钙、磷和维生素，因为它们与种公牛的精液品质有关。5 岁以上成年种公牛已不再生长，为保持种公牛的种用膘度（即中上等膘情）应使其不过肥，能量的需要以达到维持需要即可。当采精次数频繁时，则应增加蛋白质的供给。

在种公牛饲料的安排上，应选用适口性强、容易消化的饲料，精、粗饲料应搭配适当，保证营养全面充足。种公牛精、粗饲料的给量可依据不同种公牛的体况、性活动能力、精液质量和承担的配种任务酌情处理。一般精饲料的用量按每天每头 100 千克体重 1.0 千克供给；粗饲料应以优质豆科干草为主，搭配禾本科牧草，而不用酒糟、秸秆、果渣及粉渣等粗饲料；青贮料应和干草搭配饲喂，并以干草为主，冬季补充胡萝卜。注意多汁饲料和粗饲料饲喂不可过量，以免种公牛长成"草腹"，影响采精和配种。碳水化合物含量高的饲料也宜少喂，否则易造成种公牛过肥而降低配种能力；菜子饼、棉子饼有降低精液品质的作用，不宜用做种公牛饲料；大豆饼虽富含蛋白质，但它是生理酸性饲料，饲喂过多易在体内产生大量有机酸，反而对精子形成不利，因此应控制喂量。一般在日粮中添加一定比例的动物性饲料来补充种公牛对蛋白质的需要，主要有鱼粉、蛋粉、蚕蛹粉，尤其在采精频繁季节补加营养的情况下更是如此。种公牛日粮中的钙不宜过多，特别是对老年种公牛，一般当粗饲料为豆科牧草时，精饲料中就不应再补充钙质，因为过量的钙往往容易引起脊椎和其他骨骼融为一体。还要保证种公牛有充足清洁的饮水，但配种或采精前后、运动前后的 30 分钟以内不应饮水，以防影响种公牛健康。种公牛的定额日粮，可分为上、下午定时定量喂给，夜晚饲喂少量干草；日粮组成要相对稳定，不要经常变动。每 2～3 个月称 1 次体重，检查体重变化，以调整日粮定额。饲喂要先精后粗，防止过饱。每天饮水 3 次，夏季增加至 4～5 次，采精或配种前禁水。

3. 种公牛的管理

种公牛的记忆力强，防御反射强，性反射强。因此，对种公牛的饲养管理一般要指定专人，不要随便更换，避免给种公牛恶性刺激。饲养人员在管理种公牛时，特别要注意安全，并有耐心，不粗暴对待种公牛，不得随意逗弄、鞭打或虐待种公牛。种公牛舍地面平坦、坚硬、不漏，且远离母牛舍。牛舍温度应在 10～30℃，夏季注意防暑，冬季注意防寒。

（1）拴系。种公牛必须拴系饲养，防止伤人。一般种公牛在10～

12月龄时穿鼻戴环，经常牵引训导，鼻环需用皮带吊起，系于缠角带上。绕角上拴两条系链，通过鼻环，左右分开，拴在两侧立柱上，鼻环要常检查，有损坏要更换。

（2）牵引。要用双绳牵引种公牛，两人分左右两侧，人和牛保持一定距离。对烈性种公牛，用勾棒牵引，由一人牵住缰绳，另一人用勾棒钩住鼻环来控制。

（3）护蹄。种公牛经常出现趾蹄过度生长的现象。结果影响种公牛的放牧、觅食和配种。因此饲养人员要经常检查种公牛趾蹄有无异常，保持蹄壁和蹄叉清洁。为了防止蹄壁破裂，可经常涂抹凡士林或无刺激性的油脂。发现蹄病及时治疗。做到每年春、秋季各削蹄1次。蹄形不正要进行矫正。

（4）睾丸及阴囊的定期检查和护理。种公牛睾丸的最快生长期是6～14月龄。因此在此时应加强营养和护理。研究表明，睾丸大的种公牛比同龄睾丸小的种公牛能配种较多的母牛。种公牛的年龄和体重对于睾丸的发育和性成熟有直接影响。为了促进睾丸发育，除注意选种和加强营养以外，还要经常进行按摩和护理，每次5～10分钟。保护阴囊的清洁卫生，定期进行冷敷，改善精液质量。

（5）放牧配种与采精。饲养肉牛时，在放牧配种季节，要调整好公母比例（按20头母牛搭配1头公牛）。当一个牛群中使用数头种公牛配种时，青年种公牛要与成年种公牛分开。

（6）运动。每天上下午各进行一次运动，每次1.5～2小时，路程4千米。

（7）合理利用。种公牛的使用最好合理适度，一般1.5岁种公牛采精每周1次或2次，2岁后每周2次或3次，3岁以上可每周3次或4次。交配和采精时间应在饲喂后2～3小时进行。

4. 种公牛的采精和精液冷冻

（1）采精。采精要有一定的采精环境，以便使种公牛建立起巩固的条件反射，同时防止精液污染。采精场应选择或建立在宽敞、平坦、安静、清洁的房子中，不论什么季节或天气均可照常进行工作，温度易控制。场内设有采精架以保定台牛或设立假台牛，供种公牛爬跨进行采精。室内采精场的面积一般为10米×10米，并附设喷洒消毒和紫外线照射杀菌设备。

① 台牛的准备。采精时用活台牛效果最好，选择健康体壮、大小适中、性情温和、四肢有力的淘汰母牛或阉割过的公牛作为台牛。采精前对台牛的尾根部、外阴部、阴门彻底清洗，再用干净的布抹干。用假台牛采精则更为方便且安全可靠。假台牛可用木材或金属材料制成，要求大小适宜，坚实牢固，表面柔软干净，用牛皮伪装。用假台牛采精，应先对种公牛进行调教，使其建立条件反射。

② 采精技术。一种理想的采精方法，应具备下列四个条件：可以全部收集种公牛一次射出的精液；不影响精液品质；种公牛生殖器官和性机能不会受到损伤或影响；器械用具简单，使用方便。种公牛多采用假阴道法采精。假阴道法是利用模拟母牛阴道环境条件的人工阴道，诱导种公牛射精而采集精液的方法。

• 假阴道的结构。假阴道是一筒状结构，主要由外壳、内胎和集精杯三部分组成。外壳为一硬橡胶圆筒，上有注水孔；内胎为弹性强、薄而柔软无毒的橡胶筒，装在外壳内，构成假阴道内壁；集精杯由暗色玻璃或塑料制成，装在假阴道的一端。外壳和内胎之间可装温水和吹入空气，以保持适宜的温度（38~40℃）和压力。

• 假阴道的准备。假阴道在使用前要进行洗涤、安装内胎、消毒、冲洗、注水、涂润滑剂、调节温度和压力等步骤。采集到符合要求的精液，假阴道应具备五个条件。一是适当的温度。通过注入相当于假阴道容积 2/3 的温水来维持温度，采精时假阴道内腔温度应保持在 38~40℃，集精杯保持 34~35℃。二是适当的压力。注入水和空气来调节假阴道的压力。压力不足不能刺激种公牛射精，压力过大则使阴茎不易插入或插入后不能射精。三是适宜的润滑度。用消毒过的润滑剂对假阴道内表面加以润滑，涂抹部位应是假阴道前段的 1/3~1/2 处至外口周围。四是无菌。凡是接触精液的部分和内胎、集精杯均需消毒。五是无破损漏洞。外壳、内胎、集精杯应检查，不得漏水或漏气。

• 采精操作。利用假台牛采精时，最好是将假阴道安放到假台牛后躯内，种公牛爬跨假台牛而在阴道内射精，这是一种比较安全而简单的方法。但实践中常采用手持假阴道采精法。采精时将种公牛引至台牛后面，采精员站在台牛后部右侧，右手握持备好的假阴道，当种公牛爬跨台牛而阴茎未触及台牛时，迅速将阴茎导入假阴道（呈

35°左右的角度）内即可射精。射精后，将假阴道的集精杯端向下倾斜，随种公牛下落，让阴茎慢慢回缩自动脱出；阴茎脱出后，将假阴道直立、放气、放水，送化验室精液检查合格后稀释。

值得注意的是，种公牛对假阴道的温度比压力更为灵敏，因此温度要更准确。而且种公牛的阴茎非常敏感，在向假阴道内导入阴茎时，只能用掌心托着包皮，切勿用手直接抓握伸出的阴茎。同时，种公牛交配时间短促，只有数秒钟，当种公牛向前一冲后即行射精。因此，采精动作力求迅速、敏捷、准确，并防止阴茎突然弯折而损伤。

③ 采精频率。采精频率是指每周对种公牛的采精次数。为了既最大限度地采集种公牛精液，又维持其健康体况和正常生殖机能，必须合理安排采精频率。1头种公牛1周内采精次数在2～3次，或1周采1次，但必须连续采取2个批次的射精量。随意增加采精次数，不仅会降低精液品质，而且会造成种公牛生殖机能降低和体质衰弱等不良后果。

④ 精液品质检查。精液品质检查的目的是避免劣质精液冷冻和输精。检查项目见表4-4。

表 4-4 精液品质检查项目

感观检查	肉牛的射精量一般为每次4～8毫升,过多或过少都必须查明原因。若射精量太多,可能是由于副性腺分泌物过多或尿液混入;如过少,可能是由于采精技术不当、采精过频或生殖器官机能衰退所致。正常的精液颜色是乳白色,不透明,黏稠,有时为乳黄色。若精液颜色异常,应该弃去或停止采精。正常精液略有腥味
精子密度检查	精子密度指每毫升精液中所含有的精子数目。由此可计算出每次射精的总精子数,它直接关系到输精剂量的有效精子数。 (1)估测法。通常与检查精子活率同时进行。一般压制标本,在显微镜下根据精子分布的稀稠程度,将精子密度粗略分为"密"、"中"、"稀"三级。此法在生产上常用,但在某种程度上有赖于检查者的经验而有一定的主观性。 (2)血细胞计算法。是对种公牛精液作定期检查的一个方法,可准确测定每单位容积精液中的精子数。一般采用血细胞计进行
精子活率检查	精子活率是指在精液中呈直线前进的精子数所占的百分率,与精子受精率密切相关。检查时,因牛精液密度较大,通常用生理盐水或等渗稀释液稀释后,取一滴精液于载玻片上制成压片标本,置38℃恒温显微镜载物台上在400倍下观察。对种公牛的精子活率采用十级评分法:视野中100%直线运动者评为1.0;90%者为0.9;80%者为0.8,以下类推。牛的精液(原精)活率一般在0.8～0.9,低于0.6不能用来制作冷冻精液。冷冻精液解冻后的活率不能低于0.3,低于0.3者不能使用

续表

精子形态学检查	精液形态正常与否与受精率有密切关系,含有大量畸形精子和顶体异常精子,则受精能力就会降低。 (1)畸形率。指精液中畸形精子所占的比例。凡是形态不正常的精子均为畸形精子,如无头、无尾、双头、双尾、头大、头小、尾部弯曲、带原生质滴等。这些畸形精子都无受精能力。检查方法是将精液1滴放于载玻片的一端,用另一边缘整齐的盖玻片呈30°～35°角把精液推成均匀的抹片。待干燥后,用0.5%龙胆紫酒精溶液染色2～3分钟,用水冲洗。干燥后,在600倍以上高倍显微镜下计数300～500个精子,计算畸形精子百分率。肉牛正常精液畸形率不得超过18%。 (2)顶体异常率。正常精子的顶体内含有多种与受精有关的酶类,在受精过程中起着重要作用,顶体异常的精子失去受精能力。顶体异常一般表现有膨胀、缺损、部分脱落、全部脱落等情况。顶体异常发生的原因可能与精子生成过程和副性腺分泌物性状不良有关,尤其是射出的精子遭受低温打击和冷冻伤害所致。因此,精子顶体异常率是评定保存精液,尤其是冷冻精液品质的重要指标之一。正常情况下,牛的顶体异常率不超过5.9%

(2) **精液的稀释**

① 精液稀释的目的。首先扩大精液量,以提高优良种公牛的利用率。一次采出的精液,如按原精液进行输精,1头母牛的输精量为1毫升,只能输4～6头母牛。实际上1毫升精液有3亿～20亿精子,而1头母牛输精需要的有效精子只有1500万～2000万,所以浪费很多。将精液稀释后,就可以扩大输精头数。其次,延长精子存活时间,稀释液中含有营养物质和缓冲物质,可以补充营养及中和精子代谢产物,防止精子受低温打击。

② 冷冻稀释液。冷冻稀释液的成分一般应含有低温保护剂(卵黄、牛奶)、防冻保护剂(甘油)、维持渗透压物质(糖类、柠檬酸钠)、抗生素及其他添加剂。根据配制要求和稀释的需要将冷冻稀释液配制成基础液、Ⅰ液、Ⅱ液三种溶液,以便于在生产中使用。

③ 稀释。采出的精液在等温条件下立即用不含甘油的第Ⅰ稀释液作第一次稀释,根据精液品质作1～2倍稀释。然后,经40～60分钟缓慢降温至4～5℃,再加入等温的含甘油的第Ⅱ稀释液,加入量为第一次稀释后的精液量。

(3) **精液的平衡**。将稀释好的精液放入2～5℃冰箱内静置2～4小时,使甘油充分渗透进入精子体内,产生抗冻保护作用。

(4) **冷冻**。凡作冷冻保存的精液均需按头份进行分装。目前广泛应用的剂型有细管型和颗粒型。

①细管冷冻。以长 125～133 毫米、容量为 0.25 毫升的聚乙烯塑料细管，在 2～5℃温度下，通过吸引装置将平衡后的精液进行分装，用聚乙烯醇粉末或超声波静电压封口。事先调整液氮罐中冷冻支架和液氮面的距离（1～2 厘米），使冷冻支架上的温度维持在－130～－135℃。将封好口的精液细管平铺在冷冻屉上，注意彼此不得相互接触，再放置于液氮罐中的冷冻支架上。以液氮蒸气迅速降温，经 10～15 分钟，使细管精液遵循一定降温程序。当温度降至－130℃以下并维持一定时间后，即可收集于精液提筒内，直接投入液氮中。

② 颗粒冷冻。在装有液氮的容器上放置一薄铝板或金属网，如用聚四氟乙烯塑料板冷冻效果更好。冷冻板和液氮面的距离在 0.5～1.5 厘米，使其温度维持在－80～－100℃。待冷冻板充分冷却后，用玻璃吸管吸取精液定量连续滴在冷冻板上，每个颗粒体积为 0.1 毫升。经过 3～5 分钟，精液充分冻结颜色变白、颗粒色泽发亮时，将精液颗粒收集于贮精瓶内，移入液氮内保存。

二、母牛的饲养管理

（一）育成母牛的饲养管理

1. 不同阶段的饲养要点

（1）6～12 月龄。为母牛性成熟期。在此时期，母牛的性器官和第二性征发育很快，体躯向高度和长度两个方向急剧生长，同时，其前胃已相当发达，容积扩大 1 倍左右。因此，在饲养上要求既要能提供足够的营养，又必须具有一定的容积，以刺激前胃的生长。所以对这一时期的育成母牛，除给予优质的干草和青饲料外，还必须补充一些混合精饲料，精饲料比例占饲料干物质总量的 30%～40%。

（2）12～18 月龄。育成母牛的消化器官更加扩大，为进一步促进其消化器官的生长，其日粮应以青、粗饲料为主，其比例约占日粮干物质总量的 75%，其余 25% 为混合精饲料，以补充能量和蛋白质的不足。

（3）18～24 月龄。这时母牛已配种受胎，生长强度逐渐减缓，体躯显著向宽深方向发展。若饲养过丰，在体内容易蓄积过多脂肪，导致牛体过肥，造成不孕；但若饲养过于贫乏，又会导致牛体生长发育受阻，成为体躯狭浅、四肢细高、产奶量不高的母牛。因此，在此期间应以优质干草、青草或青贮饲料为基本饲料，精饲料可少喂甚至不喂。但到妊娠后期，由于体内胎儿生长迅速，则需补充混合精饲料，日定额为2～3千克。

如有放牧条件，育成母牛应以放牧为主。在优良的草地上放牧，精饲料可减少30%～50%；放牧回舍，若未吃饱，则应补喂一些干草和适量精饲料。

2. 育成母牛的管理

（1）分群。育成母牛最好在6月龄时分群饲养。公、母分群，每群30～50头，同时应以育成母牛年龄进行分阶段饲养管理。

（2）定槽。圈养拴系式管理的牛群，采用定槽是必不可少的，每头牛有自己的牛床和食槽。

（3）加强运动。在舍饲条件下，每天至少要有2小时以上的驱赶运动，促进肌肉组织和内脏器官，尤其是心、肺等呼吸和循环系统的发育，使其具备高产母牛的特征。

（4）转群。育成母牛在不同生长发育阶段，生长强度不同，应根据年龄、发育情况分群，并按时转群，一般在12月龄、18月龄、定胎后或至少分娩前2个月共3次转群。同时称重并结合体尺测量，对生长发育不良的母牛进行淘汰，剩下的转群。最后一次转群是育成母牛走向成年母牛的标志。

（5）乳房按摩。为了刺激乳腺的发育和促进产后泌乳量提高，对12～18月龄育成母牛每天按摩1次乳房；18月龄怀孕母牛，一般早晚各按摩一次，每次按摩时用热毛巾敷擦乳房。产前1～2个月停止按摩。

（6）刷拭。为了保持牛体清洁，促进皮肤代谢和养成温驯的气质，每天刷拭1次或2次，每次5分钟。

（7）初配。在18月龄左右根据生长发育情况决定是否配种。

（二）空怀母牛的饲养管理

1. 配种期母牛的饲养管理

空怀母牛的饲养管理主要是围绕提高受配率、受胎率，充分利用粗饲料，降低饲养成本而进行的。繁殖母牛在配种前应具有中上等膘情。在日常饲养管理工作中，倘若喂给过多的精饲料而又运动不足，易使母牛过肥，造成不发情。在肉用母牛的饲养管理中，这是经常出现的，必须加以注意。但在饲料缺乏、营养不全、母牛瘦弱的情况下，也会造成母牛不发情而影响繁殖。实践证明，如果母牛前一个泌乳期内给以足够的平衡日粮，同时劳役较轻，管理周到，能提高母牛的受胎率。瘦弱母牛配种前1～2个月，加强饲养，适当补饲精饲料，也能提高受胎率。

2. 空怀母牛的配种管理

（1）公母牛性机能的发育

① 初情期。肉牛出现第一次发情表现称为初情，此时的月龄称为初情期。在初情期，母牛虽然开始出现发情特征，但发情是不完全、不规则的，不具备生育力。牛的初情期一般在6～12月龄。

② 性成熟。性成熟就是指母牛卵巢能产生成熟的卵子，公牛睾丸能产生成熟的精子的现象，把这个时期牛的年龄（一般用月龄表示）叫做牛的性成熟期。性成熟期的早晚，因品种不同而有差异。培育品种的性成熟比原始品种早，公牛一般为9月龄，母牛一般为8～14月龄。秦川牛母犊牛性成熟年龄平均为9.3月龄，而公犊牛则在12月龄左右。性成熟并不是突然出现的，而是一个延续若干时间的逐渐发展过程。

公牛的初情期比较难以判断，一般来说是指公牛能够第一次释放精子的时期。在这个时期，公牛常表现出嗅闻母畜外阴、爬跨其他牛、阴茎勃起、出现交配动作等多种多样的性行为，但精子还不成熟，不具有配种能力。无论是初情期还是性成熟期，公牛一般都稍晚于母牛。

③ 适配年龄。家畜性成熟期配种虽能受胎，但因此期的身体尚未完全发育成熟，即未达到体成熟，势必影响母体及胎儿的生长发育和新生仔畜的存活，所以在生产中一般选择在性成熟后一定时期才开始配种，把适宜配种的年龄叫适配年龄。适配年龄的确定还应根据具体生长发育情况和使用目的而定，一般比性成熟晚一些，在开始配种时的体重应达到其成年体重的70%左右，体高达90%，胸围达到80%。

由于公、母牛在 2～3 岁一般生长基本完成，可以开始配种。一般牛的初配年龄：早熟种 16～18 月龄，中熟种 18～22 月龄，晚熟种 22～27 月龄；肉用品种适配年龄在 16～18 月龄，公牛的适配年龄为 2.0～2.5 岁。

④ 使用年限。使用年限的长短取决于牛的品种、饲养管理水平和健康状况。一般肉用母牛使用年限为 9～11 胎，公牛为 5～6 年。超过利用年限，繁殖力大大降低。

（2）母牛的发情规律。母牛性成熟以后，每隔一段时间（通常为 18～22 天）会再次表现出性行为的现象称为发情。发情是未孕牛所表现的一种周期性变化。母牛发情后，在行为和生理状况呈现一系列变化，表现为哞叫、兴奋不安、食欲减退、排尿频繁。自由运动时，常追赶、爬跨其他母牛，同时也接受别的牛爬跨。阴门潮红，并且向外流出黏液。

母牛的发情除受生理因素影响外，还受外界环境因素（特别是营养状况、光照等）的影响。以放牧饲养为主的肉牛，由于营养状况存在着较大的季节性差异，特别在北方，大多数母牛只在牧草繁茂的光照较长的时期（一般在 6～9 月），当膘情恢复后集中出现发情。舍饲为主的母牛，可常年出现发情现象，受季节的影响较小。

① 发情周期。母牛到了初情期后，生殖器及整个机体发生一系列周期性变化，这种变化周而复始，一直到性机能停止活动的年龄为止。牛连续两次发情期的间隔天数，称为牛的发情周期。肉牛平均为 21 天，青年牛比经产牛要短 1～2 天。一般来讲，青年牛的发情周期为 20 天，而经产牛为 21～22 天。发情周期是一个变动范围，不同的个体间有一定的差异。据研究，其变动范围为：青年牛（20.2±2.3）天，经产母牛（21.3±3.7）天。

根据牛的精神状态、性反应、卵巢和阴道上皮细胞的变化将发情周期分为发情前期、发情期、发情后期和间情期四个阶段（表 4-5）。

② 发情持续期。母牛的发情常持续一段时间。牛的发情持续期指从发情特征出现，到特征消失所持续的时间。肉牛的发情持续期一般为 20 小时左右。牛种及年龄、营养状况、环境温度的变化等都可以影响牛发情持续时间的长短，有的长达 30 小时，有的牛则仅有 8 小时。一般初情期的牛和老年牛的发情持续期较壮年牛为短。

表 4-5　牛发情周期

阶段		发情表现
发情前期（发情的准备期）	如以发情特征开始出现时为发情周期的第1天，则发情前期相当于发情周期的第16～18天	卵巢上的黄体已经退化或萎缩，卵泡开始发育，雌激素分泌增加，血中孕激素水平逐渐降低，生殖道上皮增生和腺体活动增强，黏膜开始充血，子宫颈和阴道的分泌物增多，但无明显的发情特征
发情期（有明显发情特征的时期，相当于发情周期的第1天至第2天）	发情初期	母牛表现为兴奋不安、哞叫、食欲减退、追赶公牛，但不接受爬跨。阴门肿胀，阴道壁潮红，黏液分泌量不多，稀薄，牵缕性差。卵泡发育较快，体积逐渐增大，雌激素分泌逐渐增多，孕激素分泌逐渐减少，子宫充血，子宫颈口开张
	发情盛情	母牛性欲强烈，接受爬跨，黏液增多，稀薄透明，从阴道流出时如玻璃样，具有很强的牵缕性，很易粘于尾根、臀端或飞节的被毛上。一侧卵巢增大，有卵泡发育，但此时触摸波动性较差
	发情末期	母牛逐渐转入安静，不再接受爬跨。阴道黏液量减少变稠。卵泡增大到1厘米以上，壁变薄，触之波动性强
发情后期（发情特征逐渐消失的时期）	相当于发情周期的第3～4天	精神逐渐由兴奋转入抑制状态，卵巢上的卵泡破裂、排卵，并开始形成新的黄体，孕激素分泌逐渐增加。子宫肌肉收缩和腺体分泌活动均减弱，黏液分泌量减少而变黏稠，黏膜充血现象逐渐消退，子宫颈口逐渐收缩、关闭，阴道表层细胞脱落，释放白细胞至黏液中，外阴肿胀逐渐减轻并消失，从阴道中流出的黏液逐渐减少并干涸。发情后期，约有90%的育成母牛和50%成年母牛从阴道流出少量的血，出现这种现象，说明母牛在2～4天前发情。只要流出的血量少，颜色正常，无异味且持续时间在3～4天内，一般不会影响母牛的配种繁殖
间情期（又称休情期）	相当于发情周期的第4天或第5～15天	母牛性欲完全停止，精神恢复正常。开始时，卵巢上的黄体逐渐生长发育到最大，孕激素分泌增加并达到最高水平。随着时间的推移，黄体发育停止，并开始萎缩，孕激素分泌量逐渐减少，卵泡又开始发育，过渡到下一个发情周期

③ 母牛的排卵时间。确定母牛的排卵时间，做到适时配种非常重要。母牛的排卵时间通常发生在发情结束后10～12小时。排卵时间还与营养状况和个体差异有关。营养情况良好的牛大多数集中在发情开始后21～35小时排卵。

④ 产后发情。母牛分娩后，需要经过一定阶段的生理恢复，才

会出现发情。一般经过 12~56 天的时间，性腺功能、子宫大小和位置才能恢复正常，这时牛才出现再发情。对于经产母牛、难产母牛和有产科疾病的母牛恢复时间可能需要长一些。母牛产后第一次发情时间为 30~72 天，最短的在产后第 18 天左右即开始第一次发情。

⑤ 异常发情。见表 4-6。

表 4-6 异常发情表现

断续发情	母牛发情时断时续，整个过程延续很长时间，这是卵泡交替发育所致，先发育的卵泡中途发生退化，新的卵泡又再发育，因此产生了断续发情现象。当母牛转入正常发情时，配种也可能受胎
短促发情	由于发育卵泡很快成熟，破裂排卵或卵泡停止发育或发育受阻而致使母牛发情期非常短的现象。应注意观察，不要错过配种时机
无排卵发情	发情而不排卵或不完全排卵。初情后垂体分泌的促黄体素量不足，也易引起无排卵发情
持续发情	母牛经常有外部发情表现，是卵泡囊肿所致，可用绒毛膜促性腺激素或促黄体素治疗
隐性发情	母牛发情时外部特征不明显，但卵巢上有卵泡发育和排卵，在产后母牛和育成母牛中较多，这是由于生殖激素（雌激素）分泌不足所致，这种发情只有通过直肠检查才能发现，并适时输精也可受胎
假发情	有的母牛妊娠 3~5 个月出现发情特征，特别是接受爬跨，但直肠检查时，子宫颈口收缩或半收缩，直肠检查已妊娠。对假发情母牛要认真检查，防止盲目配种，造成流产
不发情	母牛不发情也不排卵，是营养不良、卵巢或子宫疾病所致。这种情况除加强营养、治疗疾病外，可注射促性腺激素以恢复卵巢功能

⑥ 影响母牛发情因素。见表 4-7。

表 4-7 影响母牛发情因素

自然因素	母牛一年四季均可发情，但发情持续时间的长短受到气候因素的影响。高温季节，母牛发情持续期明显比其他季节短
营养水平	营养水平对于母牛的初情期和发情影响很大。自然环境对母牛发情持续期的影响，从某种程度上来说是由营养水平变化导致的。一般情况下，良好的饲养水平可增加母牛的生长速度，提早母牛的体成熟，也可加强母牛的发情表现。但营养水平过高，母牛过肥会导致发情特征不明显或间情期长
饲草种类	在母牛采食的饲料中，有些植物可能有某种物质，影响母牛的初情期和经产牛的再发情。如豆科牧草中含有一种植物雌激素，当母牛长期采食豆科牧草，母牛流产率增高，乳房及乳头发达，导致母牛繁殖力降低
饲养管理	母牛产前、产后分别饲喂低、高能饲料可以缩短第一次发情间隔。如果产前喂以足够的能量而产后喂以低能量饲料，则第一次发情间隔延长，有一部分母牛在产犊后长时期不发情。同时尽可能采取提早断奶法，让母牛提前发情

（3）发情鉴定。发情鉴定是通过综合的发情鉴定技术来判断母牛的发情阶段，确定最佳的配种时间，以便及时进行人工授精，达到用较少的输精次数和精液消耗量，最大限度地提高配种受胎率的目的。通过发情鉴定，不仅可以判断母牛是否发情以及发情所处的阶段，以便适时配种，提高母牛的受胎率，减少空怀率，而且可以判断母牛的发情是否异常，以便发现问题，及时预防，同时也可为妊娠诊断提供参考。

① 外部观察法。通过母牛外部行为表现及精神状态的变化来判断是否发情和发情所处的大致阶段。

发情初期，母牛常常兴奋不安，来回走动，经常哞叫。两眼充血，眼光锐利，感应刺激性提高。拉开后腿，频频排尿。食欲减退，反刍时间减少或停止。外阴光滑肿胀，湿润潮红，分泌物常是清亮的黏液；在发情旺盛时，母牛在圈内相互嗅后躯和外阴部，发情的母牛被其他牛爬跨时接受爬跨，常站立不动，举尾，后退叉开，作交配状，而不发情的母牛则拱背逃走。发情母牛爬跨其他母牛时，阴门抽动并滴尿，具有公牛交配的动作，这是确定母牛发情最可靠的依据。此时由阴道中流出的黏液，往往黏稠度较大，常悬垂于阴门下方，这也是发情外部观察的一个重要标志；当发情结束时，黏液分泌减少，黏稠呈黄色块状，当用拇指和食指沾取黏液，两指间的黏液可牵拉七八次而不断时即为最佳配种时间。

母牛外阴肿胀，有黏液，又愿意接受爬跨并爬跨其他牛，这是母牛发情的明显标志；当母牛外阴肿胀消失，且出现皱纹时，拒绝其他牛爬跨，这是发情结束的标志。

母牛的发情表现虽有一定的规律性，但由于内外因素的影响，有时表现不大明显或欠规律性，因此，在用外部观察法判断发情的同时，对于看似发情但有不能肯定的特征或不太明显的母牛，可结合直肠检查法或其他方法进一步诊断。

② 试情法。应用公牛或喜爱爬跨的母牛对母牛进行试情，根据母牛性欲反应以及爬跨情况来判断母牛的发情程度。此法简单易行，特别适用于群牧的繁殖牛群。为了清楚判断试情情况，需要给公畜或母畜安装特殊的颜料标记装置。一种是颌下钢球发情标记器。该装置由一个具有钢球活塞阀的球状染料库固定于一个扎实的皮革笼头上构

成，染料库内装有一种有色染料。使用时，将此装置系在试情公牛的颌下，当它爬跨发情母牛的时候，活动阀门的钢球碰到母牛的背部，于是染料库内的染料流出，印在母牛的背上，根据此标志，便可得知该母牛发情，即被爬跨。另一种是卡马发情爬跨测定器。该装置是由一个装有白色染料的塑料胶囊构成。用时，先将母牛尾根上的皮毛洗净并梳刷，再将此鉴定器黏着于公牛的尾根上。黏着时，注意塑料囊箭头要向前，不要压迫胶囊，以免引起其变红色。当母畜发情时，试情公畜爬于其上并施加压力于胶囊上，胶囊内的染料由白色变为红色，根据颜色变化程度来推测母畜接受爬跨的安定程度。

当然，除安装标记装置外，结合自己的实际情况，在没有以上装置时，也可以就简处理。例如，有的用粉笔涂擦母牛的尾根，如母牛发情时，公牛爬跨其上而将粉笔印擦掉。有的将试情公牛的胸前涂以颜色，放在母牛群中，凡经爬跨过的发情母牛，可在尾部或背部留下标记。

③ 阴道检查法。用开膣器打开母牛阴道，观察阴道黏膜的颜色和湿润程度来检查母牛发情与否的一种方法。发情母牛阴道黏膜充血潮红，表面光滑湿润，子宫颈外口充血，松弛，柔软开张，排出大量的透明黏液，呈很长的黏液线垂于阴门之外，不易扯断。发情初期黏液较稀薄，随着发情时间推移，逐渐变稠，量也由少变多；到发情后期，黏液量逐渐减少且黏性差。不发情的母牛阴道黏膜苍白、干燥，子宫颈口紧闭。

操作的具体方法：保定好待检母牛，尾巴用绳子拴向一边，外阴用 0.1% 新洁尔灭清洗消毒后用干净纱布揩干。把消毒过的开膣器轻轻插入母牛阴道，打开开膣器后，通过反光镜或手电筒光线检查阴道变化。应特别注意阴道黏膜的色泽及湿润程度，子宫颈部的颜色和形状，黏液的量、黏度和气味，以及子宫颈管是否开张及开张程度。在整个操作过程中，消毒要严密，操作要仔细，防止粗暴。

④ 直肠检查法。把手臂伸入母牛直肠内，隔着直肠壁触摸卵巢及其卵泡发育的情况来判断发情与否的一种方法。本法的优点是可以较准确地判断卵泡发育程度，确定适宜的受精时间。缺点是对操作者技术熟练程度要求严格，经验愈丰富，发情鉴定的准确性愈高。

母牛在发情的不同时期，卵泡的发育表现出不同的变化规律。卵泡发育一般分为五个时期, 见表 4-8。

表 4-8 母牛在发情的不同时期卵泡发育变化规律

时期	变 化 规 律
Ⅰ(卵泡出现期)	卵巢稍增大, 卵泡直径为 0.5～0.75 厘米, 触诊时为软化点, 波动不明显。母牛在这时已开始出现发情
Ⅱ(卵泡发育期)	卵泡增大到 1～1.5 厘米, 呈小球状, 波动明显。此期母牛发情外部表现为明显—强烈—减弱—消失过程, 全期 10～12 小时
Ⅲ(卵泡成熟期)	卵泡大小不再增大, 卵泡壁变薄, 弹性增强, 触摸时有一压就破的感觉, 一般持续 6～8 小时。这时, 发情表现完全消失
Ⅳ(排卵期)	卵泡破裂, 排卵, 泡液流失, 泡壁变松软, 成为一个小的凹陷
Ⅴ(黄体形成期)	排卵 6 小时后, 原来卵泡破裂处可摸到一个柔软的肉样突体, 这是黄体。以后黄体呈不大的面团块块突出于卵巢表面

直肠检查时, 在骨盆腔底部, 可摸到一个长圆形质地较硬的棒状物, 即为子宫颈。再向下前方可摸到一个浅沟, 即为角间沟, 沟的两旁为向前向下弯曲的两侧子宫角, 沿着子宫角大弯向下稍向外侧, 可摸到卵巢。发情母牛子宫颈稍大、较软, 子宫角体积也大, 收缩反应明显, 子宫角坚实; 没有发情的母牛, 子宫颈细而硬, 松弛, 收缩反应差。

直肠检查时黄体与卵泡感觉不同。卵泡表面光滑, 黄体表面较为粗糙; 黄体在形成过程中越变越硬, 卵泡从发育成熟到排卵越变越软; 卵泡发育是进行性的, 由小到大, 由无波动感到有波动感; 而没有退化的黄体在卵巢上一般呈扁圆形条状或不规则的三角形突起, 有肉团感。

⑤ 激素测定法。母牛在发情时, 孕酮水平降低, 雌激素水平升高。应用酶免疫测定技术或放射免疫测定技术测定血液、奶样或尿中雌激素或孕激素水平, 便可进行发情鉴定。目前, 国外已有十余种发情鉴定或妊娠诊断用酶免疫测定试剂盒供应市场, 操作时只需按说明书介绍加适量的受检母牛血样、奶样或尿样以及其他试剂, 根据反应液颜色方便地鉴定发情结果。

⑥ 抹片法。对发情母牛的子宫颈黏液进行抹片镜检, 一般呈羊齿植物状花纹, 结晶花纹较典型, 长列而整齐, 并且保持时间较久, 达数小时以上, 其他杂质如白细胞、上皮细胞等很少, 这是发情盛期

的表现。如结晶结构较短，呈现金鱼藻或星芒状，且保持时间较短，白细胞较多，这是进入发情末期的标志。因此根据子宫颈黏液抹片的结晶状态及其保持时间的长短可判断发情的时期，但并非完全可靠。

（4）人工授精。在我国大面积开展黄牛改良的工作中，母牛的人工授精技术已成为养牛业的现代、科学繁殖技术，并且已在全国范围内广泛推广应用。人工授精技术是人工采集公牛精液，经质量检查并稀释、处理和冷冻后，再用输精器将精液输入母牛的生殖道内，使母牛排出的卵子受精后妊娠，最终产下牛犊。人工授精技术的应用，提高了优良公牛的配种效率（一头公牛则可配6000～12000头母牛）、加速了母牛育种工作进程和繁殖改良速度（使用优质肉公牛可以生产出优良的后代）、提高了配种母牛的受胎率、避免了生殖器官直接接触造成的疾病传播。

① 冷冻精液的保存。制作的冷冻精液，要存放于盛有液氮的液氮罐内保存和运输。液氮的温度为－196℃，精子在这样低的温度下，完全停止运动和新陈代谢活动，处于几乎不消耗能量的休眠状态之中，从而达到长期保存的目的。

技术人员将抽样检查合格的各种剂型的冷冻精液，分别妥善包装以后，还要做好品种、种公牛号、冻精日期、剂型、数量等标记。然后放入超低温的液氮内长期保存备用。在保存过程中，必须坚持保存温度恒定不变、精液品质不变的原则以达到精液长期保存的目的。冻精取放时，动作要迅速，每次最好控制在5～10秒，并及时盖好容器塞，以防液氮蒸发或异物进入。在液氮中提取精液时，切忌把包装袋提出液氮罐口外，而应置于罐颈之下。

液氮易于气化，放置一段时间后，罐内液氮的量会越来越少，如果长期放置，液氮就会耗干。因此，必须注意罐内液氮量的变化情况，定期给罐内添加液氮，不能使罐内保存的细管精液或颗粒精液暴露在液氮面上，平时罐内液氮的容量应该达到整个罐的2/3以上。拴系精液包装袋的绳子，切勿让其相互绞缠，使得精液未能浸入液氮内而长时间悬吊于液氮罐中。

② 冷冻精液的运输。冷冻精液需要运输到外地时，必须先查验一下精子的活力，并对照包装袋上的标签查看精子出处、数量，做到万无一失后方可进行运输。选用的液氮罐必须具有良好的保温性能，

不露气、不露液。运输时应加满液氮，罐外套上保护外套。装卸应轻拿轻放，不可强烈震动，以免把罐掀倒。此外，防止液氮罐被强烈的阳光曝晒，以减少液氮蒸发。

③ 液氮罐的使用及保护。液氮罐是长期贮存精液的容器，为了使其中存放的精液质量不受影响，我们必须会使用液氮罐，并进行定期管护。日常要将液氮罐放置在干燥、避光、通风、阴凉的室内。不能倾斜更不能倒伏，要稳定安放不要随便四处挪动。要精心爱护随时检查，严防乱碰乱摔容器的事故发生。

④ 冷冻精液的解冻。解冻的基本要求是使解冻的精液快速通过有害温度区（$-30 \sim 15^\circ\text{C}$），以免有害温度对精子造成致命性打击，使精子活力下降甚至死亡，因此常采用快速解冻法。

颗粒冻精的解冻方法。将 1 毫升 2.9％二水柠檬酸钠解冻液放入试管中，在 40°C 水浴中加温。从液氮中迅速取出 $1 \sim 2$ 粒冻精，并立即投入试管中，充分摇动使之快速融化。将解冻精液吸入输精器中待用。这里要提醒大家的是已解冻待用的精液要注意保温，避免阳光直射，并尽快使用不可久置，要求 1 小时内输完。如果有条件，最好检查一下精子活力，活力在 0.3 以上方可用来输精。精液解冻后需要一段时间才能输精，可使用 5°C 以下解冻的方法，并在 5°C 下进行保存运输，但保存时间不能超过 2 小时。

再来看看细管冻精的解冻。从液氮罐中迅速取出 1 支细管精液，立即投入温度在 $37 \sim 40^\circ\text{C}$ 的水浴中使其快速解冻，解冻时间大约 10 秒钟。解冻后用灭菌小剪剪去细管封口再装入输精器中准备输精。

⑤ 输精。掌握适宜的配种时机，适时配种，是提高受胎率很重要的环节。给母牛输精的时间一般在母牛表现发情后 $10 \sim 20$ 小时进行，前后输两次。第一次输精的时间安排为：常常清晨发情的母牛在下午输精，近中午发情的母牛在晚上输精，而傍晚发情的母牛则在第二天上午输精。然后间隔 $8 \sim 10$ 小时进行第二次输精。输精部位和方法也影响母牛的受胎率，冷冻精液输精采用直肠把握深部输精法。直肠把握深部输精法是输精人员手臂插入母牛的直肠，把握固定好子宫颈，另一手将输精器经母牛阴道插入到子宫颈内口后注入精液。这种输精方法的特点是，用具简单，操作安全，母牛无痛感而且对初配牛

也很适用，并且受胎率高。输精时，要做到轻插、试探、缓注、慢出。

（5）同期发情。同期发情又叫做同步发情。它是利用某些激素人为地控制并调整若干母牛在一定时间内集中发情，它可以对受控制的母牛不经过发情检查即在预定时间内同时受精。

现行的同期发情技术都是通过控制黄体——延长或缩短其寿命，降低孕酮水平，使母牛摆脱孕激素控制的时间一致，从而导致卵泡同时发育，达到同期发情的目的。同期发情的处理方法有下面两种。

① 孕激素处理。孕激素处理是人为地造成黄体期，控制发情。母牛处理一定时间后，同时停药即可引起母牛发情，此类孕激素包括孕酮及其合成类似物，如甲孕酮、炔诺酮、氯地孕酮、18-甲基炔诺酮等。投药方式有阴道栓塞、皮下埋植等。

阴道栓塞法是将浸有一定量孕激素制剂的海绵阴道栓塞入母畜靠近子宫颈的阴道深处，一般放置9～12天取出，在取塞当天肌注孕马血清促性腺激素800～1000国际单位，2～4天内多数母畜发情。药物参考用量：18-甲基炔诺酮100～150毫克，甲孕酮120～200毫克，甲地孕酮150～200毫克，氯地孕酮60～100毫克，孕酮400～1000毫克。

皮下埋植法是将一定量的孕激素制剂装入管壁有小孔的塑料细管中，利用套管针或者专门埋植器将药管埋入耳背皮下，经一定天数，在埋植处作切口将药管挤出，同时注射孕马血清促性腺激素500～800国际单位。药物用量依种类而不同，18-甲基炔诺酮15～25毫克。孕激素处理分短期（9～12天）和长期（16～18天）两种。长期处理后，发情同期率较高，但输精后的受胎率偏低；短期处理后，发情同期率较低，受胎率接近或相当于正常水平。当前，短期处理在开始时肌注3～5毫克雌二醇和50～250毫克孕酮或相应的其他孕激素制剂，可提高发情同期化的程度。

对于舍饲母牛，也可口服孕激素。将一定量的孕激素均匀拌在饲料中，连续饲喂一定天数后，同时停喂，也可起到同期发情效果。

② 前列腺素（PG）及其类似物处理。前列腺素处理是溶解卵巢上的黄体，中断周期黄体发育，使母牛同期发情。

由于前列腺素如氯前列烯醇等仅对卵巢上有功能性黄体的母牛起

作用，只有当母牛在性周期的第 5～18 天才能产生发情反应。对群体来说，黄体存在于发情周期的各个阶段，所以为使群体母牛有最大程度的同期发情率，在经第一次同期处理后，表现发情的母牛先不予配种，间隔 10～12 天后再用药 1 次进行第二次处理，这时所有的母牛均处于周期第 5～18 天，同期化显著提高。前列腺素的投药方式有肌注、宫腔或宫颈注入。

将孕激素短期处理与前列腺素处理结合起来，效果优于单独处理。先用孕激素处理 5～7 天或 9～10 天，结束前 1～2 天注射前列腺素。注意处理结束时一定要配合使用孕马血清促性腺激素。

(6) 诱发发情。诱发发情是家畜繁殖控制的一种技术，它是指母牛在乏情期（如泌乳期生理性乏情、生殖病理性乏情）借助外源激素或其他方法人为引起母牛发情并进行配种，从而缩短母牛繁殖周期的一种技术。根据母牛的不同状况，可采用如下方法。

① 生长到初情期仍不见初次发情的青年母牛，可用"三合激素"（雌激素、雄激素和孕激素的配伍制剂）处理，剂量一般为 3～4 支/头。或用 18-甲基炔诺酮 15～25 毫克/头进行皮下埋植，12 周后取出，同时注射 800～1000 国际单位的孕马血清促性腺激素，可诱发发情。

② 对于泌乳期处于乏情的母牛，应促使犊牛断奶并与母牛隔离，同时肌内注射 100～200 国际单位促卵泡素，每日或隔日一次。每次注射后需作检查，如无效，可连续应用 2～3 次，直至有发情表现为止。

③ 患持久黄体或黄体囊肿的母牛，可用前列腺素 $F_{2\alpha}$ 进行治疗。前列腺素 $F_{2\alpha}$ 的作用是溶解黄体，从而引发发情。前列腺素 $F_{2\alpha}$ 的用量为：子宫内灌注只需 1 毫升/头，肌内注射需 2 毫升/头。

④ 肌内注射初乳 20 毫升的同时，注射新斯的明 10 毫克，在发情配种时再注射促性腺激素释放激素（GnRH）类似物（如 LRH-A1）100 微克，也可诱导母牛发情并排卵。

3. 配种期母牛的日常管理

(1) 保持适宜的环境条件。保持牛舍适宜的温度，特别注意夏季的防热和冬季防寒；舍内干燥，通风良好，空气新鲜。

(2) 适当运动。在运动场上适当活动，并经常适量接受阳光照射,增强牛的体质,提高受胎率。

（三）妊娠母牛的饲养管理

母牛妊娠后,不仅本身生长发育需要营养,而且还要满足胎儿生长发育的营养需要和为产后泌乳进行营养蓄积。因此,要加强妊娠母牛的饲养管理,使其能够正常的产犊和哺乳。

1. 妊娠母牛的饲养

母牛在妊娠初期,由于胎儿生长发育较慢,其营养需求较少,为此,对妊娠初期的母牛不再另行考虑,一般按空怀母牛进行饲养。母牛妊娠到中后期应加强营养,尤其是妊娠最后的 2~3 个月,加强营养显得特别重要,这期间的母牛营养直接影响着胎儿生长和本身营养蓄积。如果此期营养缺乏,容易造成犊牛初生体重低,母牛体弱和奶量不足。严重缺乏营养,会造成母牛流产。

舍饲妊娠母牛,要依妊娠月份的增加调整日粮配方,增加营养物质供给量。对于放牧饲养的妊娠母牛,多采取选择优质草场、延长放牧时间、牧后补饲饲料等方法加强母牛营养,以满足其营养需求。在生产实践中,多给妊娠后期母牛每天补喂 1~2 千克精饲料。同时,又要注意防止妊娠母牛过肥,尤其是头胎青年母牛,更应防止过度饲养,以免发生难产。在正常的饲养条件下,使妊娠母牛保持中等膘情即可。

2. 妊娠母牛的管理

（1）妊娠及诊断。妊娠期就是从受精卵形成开始到分娩为止。由于准确的受精时间很难确定,故常以最后一次受配或有效配种之日算起,母牛妊娠期平均为 285 天（范围 260~290 天）,不同品种之间略有差异。对于肉牛妊娠期的计算（按妊娠期 280 天计）:"月减 3,日加 6"即为预产期。

① 妊娠母牛的生理变化。母牛怀孕后,会发生许多形态和生理上的变化。

一是生殖器官的变化。妊娠母牛卵巢上的黄体成为持久的妊娠黄体,黄体分泌的孕激素维持母牛正常妊娠。由于孕激素含量高,卵巢上几乎没有卵泡发育,即使有都在发育途中闭锁退化,此期母牛不再出现发情现象。随着妊娠进展,母牛的子宫体和子宫角逐渐增大。在整个妊娠期，孕角和空角不对称，孕角明显大于空角。在妊娠的前半期，子宫体积增长速度快于胎儿，子宫壁变得较原来肥厚。到妊娠的后半期，胎儿及胎水的增长速度较快，子宫壁被动扩张而变薄。妊娠后，子宫血管增加，管壁变厚，管径变粗，动脉脉搏变为妊娠脉搏。子宫颈内膜腺管数增加并分泌黏稠黏液封闭子宫颈管，称子宫栓。牛的子宫颈分泌物较多，妊娠期间有子宫栓更新现象，在分娩前液化排出。妊娠初期，阴门收缩紧闭，阴道干涩；妊娠后期，阴道黏膜苍白，阴唇收缩；妊娠末期，阴唇、阴道水肿，柔软有利于胎儿产出。

二是母体全身变化。妊娠后，随着胎儿的生长，母体新陈代谢加强，食欲增加，消化能力提高，营养状况改善，体重增加，被毛光滑。妊娠后期，胎儿迅速生长发育，母体常不能满足胎儿的需要，需消耗前期贮存的营养物质，供应胎儿。胎儿生长发育最快的阶段，也是钙、磷等物质需要量最多的时期，往往造成母牛体内钙、磷缺乏。若不及时从饲料中得到补充，则母牛因脱钙而会出现后肢跛行、牙齿磨损加快、产后瘫痪、抽搐。随着胎儿体积的增大，母牛内脏器官的容积相应减少，腹内压力升高，因而排尿、排粪次数增加。由于横膈膜受到压迫，使得呼吸运动浅而快，肺活量变小。在母牛妊娠 5 个月以后，外观明显可见腹部增大，孕侧比空侧突出。至妊娠后半期，母牛行动变得缓慢、谨慎，且易疲劳和出汗。在妊娠的最后数天，母牛的乳房逐渐增大，为分娩哺乳做好了准备。

② 妊娠诊断。妊娠诊断的目的，就是确定受配母牛是否妊娠，以便对已孕母牛早期加强饲养管理进行保胎，对未孕母牛查找原因继续进行下次配种。妊娠诊断是增加畜产品和提高牛群繁殖率的又一个重技术措施。妊娠诊断方法见表 4-9。

表 4-9　妊娠诊断方法

外部观察法	根据母牛妊娠后的行为变化和外部表现来判断是否妊娠的方法。妊娠母牛一般周期发情停止，即经过一个发情周期后不再出现发情。伴随食欲增进，膘情改善，毛色光亮，性情温顺。妊娠中期（5～6 个月）腹围见大，右侧突出。妊娠后期（7 个月后）隔着右侧腹壁可见胎动或摸到胎儿，乳房显著发育。这些外部表现在妊娠中、后期才比较明显，早期难于准确地判断。此法只能作为早期妊娠诊断的辅助手段或参考手段

直肠检查法	这种方法是早期妊娠诊断的最准确有效的方法之一。检查时术者隔着直肠壁主要触摸卵巢、子宫和胎泡的形态、质地、大小和变化,来确定妊娠的大致日期、妊娠期内的发情、假发情、生殖道疾病及胎儿的死活等。 直肠检查法主要依据的是妊娠后母畜生殖器官和早期胎儿的相应变化。检查时随妊娠时间阶段侧重点有所不同。妊娠初期,卵巢上黄体的状态、子宫角的性状和质地的变化为主要考察点;胎泡形成后,以胎泡的存在和大小为主;胎泡下沉入腹时,以卵巢的位置、子宫颈的紧张度和子宫动脉妊娠脉搏为主。 直肠检查有效的诊断时间是青年母牛为5周,成年母牛为6周。触诊5周的子宫,子宫角沟仍较清楚,孕角及子宫体较粗、柔软、壁薄,触诊一般不收缩,内有液体波动;空角较硬有弹性,触诊收缩。用拇指和食指轻轻捏起子宫角,然后稍微放松,可感觉到子宫壁内先有一薄膜滑开,这是尚未附植的胚囊壁,此时在角间韧带前方可摸到豆形的羊膜囊,据测定,妊娠28天的羊膜囊直径为2厘米,35天3厘米,40天以前为球形。怀孕60天的牛孕角比空角粗两倍,两角差异明显,孕角有波动,角间沟稍微平坦,但仍能分辨,可摸到整个子宫。 寻找子宫动脉的方法是,手入直肠后,手心向上贴着椎体向前移动,在髂部前方可摸到腹主动脉的最后一个分支髂内动脉,其根部的第一分支即为子宫动脉
阴道检查法	阴道检查法和外部观察法一样,都作为妊娠诊断的一种辅助手段。这种方法根据母牛阴道的某些生殖生理变化规律,从阴道黏膜色泽、黏液性状及子宫颈的性状和位置三方面进行观察诊断
血、奶中孕酮水平测定法	(1)全奶孕酮含量测定法。分别采配种后21~24天和42天的奶样各一次,在室温下摇匀,取奶样20微升,加抗体0.1毫升[稀释度为1:(10000~12000)],放置15分钟,再加H-孕酮0.1毫升,于4℃孵育16~24小时,然后在水浴中加活性炭悬浮液0.2毫升(由活性炭625毫克、葡萄糖4062.5毫克、PBS 100毫升组成),振荡15分钟,3000转/分钟离心10分钟,取上清液加闪烁液5毫升,过夜后测定孕酮含量。 (2)乳脂孕酮测定法。取2.5毫升奶样,加混合溶剂(15%正丁醇,49%正丁胺,36%蒸馏水)0.5毫升,混旋提取30秒,85℃水浴1.5分钟,离心2分钟(3000转/分钟),即提出乳脂。取提取的乳脂10微升,加1毫升石油醚提取乳脂孕酮(用前蒸馏),混旋提取30秒加入1毫升甲醇(90%),提取30秒弃去石油醚,吸0.2毫升(双样)甲醇液,65℃水浴挥发干,然后加入0.1毫升缓冲液。最后测定乳脂孕酮含量,加抗血清0.5毫升[1:(13000~20000)],室温放置15分钟,再加H-孕酮0.1毫升,其余操作与全奶相同。 根据梁素香等(1979)介绍的方法,将样品结合率的Logit值带入标准曲线的回归方程,算出每10微升乳脂的孕酮含量。孕酮判断值以大于5.0纳克/毫升为妊娠,小于5.0纳克/毫升为未妊娠。测定配种后21~24天全乳和乳脂的孕酮值判别为妊娠的准确率分别为87.76%和86.60%

超声波诊断法	超声波诊断是利用超声波的物理特性和不同组织结构的特性相结合的物理学诊断方法。国内外研制的超声波诊断仪有好多种,国内研制的有两种:一种用探头通过直肠探测母牛子宫动脉的妊娠脉搏,由信号显示装置发出不同的声音信号,来判断妊娠与否;另一种是探头自阴道伸入,显示的方法有声音、符号、文字等形式。测定结果表明,妊娠 30 天内探测子宫动脉反应,40 天以上探测胎心音可达到较高的准确率。用 B 超诊断仪测定时,其探头放置在右侧上方的腹壁上,探头方向朝向妊娠子宫角,显示屏可清楚地观察胎泡的位置、大小,并且可以定位照相。移动探头的方向和位置可见胎儿各部的轮廓,心脏的位置和跳动情况,确定单胎或双胎等
激素反应法	给配种 18～22 天的牛肌注合成雌激素(苯甲酸雌二醇、己烯雌酚等)2～3 毫克,5 天后不发情为妊娠。原因是妊娠母牛孕酮含量高,可以对抗适量的外源雌激素,以致不发情
碘酒法	取配种 20～30 天的母牛鲜尿 10 毫升,滴入 2 毫升 7%的碘酒溶液,充分混合,待 5～6 分钟后,颜色呈紫色为妊娠,不变色或稍带碘酒色为未妊娠
阴道黏液抹片检查法	取子宫颈阴道黏液置于载玻片中央,盖上另一玻片,轻轻旋转 2～3 转,去上面玻片,使其自然干燥,加上 10%硝酸银几滴,一分钟后用水冲洗,再滴吉姆萨染色液 3～5 滴,加水 1 毫升进行染色(30 分钟),用水冲洗后干燥镜检:如果视野中出现短而细的毛发状纹路,并呈紫红色或淡红色为妊娠表现;若出现较粗纹路,为黄体期或妊娠 6 个月以后的特征;若是羊齿植物状纹路,为发情的黏液性状;出现上皮细胞团,则为炎症的表现。对妊娠 23～60 天的母牛准确率达 90%以上
眼线法	母牛妊娠期瞳孔正上方巩膜上出现 3 根特别显露而竖立的粗血管,呈紫红色,称之为妊娠血管。这一表现自妊娠产生,产犊后 7～15 天消失

(2) 做好妊娠母牛的保胎工作。在母牛妊娠期间,应注意防止流产、早产,这一点对放牧饲养的牛群显得更为重要,实践中应注意以下几个方面:一是将妊娠后期的母牛同其他牛群分别组群,单独放牧在附近的草场;二是为防止母牛之间互相挤撞,放牧时不要鞭打、驱赶以防惊群;三是雨天不要放牧和进行驱赶运动,防止滑倒;四是不要在有露水的草场上放牧,也不要让母牛采食大量易产气的幼嫩豆科牧草,不采食霉变饲料,不饮带冰碴水。

(3) 适当运动。对舍饲妊娠母牛应每日运动 2 小时左右,以免过肥或运动不足。

(4) 注意观察。要注意对临产母牛的观察,及时做好分娩助产的准备工作。

（四）哺乳母牛的饲养管理

哺乳母牛就是产犊后用其乳汁哺育犊牛的母牛。中国黄牛传统上多以役用为主，乳、肉性能较差。近年来，随着黄牛选育改良工作的不断深入和发展，中国黄牛逐渐朝肉、乳方向发展，产生了明显的社会效益和经济效益。因此，加强哺乳母牛的饲养管理，具有十分重要的现实意义。

1. 哺乳母牛的饲养

母牛在分娩前 1～3 天，食欲低下，消化机能较弱，此时要精心调配饲料，精饲料最好调制成粥状，特别要保证充足的饮水。此时在饲养上要以恢复母牛体质为目的。在饲料的调配上要加强适口性，刺激牛的食欲。粗饲料则以优质干草为主。精饲料不可太多，但要全价、优质、适口性好，最好能调制成粥状，并适当添加一定的增味饲料，如糖类等。

母牛分娩后，由于大量失水，要立即喂母牛以温热麸皮盐水（麸皮 1～2 千克，盐 100～150 克，碳酸钙 50～100 克，温水 10～20 千克），可起到暖腹、充饥、增腹压的作用。同时喂给母牛 1～2 千克优质、柔软的干草。为促进子宫恢复和恶露排出，还可补给益母草温热红糖水（益母草 250 克，水 1500 克，煎成水剂后，再加红糖 1 千克，水 3 千克），每日 1 次，连服 2～3 天。

母牛产犊 10 天内，尚处于机体恢复阶段，要限制精饲料及根茎类饲料的喂量，此期若饲养过于丰富，特别是精饲料给量过多，母牛食欲不好、消化失调，易加重乳房水肿或发炎，有时因钙、磷代谢失调而发生乳热症等，这种情况在高产母牛身上极易出现。因此，对于产犊后体况过肥或过瘦的母牛必须进行适度饲养。对体弱母牛，在产犊 3 天后喂给优质干草，3～4 天后可喂多汁饲料和精饲料。到 6～7 天时，便可增加到足够的喂量。

根据乳房及消化系统的恢复状况，逐渐增加给料量，但每天增加精饲料量不得超过 1 千克，当乳房水肿完全消失时，饲料可增至正常。若母牛产后乳房没有水肿，体质健康，粪便正常，在产犊后的第一天就可饲喂多汁料和精饲料，到 6～7 天即可增至正常喂量。

头胎母牛产后饲养不当易出现酮病——血糖降低，血和尿中酮体增加。表现为食欲不佳、产奶量下降和出现神经症状。其原因是饲料中富含碳水化合物的精饲料喂量不足，而蛋白质给量过高所致。实践中应给予高度重视。在饲养肉用哺乳母牛时，应正确安排饲喂次数。研究表明：两次饲喂日粮营养物质的消化率比 3 次和 4 次饲喂低3.4%，但却减少了劳动消耗。一般以日喂 3 次为宜。

要保持充足、清洁、适温的饮水。一般产后 1～5 天应给饮温水，水温 37～40℃，以后逐渐降至常温。

2. 哺乳母牛的管理

（1）产前准备。将临产母牛牵入一单独围栏内，周围环境要安静，并且要有干燥卫生经过日晒的柔软干草作为垫草；取掉母牛缰绳，使其自由活动；给予易消化的饲草，如青干草、苜蓿干草和少量精饲料；让其饮用清洁卫生的饮水，冬天最好用温水。产前准备好有关用具和药品，主要有消毒好的剪刀、毛巾、碘酊、药棉、消炎药粉、煤酚皂溶液、肥皂、高锰酸钾、刷子、消毒线等。

（2）分娩。母牛将胎儿排出体外的生理过程称为分娩。母牛分娩前，会出现一系列的生理变化。根据这些变化要做好分娩前的准备、助产和产后护理等一系列工作，以确保母牛正常分娩。

① 分娩前预兆。见表 4-10。

表 4-10　分娩前预兆

乳房	前一周左右，母牛乳房比原来大一倍，到产前 2～3 天，乳房肿胀，皮肤紧绷，乳头基部红肿，乳头变粗，用手可挤出少量淡黄色黏稠的初乳，有些母牛有漏奶现象
外阴部	临产前 1 周，外阴部松软、水肿，皮肤皱襞平展，阴道黏膜潮红，子宫颈口的黏液逐渐溶化。在分娩前 1～2 天，子宫颈塞随黏液从阴道排出，呈半透明索状悬垂于阴门外。当子宫颈扩张 2～3 小时后，母牛便开始分娩
骨盆	临分娩前数天，骨盆部的韧带变得松弛、柔软，尾根两边塌陷，以适于胎儿通过。用手握住尾根上下运动时，会明显感到尾根与荐骨容易上下移动
行为	母牛表现为活动困难，起立不安，尾高举，不时地回顾腹部，常作排粪尿姿势，时起时卧，初产母牛则更显得不安。分娩预兆与临产间隔时间因个体而有所差异，一般情况下，在预产期前的 1～2 周，将母牛移入产房，对其进行特别照料，做好接产、助产工作。上述各种现象都是分娩即将来临的预兆，但要全面观察综合分析才能做出正确判断

② 分娩过程。犊牛的产出过程可以分为 3 个阶段，见表 4-11。

表 4-11 犊牛的产出过程

第一阶段	开口期	从子宫开始间歇性收缩起，到子宫颈口完全开张，与阴道的界限完全消失为止。此时母牛表现不安，来回走动，起卧频繁，喜欢安静处，出现腹部阵痛，但时间短（15～30 秒）而间歇期较长（约 15 分钟）。随着分娩的推进，阵痛加剧，腹部表现稍微的努责。这段时间为 2～6 小时，范围变化很大（可以从 1 小时到 20 小时以上）
第二阶段	胎儿产出期	从子宫颈完全开张起，到胎儿排出为止。母牛表现严重不安，腹痛加剧，时卧时起，背弓而强力努责；子宫颈完全张开，胎儿进入产道，使腹部肌肉群和子宫体强烈收缩；收缩时间长而间歇期缩短（约 15 分钟收缩 7 次）；多次努责后，阴门口露出羊膜；膜破之后部分羊水流出，胎儿的前肢和唇部逐渐露出；母牛稍加休息后经强力努责排出胎儿。此时期 0.5～4 小时
第三时期	胎衣排出期	从胎儿产出后到胎衣完全排出为止。胎儿产出后，母牛仍有轻微努责，子宫也在收缩中，以便将胎衣排出。排出胎衣需 4～6 小时。若超过 12 小时，胎衣仍未排出即为胎衣不下，应及时采取处理措施

（3）接产与助产。接产的目的在于对母牛和胎儿进行观察，并在必要时加以帮助，达到母子安全。母牛产前及产出犊牛以后，都要人多加管护，以免发生意外。产前，除了为母牛准备产犊栏、垫草及必要的药品用具而外，还应注意以下问题。

① 在分娩第一期开始，用高锰酸钾药液（0.1%）对外阴及周围体表和尾根部进行消毒。

② 注意胎儿体位。正常胎位，胎儿可以顺利被产出，不必人为拉出胎儿；如产出时间较长，则可顺着母牛的努责，协助用力将胎儿拉出；在倒生时，应及时采取措施将胎儿拉出，不可延误太久。拉出胎儿时，要小心以免将会阴部拉开撕裂。

③ 如要对胎儿产出姿势做校正，可在母牛不努责时，将胎儿推入，然后在间歇期拨正。

④ 胎儿头、鼻露出后（正产），如羊膜未破，可以用手扯破，并及时用毛巾擦净其黏膜，防止进入胎儿鼻腔。

⑤ 产出后，母牛很疲乏，需要休息，应及时让母牛饮服温麸皮水（麸皮 1.5～2.0 千克，食盐 100 克，温开水 2.5～3.0 千克）。

⑥ 犊牛产出后不久即试图站立，但最初一般是站不起来的，应加以扶助，以防摔伤。

⑦ 分娩中的助产。一般情况下，母牛的分娩不需要助产，接产

人员只需监督分娩过程。但当胎位不正、胎儿过大、母牛分娩无力等情况时，必须进行必要的助产。助产的原则是，尽可能做到母子安全，在不得已的情况下舍子保母，同时必须力求保持母牛的繁殖能力。

当胎儿口、鼻露出，却不见产出时，将手臂消毒后伸入产道，检查胎儿的方向、位置和姿势是否正常。若头在上，两蹄在下，无屈肢为正常让其自然分娩；若是倒生，应及早拉出胎儿，以免脐带挤压在骨盆底下使胎儿窒息死亡。在拉胎儿时，用力应与母牛的阵缩同时进行。当胎头拉出后应放慢拉的动作，以防子宫内翻或脱出。

当胎儿前肢和头部露出阴门，但羊膜仍未破裂，可将羊膜扯破。擦净胎儿口腔、鼻周围的黏液，让其自然产出。当破水过早，产道干燥或狭窄或胎儿过大时，可向阴道内灌入肥皂水，润滑产道，以便拉出胎儿。必要时切开产道狭窄部，犊牛娩出后，立即进行缝合。

⑧ 犊牛产出后，将鼻、口腔中的黏液除去，并用干草将身上的黏液擦干。用5%～10%的碘酊消毒自行断裂的脐带，未自然脱断的，在距胎儿腹部4～5厘米处结扎剪断或扯断。

⑨ 分娩后阴门松弛，躺卧时黏膜外翻易接触地面，为避免感染，地面应保持清洁，垫草要勤换。母牛的后躯阴门及尾部应用消毒液清洗，以保持清洁。加强监护，随时观察恶露排出情况，观察阴门、乳房、乳头等部位是否有损伤。每日测1～2次体温，若有升高及时查明原因并进行处理。

（4）哺乳母牛的日常管理。注意观察母牛的乳房、食欲、反刍、粪便、精神状态，发现异常情况及时治疗；一般每天梳刮牛体一次，梳遍牛体全身，保持牛体清洁，预防传染病；每年修蹄1～2次，保持肢蹄姿势正常；对舍饲母牛，每天让其自由活动3～4小时，或驱赶运动1～2小时，以增强体质，增进食欲，保证正常发情，预防胎衣不下或难产以及肢蹄疾病，同时有利于维生素D的合成。

（5）哺乳母牛的放牧管理。夏季应以放牧管理为主。放牧期间的充足运动和阳光浴及牧草中所含的丰富营养，可促进牛体新陈代谢，改善繁殖机能，提高泌乳量，增强母牛和犊牛的健康。研究表明：青绿饲料中含有丰富的粗蛋白质，含有各种必需氨基酸、维生素、酶和微量元素。因此，经过放牧牛体内血液中血红素的含量增加，机体内胡萝卜素和维生素 D 等贮备较多，因而，提高了对疾病的抵抗能力。放牧饲养前应做好以下几项准备工作。

① 放牧场设备的准备。在放牧季节到来之前，要检修房舍、棚圈及篱笆；确定水源和饮水后临时休息点；整修道理。

② 牛群的准备。包括修蹄、去角；驱除体内外寄生虫；检查牛号；母牛的称重及组群等。

③ 从舍饲到放牧的过渡。母牛从舍饲到放牧管理要逐步进行，一般需 7～8 天的过渡期。当母牛被赶到草地放牧前，要用粗饲料、半干贮及青贮饲料预饲，日粮中要有足量的纤维素以维持正常的瘤胃消化。若冬季日粮中多汁饲料很少，过渡期应为 10～14 天。时间上由开始时的每天放牧 2～3 小时，逐渐过渡到末尾的每天 12 小时。

在过渡期，为了预防青草抽搐症，春季当牛群由舍饲转为放牧时，开始一周不宜吃得过多，放牧时间不宜过长，每天至少补充 2 千克干草；并应注意不宜在牧场施用过多钾肥和氨肥，而应在易发本病的地方增施硫酸镁。

由于牧草中含钾多钠少，因此要特别注意食盐的补给，以维持牛体内的钠钾平衡。补盐方法：可配合在母牛的精饲料中喂给，也可在母牛饮水的地方设置盐槽，供其自由舔食。

三、犊牛的饲养管理

犊牛，系指初生至断乳前这段时期的小牛。肉用牛的哺乳期通常为 6 个月。

（一）犊牛的饲养

1. 早喂初乳

初乳是母牛产犊后 5～7 天内所分泌的乳。初乳色深黄而黏稠，干物质总量较常乳高 1 倍，在总干物质中除乳糖较少外，其他含量都较常乳多，尤其是蛋白质、灰分和维生素 A 的含量。在蛋白质中含有大量免疫球蛋白，它对增强犊牛的抗病力起关键作用。初乳中含有较多的镁盐，有助于犊牛排出胎便，此外初乳中各种维生素含量较高，对犊牛的健康与发育有着重要的作用。

犊牛出生后应尽快让其吃到初乳。一般犊牛生后 0.5～1 小时，便能自行站立，此时要引导犊牛接近母牛乳房寻食母乳，若有困难，则需人工辅助哺乳。若母牛健康，乳房无病，农家养牛可令犊牛直接吮吸母乳，随母自然哺乳。

若母牛产后生病死亡，可由同期分娩的其他健康母牛代哺初乳。在没有同期分娩母牛初乳的情况下，也可喂给牛群中的常乳，但每天需补饲 20 毫升的鱼肝油，另给 50 毫升的植物油以代替初乳的轻泻作用。

2. 饲喂常乳

可以采用随母哺乳法、保姆牛法和人工哺乳法给哺乳犊牛饲喂常乳。

（1）随母哺乳法。让犊牛和其生母在一起，从哺喂初乳至断奶一直自然哺乳。为了给犊牛早期补饲，促进犊牛发育和诱发母牛发情，可在母牛栏的旁边设一犊牛补饲间，短期使母牛与犊牛隔开。

（2）保姆牛法。选择健康无病、气质安静、乳及乳头健康、产奶量中下等的奶牛（若代哺犊牛仅一头，选同期分娩的母牛即可，不必非用奶牛）做保姆牛，再按每头犊牛日食 4～4.5 千克乳量的标准选择数头年龄和气质相近的犊牛固定哺乳，将犊牛和保姆牛管理在隔一犊牛栏的同一牛舍内，每日定时哺乳 3 次。犊牛栏内要设置饲槽及饮水器，以利于补饲。

（3）人工哺乳法。对找不到合适的保姆牛或奶牛场淘汰犊牛的哺乳多用此法。新生犊牛结束 5～7 天的初乳期以后，可人工哺喂常乳。犊牛的参考哺乳量见表 4-12。哺乳时，可先将装有牛乳的奶壶放在热水中进行加热消毒（不能直接放在锅内煮沸，以防过热后影响蛋白的凝固和酶的活性），待冷却至 38～40℃时哺喂，5 周龄内日喂 3 次；6 周龄以后日喂 2 次。喂后立即用消毒的毛巾擦嘴，缺少奶壶时，也可用小奶桶哺喂。

表 4-12　不同周龄犊牛的日哺乳量　　　单位：千克

类别	周龄/周						全期用奶
	1～2	3～4	5～6	7～9	10～13	14 以后	
小型牛	4.5～6.5	5.7～8.1	6.0	4.8	3.5	2.1	540
大型牛	3.7～5.1	4.2～6.0	4.4	3.6	2.6	1.5	400

3. 早期补饲植物性饲料

采用随母哺乳时，应根据草场质量对犊牛进行适当的补饲，既有利于满足犊牛的营养需要，又利于犊牛的早期断奶；人工哺乳时，要根据饲养标准配合日粮，早期让犊牛采食干草、精饲料等植物性饲料。

（1）干草。犊牛从 7～10 日龄开始，训练其采食干草。在犊牛栏的草架上放置优质干草，供其采食咀嚼，可防止其舔食异物，促进犊牛发育。

（2）精饲料。犊牛生后 15～20 天，开始训练其采食精饲料（精饲料配方见表 4-13）。初喂精饲料时，可在犊牛喂完奶后，将犊牛料涂在犊牛嘴唇上诱其舔食，经 2～3 日后，可在犊牛栏内放置饲料盘，放置犊牛料任其自由舔食。因初期采食量较少，料不应放多，每天必须更换，以保持饲料及料盘的新鲜和清洁。最初每头日喂干粉料10～20 克，数日后可增至 80～100 克，等适应一段时间后再喂以混合湿料，即将干粉料用温水拌湿，经糖化后给予。湿料给量可随日龄的增加而逐渐加大。

表 4-13　犊牛的精饲料配方

组成/%	配方1	配方2	配方3	配方4
干草粉颗粒	20	20	20	20
玉米粗粉	37	22	55	52
糠粉	20	40	—	—
糖蜜	10	10	10	10
饼粕类	10	5	12	15
磷酸二氢钙	2	2	2	2
其他微量盐类	1	1	1	1
合计	100	100	100	100

（3）多汁饲料。从生后 20 天开始，在混合精饲料中加入 20～25 克切碎的胡萝卜，以后逐渐增加。无胡萝卜，也可饲喂甜菜和南瓜等，但喂量应适当减少。

（4）青贮饲料。从 2 月龄开始喂给。最初每天 100～150 克；3

月龄可喂到 1.5～2.0 千克；4～6 月龄增至 4～5 千克。

4. 饮水

牛奶中的含水量不能满足犊牛正常代谢的需要，必须训练犊牛尽早饮水。最初需饮 36～37℃ 的温开水；10～15 日龄后可改饮常温水；一月龄后可在运动场内备足清水，任其自由饮用。

5. 补饲抗生素

为预防犊牛拉稀，可补饲抗生素饲料。每天补饲 1 万国际单位/头的金霉素，30 日龄以后停喂。

（二）犊牛的管理

1. 注意保温、防寒

特别在我国北方，冬季天气严寒风大，要注意犊牛舍的保暖，防止贼风侵入。在犊牛栏内要铺柔软、干净的垫草，保持舍温在 0℃以上。

2. 去角

对于将来做肥育的犊牛和群饲的牛去角更有利于管理。去角的适宜时间多在生后 7～10 天，常用的去角方法有电烙法和固体苛性钠法两种。电烙法是将电烙器加热到一定温度后，牢牢地压在角基部直到其下部组织烧灼成白色为止（不宜太久太深，以防烧伤下层组织），再涂以青霉素软膏或硼酸粉。后一种方法应在晴天且哺乳后进行，先剪去角基部的毛，再用凡士林涂一圈，以防以后药液流出，伤及头部或眼部，然后用棒状苛性钠稍沾湿水涂擦角基部，至表皮有微量血渗出为止。在伤口未变干前不宜让犊牛吃奶，以免腐蚀母牛乳房的皮肤。

3. 母仔分栏

在小规模系养式的母牛舍内，一般都设有产房及犊牛栏，但不设犊牛舍。在规模大的牛场或散放式牛舍，才另设犊牛舍及犊牛栏。犊牛栏分单栏和群栏两类，犊牛出生后即在靠近产房的单栏中饲养，每犊一栏，隔离管理，一般 1 月龄后才过渡到群栏。同一群栏犊牛的月龄应一致或相近，因不同月龄的犊牛除在饲料条件的要求上不同以外，对于环境温度的要求也不相同，若混养在一起，对饲养管理和健康都不利。

4. 刷拭

在犊牛期，由于基本上采用舍饲方式，因此皮肤易被粪及尘土所黏附而形成皮垢，这样不仅降低皮毛的保温与散热力，使皮肤血液循环恶化，而且也易患病，为此，对犊牛每日必须刷拭一次。

5. 运动与放牧

犊牛从出生后 8～10 日龄起，即可开始在犊牛舍外的运动场做短时间的运动，以后可逐渐延长运动时间。如果犊牛出生在温暖的季节，开始运动的日龄还可适当提前，但需根据气温的变化，掌握每日运动时间。

在有条件的地方，可以从生后第二个月开始放牧，但在 40 日龄以前，犊牛对青草的采食量极少，在此时期与其说放牧不如说是运动。运动对促进犊牛的采食量和健康发育都很重要。在管理上应安排适当的运动场或放牧场，场内要常备清洁的饮水，在夏季必须有遮阴条件。

四、肉牛肥育

肉牛肥育，根据不同分类方法可分为如下几个体系：按性能划分，可分为普通肉牛肥育和高档肉牛肥育；按年龄划分，可分为犊牛肥育、青年牛肥育、成年牛肥育、淘汰牛肥育；按性别划分，可分为公牛肥育、母牛肥育、阉牛肥育；根据饲料类型可分为精饲料型直线肥育、前粗后精型架子牛肥育。

（一）肉牛肥育方式

肉牛肥育方式一般可分为放牧肥育、半舍饲半放牧肥育、舍饲肥育三种。

1. 放牧肥育方式

放牧肥育是指从犊牛到出栏牛，完全采用草地放牧而不补充任何饲料的肥育方式，也称草地畜牧业。这种肥育方式适于人口较少、土地充足、草地广阔、降雨量充沛、牧草丰盛的牧区和部分半农半牧区。例如新西兰肉牛育肥基本上以这种方式为主，一般自出生到饲养至 18 月龄，体重达 400 千克便可出栏。

如果有较大面积的草山草坡可以种植牧草，在夏天青草期除供放牧外，还可保留一部分草地，收割调制青干草或青贮料，作为越冬饲用。这种方式也可称为放牧育肥，且最为经济，但饲养周期长。

2. 半舍饲半放牧肥育方式

夏季青草期牛群采取放牧肥育，寒冷干旱的枯草期把牛群于舍内圈养，这种半集约式的育肥方式称为半舍饲半放牧肥育。

此法通常适用于热带地区，因为当地夏季牧草丰盛，可以满足肉牛生长发育的需要，而冬季低温少雨，牧草生长不良或不能生长。我国东北地区，也可采用这种方式。但由于牧草不如热带丰盛，故夏季一般采用白天放牧，晚间舍饲，并补充一定精饲料，冬季则全天舍饲。

采用半舍饲半放牧肥育应将母牛控制在夏季牧草期开始时分娩，犊牛出生后，随母牛放牧自然哺乳，这样，因母牛在夏季有优良青嫩牧草可供采食，故泌乳量充足，能哺育出健康犊牛。当犊牛生长至5～6月龄时，断奶重达 100～150 千克，随后采用舍饲，补充一点精饲料过冬。在第二年青草期，采用放牧肥育，冬季再回到牛舍舍饲3～4 个月即可达到出栏标准。此法的优点是：可利用最廉价的草地放牧，犊牛断奶后可以低营养过冬，第二年在青草期放牧能获得较理想的补偿增长。在屠宰前有 3～4 个月的舍饲肥育，胴体优良。

3. 舍饲肥育方式

肉牛从出生到屠宰全部实行圈养的肥育方式称为舍饲肥育。舍饲的突出优点是使用土地少，饲养周期短，牛肉质量好，经济效益高。缺点是投资多，需较多的精饲料。适用于人口多，土地少，经济较发达的地区。美国盛产玉米，且价格较低，舍饲肥育已成为美国的一大特色。舍饲肥育方式又可分为拴饲和群饲。

（1）拴饲。舍饲肥育较多的肉牛时，每头牛分别拴系给料称之为拴饲。其优点是便于管理，能保证同期增重，饲料报酬高。缺点是运动少，影响生理发育，不利于育肥前期增重。一般情况下，给料量一定时，拴饲效果较好。

（2）群饲。群饲问题是由牛群数量多少、牛床大小、给料方式及给料量引起的。一般六头为一群，每头所占面积为 4 米^2。为避免斗架，肥育初期可多些，然后逐渐减少头数。或者在给料时，用链或连动式颈枷保定。如在采食时不保定，可设简易牛栏像小室那样，让牛分开自由采食，以防抢食而造成增重不均。如果发现有被挤出采食行列而怯食的牛，应另设饲槽单独喂养。群饲的优点是节省劳动力，牛不受约束，利于生理发育。缺点是：一旦抢食，体重会参差不齐；在限量饲喂时，应该用于增重的饲料反转到运动上，降低了饲料报酬。当饲料充分，自由采食时，群饲效果较好。

（二）犊牛肥育

犊牛肥育又称小肥牛肥育，是指犊牛出生后5个月内，在特殊饲养条件下，育肥至90～150千克时屠宰，生产出风味独特、肉质鲜嫩、多汁的高档犊牛肉。犊牛肥育以全乳或代乳品为饲料，在缺铁条件下饲养，肉色很淡，故又称"白牛"生产。

1. 犊牛的选择

（1）品种。一般利用奶牛业中不作种用公犊进行犊牛育肥。在我国，多数地区以黑白花奶牛公犊为主，主要原因是黑白花奶牛公犊前期生长快、育肥成本低，且便于组织生产。

（2）性别、年龄与体重。一般选择初生重不低于35千克、无缺损、健康状况良好的初生公牛犊。

（3）体形外貌。选择头方大、前管围粗壮、蹄大的犊牛。

2. 饲养管理

（1）饲料。由于犊牛吃了草料后肉色会变暗，不受消费者欢迎，为此犊牛肥育不能直接饲喂精饲料、粗饲料，应以全乳或代乳品为饲料，代乳品参考配方见表4-14。

表4-14 代乳品参考配方

丹麦配方	脱脂乳60%～70%、猪油15%～20%、乳清15%～20%、玉米粉1%～10%、矿物质、微量元素2%
日本配方	脱脂奶粉60%～70%、鱼粉5%～10%、豆饼5%～10%、油脂5%～10%

（2）饲喂。犊牛的饲喂应实行计划采食。以代乳品为饲料的饲喂计划见表4-15。

饲喂全乳，也要加喂油脂。为更好地消化脂肪，可将牛乳均质化，使脂肪球变小，如能喂当地的黄牛乳、水牛乳，效果会更好。

表 4-15　代乳品饲喂量

周龄/周	代乳品/克	水/千克	代乳品：水	周龄/周	代乳品/克	水/千克	代乳品：水
1	300	3	100	8	1800	12	150
2	660	6	110	12~14	3200	16	200

注：1~2 周代乳品温度为 38℃左右，以后为 30~35℃。

饲喂用奶嘴，日喂 2~3 次，日喂量最初 3~4 千克，以后逐渐增加到 8~10 千克，4 周龄后喂到能吃多少吃多少。

（3）管理。严格控制饲料和水中铁的含量，强迫牛在缺铁条件下生长；控制牛与泥土、草料的接触，牛栏地板尽量采用漏粪地板，如果是水泥地面应加垫料，垫料要用锯末，不要用秸秆、稻草，以防采食；饮水充足，定时定量；有条件的，犊牛应单独饲养，如果几个犊牛圈养，应带笼嘴，以防吸吮耳朵或其他部位；舍温要保持在 20℃以下，14℃以上，通风良好；要吃足初乳，最初几天还要在每千克代乳品中添加 40 毫克/千克抗生素和维生素 A、维生素 D、维生素 E，要每 2~3 周检查体温和采食量，以防发病。

（4）屠宰月龄与体重。犊牛饲喂到 1.5~2 月龄，体重达到 90 千克时即可屠宰。如果犊牛增长率很好，进一步饲喂到 3~4 月龄，体重 170 千克时屠宰，也可获得较好效果。但屠宰月龄超过 5 月龄以后，单靠乳或代乳品增长率就差了，且年龄越大，牛肉越显红色，肉质较差。

（三）青年牛肥育

青年牛肥育主要是利用幼龄牛生长发育快的特点，在犊牛断奶后直接转入肥育阶段，给以高水平营养，进行直线持续强度育肥，13~24 月龄前出栏，出栏体重达到 360~550 千克以上。这类牛肉鲜嫩多汁、脂肪少、适口性好，是上档牛肉。

1. 舍饲强度肥育

青年牛的舍饲强度肥育一般分为适应期、增肉期和催肥期三个阶段。

（1）适应期。刚进舍的断乳犊牛不适应环境，一般要有一个月左右的适应期。应让其自由活动，充分饮水，饲喂少量优质青草或干草，麸皮每日每头 0.5 千克，以后逐步加麸皮喂量。当犊牛能进食麸皮 1~2 千克，逐步换成育肥料。其参考配方如下：酒糟 5~10 千克，干草 15~20 千克，麸皮 1~1.5 千克，食盐 30~35 克。

（2）增肉期。一般 7~8 个月，分为前后两期。前期日粮参考配方为：酒糟 10~20 千克，干草 5~10 千克，麸皮、玉米粗粉、饼类各 0.5~1 千克，尿素 50~70 克，食盐 40~50 克。喂尿素时将其溶解在水中，与酒糟或精饲料混合饲喂。切忌放在水中让牛饮用，以免中毒。后期参考配方为：酒糟 20~25 千克，干草 2.5~5 千克，麸皮 0.5~1 千克，玉米粗粉 2~3 千克，饼类 1~1.3 千克，尿素 125 克，食盐 50~60 克。

（3）催肥期。此期主要是促进牛体膘肉丰满，沉积脂肪，一般为两个月。日粮参考配方如下：酒糟 20~30 千克，干草 1.5~2 千克，麸皮 1~1.5 千克，玉米粗粉 3~3.5 千克，饼类 1.25~1.5 千克，尿素 150~170 克，食盐 70~80 克。为提高催肥效果，可使用瘤胃素，每日 200 毫克，混于精饲料中饲喂，体重可增加 10%~20%。

肉牛舍饲强度肥育要掌握短缰拴系（缰绳长 0.5 米）、先粗后精，最后饮水，定时定量饲喂的原则。每日饲喂 2~3 次，饮水 2~3 次。喂精饲料时应先取酒糟用水拌湿，或干、湿酒糟各半混匀，再加麸皮、玉米粗粉和食盐等。牛吃到最后时加入少量玉米粗粉，使牛把料吃净。饮水在给料后 1 小时左右进行，要给 15~25℃ 的清洁温水。

舍饲强度肥育的肥育场有：全露天肥育场，无任何挡风屏障或牛棚，适于温暖地区；全露天肥育场，有挡风屏障；有简易牛棚的肥育场；全舍饲肥育场，适于寒冷地区。以上形式应根据投资能力和气候条件而定。

2. 放牧补饲强度肥育

是指犊牛断奶后进行越冬舍饲，到第二年春季结合放牧适当补饲精饲料。这种肥育方式精饲料用量少，每增重 1 千克约消耗精饲料 2 千克。但日增重较低，平均日增重在 1 千克以内。15 月龄体重为 300~350 千克，8 月龄体重为 400~450 千克。

放牧补饲强度肥育饲养成本低，肥育效果较好，适合于半农半牧区。

进行放牧补饲强度肥育，应注意不要在出牧前或收牧后，立即补料，应在回舍后数小时补饲，否则会减少放牧时牛的采时量。当天气炎热时，应早出晚归，中午多休息，必要时夜牧。当补饲时，如粗饲料以秸秆为主，其精饲料参考配方如下：1～5月份，玉米面 60%，油渣 30%，麦麸 10%。6～9月份，玉米面 70%，油渣 20%，麦麸 10%。

3. 谷实饲料肥育法

谷实饲料肥育法是一种强化肥育方法，要求完全舍饲，使牛在不到 1 周岁时活重达到 400 千克以上，平均日增重达 1 千克以上。要达到这个指标，可在 1.5～2 月龄时断奶，喂给含可消化粗蛋白质 17%的混合精饲料日粮，使犊牛在近 12 周龄时体重达到 110 千克。之后用含可消化粗蛋白质 14%的混合料，喂到 6～7 月龄时，体重达 250千克。然后可消化粗蛋白质再降到 11.2%，使牛在接近 12 月龄时体重达 400 千克以上，公犊牛甚至可达 450 千克。谷实强化肥育的精饲料报酬见表 4-16。

表 4-16   不同周龄牛精饲料报酬

阶段	日增重/千克		千克增重需混合料/千克	
	公犊	阉牛犊	公犊	阉牛犊
5 周龄前	0.45	0.45	—	—
6 周龄至 3 月龄	1.00	0.90	2.7	2.8
3～6 月龄	1.30	1.20	4.0	4.3
6 月龄至屠宰龄	1.40	1.30	6.1	6.6

用谷饲料肥育法催肥，每千克增重需 4～6 千克精饲料，原由粗饲料提供的营养改为谷实（如大麦或玉米）和高蛋白质精饲料（如豆饼类）。典型试验和生产总结证明，如果用糟渣料和氮素、无机盐等为主的日粮，每千克增长仍需 3 千克精饲料。因此，谷实催肥在我国不可取，或只可短期采用，弥补粗饲料法的不足。

从品种上考虑，要达到这种高效的肥育效果必须是大型牛种及其改良牛，一般黄牛品种是无法达到的。为降低精饲料消耗，可选用以下代用品。

（1）尿素代替蛋白质饲料。牛的瘤胃微生物能利用游离氨合成蛋白质，所以饲料中添加尿素可以代替一部分蛋白质。添加时应掌握以下原则。

① 只能在瘤胃功能成熟后添加；按牛龄估算应在生后 3 个半月以后。实践中多按体重估算，一般牛要求重 200 千克，大型牛则要达 250 千克。过早添加会引起尿素中毒。

② 不得空腹喂，要搭配精饲料。

③ 精饲料要低蛋白质。精饲料蛋白含量一般应低于 12％，超过 14％则尿素不起作用。

④ 限量添加。尿素喂量一般占饲料总量的 1％，成牛可达 100 克，最多不能超过 200 克。

(2) 块根块茎代替部分谷实料。按干物质计算，块根与相应谷实所含代谢能相等，成本低。甜菜、胡萝卜、马铃薯都是很好的代用料。1 岁以内，体重低于 250 千克的牛最多能用块根块茎饲料代替一半精饲料；体重 250 千克以上可大部分或全部用块根块茎饲料代替精饲料。但由于全部用块根块茎饲料代替精饲料要增加管理费，且得调整其他营养成分，在实践中应用得不多。

(3) 粗饲料代替部分谷实料。用较低廉的粗饲料代替精饲料可节省精饲料，降低成本。尤其是用于草粉、谷糠秕壳可收到较好效果。但不能过多，一般以 15％为宜，过多会降低日增重，延长肥育期，影响牛肉嫩度。

利用秸秆代替部分精饲料在国内已大量应用，特别是麦秸、氨化玉米秸的应用更为广泛，并取得良好效果。粉碎后，应加入一定量的无机盐、维生素，若能加工成颗粒饲料，效果会更好。

4. 粗饲料为主的肥育法

(1) 以青贮玉米为主的肥育法。青贮玉米是高能量饲料，蛋白质含量较低，一般不超过 2％。以青贮玉米为主要成分的日粮，要获得高日增重，要求搭配 1.5 千克以上的混合精饲料。其参考配方见表 4-17（肥育期为 90 天，每阶段各 30 天）。

表 4-17 体重 300～350 千克肥育牛参考配方

饲料/千克	一阶段	二阶段	三阶段	饲料/千克	一阶段	二阶段	三阶段
青贮玉米	30	30	25	食盐	0.03	0.03	0.03
干草	5	5	5	无机盐	0.04	0.04	0.04
混合精饲料	0.5	1.0	2.0				

以青贮玉米为主的肥育法，增重的高低与干草的质量、混合精饲料中豆粕的含量有关。如果干草是苜蓿、沙打旺、红豆草、串叶松香草或优质禾本科牧草，精饲料中豆粕含量占一半以上，则日增重可达1.2千克以上。

（2）干草为主的肥育法。在盛产干草的地区，秋冬季能够贮存大量优质干草，可采用干草肥育。具体方法是：优势干草随意采食，日加1.5千克精饲料。干草的质量对增重效果起关键性作用，大量生产实践证明，豆科和禾本科混合干草饲喂效果较好，而且还可节约精饲料。

（四）架子牛快速肥育

也称后期集中肥育，是指犊牛断奶后，在较粗放的饲养条件下饲养到2～3周岁，体重达到300千克以上时，采用强度肥育方式，集中肥育3～4个月，充分利用牛的补偿生长能力，达到理想体重和膘情后屠宰。这种肥育方式成本低，精饲料用量少，经济效益较高，应用较广。

1. 肥育前的准备

购牛前1周，应将牛舍粪便清除，用水清洗后，用2%的火碱溶液对牛舍地面、墙壁进行喷洒消毒，用0.1%的高锰酸钾溶液对器具进行消毒，最后再用清水清洗一次。如果是敞圈牛舍，冬季应扣塑膜暖棚，夏季应搭棚遮阴，通风良好，使其温度不低于5℃。

2. 架子牛的选购

架子牛的优劣直接决定着肥育效果与效益。应选夏洛莱牛、西门塔尔牛等国际优良品种与本地黄牛的杂交后代，年龄在1～3岁，体型大、皮松软（用手摸摸脊背，若其皮肤松软有弹性，像橡皮筋；或将手插入后裆，一抓一大把，皮多松软，这样的牛上膘快、增肉多），膘情较好，体重在250～300千克，健康无病。

3. 驱虫

架子牛入栏后应立即进行驱虫。常用的驱虫药物有阿弗米丁、丙硫苯咪唑、敌百虫、左旋咪唑等。应在空腹时进行，以利于药物吸收。驱虫后，架子牛应隔离饲养2周，其粪便消毒后，进行无害化处理。

4. 健胃

驱虫 3 日后，为增加食欲，改善消化机能，应进行一次健胃。常用于健胃的药物是人工盐，其口服剂量为每头每次 60～100 克。

5. 饲养

（1）适应期的饲养。从外地引来的架子牛，由于各种条件的改变，要经过 1 个月的适应期。首先让牛安静休息几天，然后饮 1% 的食盐水，喂一些青干草及青鲜饲料。对大便干燥、小便赤黄的牛，用牛黄清火丸调理肠胃。15 天左右进行体内驱虫和疫苗注射，并开始采用秸秆氨化饲料（干草）＋青饲料＋混合精饲料的育肥方式，可取得较好的效果，日粮精饲料量 0.3～0.5 千克/头，10～15 天，增加到 2 千克/头（精饲料配方：玉米 70%、饼粕类 20.5%、麦麸 5%、贝壳粉或石粉 3%、食盐 1.5%，若有专门添加剂更好。注意，棉子饼和菜子饼必须经脱毒处理后才能使用）。

（2）过渡生长期的饲养。经过 1 个月的适应，开始向强化催肥期过渡。这一阶段是牛生长发育最旺盛的时期，一般为 2 个月。每日喂上述精饲料配方，开始为 2 千克/日，逐渐增加到 3.5 千克/日，直到体重达到 350 千克，这时每日喂精饲料 2.5～4.5 千克。也可每月称重 1 次，按活体重 1%～1.5% 逐渐增加精饲料。粗、精饲料比例开始可为 3∶1，中期 2∶1，后期 1∶1。每天的 6 时和 17 时分 2 次饲喂。投喂时绝不能 1 次添加，要分次勤添，先喂一半粗饲料，再喂精饲料，或将精饲料拌入粗饲料中投喂。并注意随时拣出饲料中的钉子、塑料等杂物。喂完料后 1 小时，把清洁水放入饲槽中让其自由饮用。

（3）强化催肥期饲养。经过过渡生长期，牛的骨架基本定型，到了最后强化催肥阶段。日粮以精饲料为主，按体重的 1.5%～2% 喂料，粗、精饲料比为 1∶（2～3），体重达到 500 千克左右适时出栏，另外，喂干草 2.5～8 千克/日。精饲料配方：玉米 71.5%、饼粕类 11%、尿素 13%、骨粉 1%、石粉 1.7%、食盐 1%、碳酸氢钠 0.5%、添加剂 0.3%。

肥育前期，每日饮水 3 次，后期饮水 4 次，一般在饲喂后饮水。

我国架子牛肥育的日粮以青粗饲料或酒糟、甜菜渣等加工副产物为主，适当补饲精饲料。精、粗饲料比例按干物质计算为 1∶

(1.2～1.5)，日干物质采食量为体重的 2.5%～3%。其参考配方见表 4-18。

表 4-18　日粮配方表

阶段	干草或青贮玉米秸/千克	酒糟/千克	玉米粗粉/千克	饼类/千克	盐/克
1～15 天	6～8	5～6	1.5	0.5	50
16～30 天	4	12～15	1.5	0.5	50
31～60 天	4	16～18	1.5	0.5	50
61～100 天	4	18～20	1.5	0.5	50

6. 管理

肥育架子牛应采用短缰拴系，限制活动。缰绳长 0.4～0.5 米为宜，使牛不便趴卧，俗称"养牛站"。饲喂要定时定量，先粗后精，少给勤添。每天上、下午各刷拭一次。经常观察粪便，如粪便无光泽，说明精饲料少，如便稀或有颗粒，则精饲料太多或消化不良。

（五）高档牛肉生产

1. 高档牛肉标准

（1）年龄与体重要求。牛年龄在 30 月龄以内；屠宰活重为 500 千克以上；达满膘，体形呈长方形，腹部下垂，背平宽，皮较厚，皮下有较厚的脂肪。

（2）胴体及肉质要求。胴体表面脂肪的覆盖率达 80% 以上，背部脂肪厚度为 8～10 毫米以上，第十二、十三肋骨脂肪厚度为 10～13 毫米，脂肪洁白、坚挺；胴体外型无缺损；肉质柔嫩多汁，肌肉剪切力值在 3.62 千克以下的出现次数应在 65% 以上；大理石纹明显；每条牛柳 2 千克以上，每条西冷 5 千克以上；符合西餐要求，用户满意。

2. 高档牛肉生产模式

高档牛肉生产应实行产加销一体化经营方式，在具体工作中重点把握以下几个环节。

（1）建立架子牛生产基地。生产高档牛肉，必须建立肉牛基地，以保证架子牛牛源供应。基地建设应注意以下几个环节。

① 品种。高档牛肉对肉牛品种要求并不十分严格，据试验测定，我国现有的地方良种或它们与引进的国外肉用、兼用品种牛的杂交牛，经良好饲养，均可达到进口高档牛肉水平，都可以作为高档牛肉的牛源。但从夏州牛、科尔沁牛屠宰成绩上看，未去势牛屠宰成绩低于阉牛，为此肥育前应对牛去势。

② 饲养管理。根据我国生产力水平，现阶段架子牛饲养应以专业乡、专业村、专业户为主，采用半舍饲半放牧的饲养方式，夏季白天放牧，晚间舍饲，补饲少量精饲料，冬季全天舍饲，寒冷地区扣上塑膜暖棚。舍饲阶段，饲料以秸秆、牧草为主，适当填加一定量的酒糟和少量的玉米粗粉、豆饼。

(2) 建立肥育牛场。生产高档牛肉应建立肥育牛场，当架子牛饲养到 12~20 月龄，体重达 300 千克左右时，集中到肥育场肥育。肥育前期，采取粗饲料日粮过渡饲养 1~2 周。然后采用全价配合日粮并应用增重剂和添加剂，实行短缰拴系，自由采食，自由饮水。经 150 天一般饲养阶段后，每头牛在原有配合日粮中增喂大麦 1~2 千克，采用高能日粮，再强度肥育 120 天，即可出栏屠宰。

(3) 建立现代化肉牛屠宰场。高档牛肉生产有别于一般牛肉生产，屠宰企业无论是屠宰设备、胴体处理设备、胴体分割设备、冷藏设备、运输设备均应达到较高的现代水平。根据各地的生产实践，高档牛肉屠宰要注意以下几点。

① 肉牛的屠宰年龄必须在 30 月龄以内，30 月龄以上的肉牛，一般是不能生产出高档牛肉的。

② 屠宰体重在 500 千克以上，因牛肉块重与体重呈正相关，体重越大，肉块的绝对重量也越大。其中，牛柳重量占屠宰活重的 0.84%~0.97%，西冷重量占 1.92%~2.12%，去骨眼肉重量占 5.3%~5.4%，这三块肉产值可达一头牛总产值的 50% 左右；臀肉、大米龙、小米龙、膝圆、腰肉的重量占屠宰活重的 8.0%~10.9%，这五块肉的产值占一头牛产值的 15%~17%。

③ 屠宰胴体要进行成熟处理。普通牛肉生产实行热胴体剔骨，而高档牛肉生产则不能，胴体要求在温度 0~4℃ 条件下吊挂 7~9

天后才能剔骨。这一过程也称胴体排酸，对提高牛肉嫩度极为有效。

④ 胴体分割要按照用户要求进行。一般情况下，牛肉割分为高档牛肉、优质牛肉和普通牛肉三部分。高档牛肉包括牛柳、西冷和眼肉三块；优质牛肉包括臀肉、大米龙、小米龙、膝圆、腰肉、腱子肉等；普通牛肉包括前躯肉、脖领肉、牛腩等。

第五章

肉牛的疫病预防和控制

现代养肉牛业正在由自然放牧形式向集约化模式转化，造成了养殖的密度和数量很大，疫病感染的机会大大增加，一旦发生就可在牛群中发生蔓延，甚至来不及采取相应的措施就已造成严重后果。因此在养殖过程中必须树立"预防为主、防重于治、养防并重"的原则，采取综合措施预防和控制疾病的发生。

第一节　做好隔离、卫生

一、科学规划布局

1. 科学选址

应选建在背风、向阳、地势高燥、通风良好、水电充足、水质卫生良好、排水方便的沙质土地带，易使牛舍保持干燥和卫生环境。最好配套有鱼塘、果林、耕地，以便于污水的处理。牛场应与公路、居民点、其他养殖场有一定间隔，远离屠宰场、废物污水处理站和其他污染源。

2. 合理布局

牛场要分区规划，并且严格做到生产区和生活管理区分开，生产区周围应有防疫保护设施。

二、严格隔离

1. 引种管理

尽量做到自繁自养。从外地引进场内的种牛，要严格进行检疫。可以隔离饲养和观察 2～3 周，确认无病后，方可并入生产群。

2. 隔离管理

（1）牛场大门必须设立宽于门口、长于大型载货汽车车轮一周半的水泥结构的消毒池，并装有喷洒消毒设施。人员进场时应经过消毒人员通道，严禁闲人进场，外来人员来访必须在值班室登记，把好防疫第一关。

（2）生产区最好有围墙和防疫沟，并且在围墙外种植荆棘类植物，形成防疫林带，只留人员入口、饲料入口和出牛舍，减少与外界的直接联系。

（3）生活管理区和生产区之间的人员入口和饲料入口应以消毒池隔开，人员必须在更衣室沐浴、更衣、换鞋，经严格消毒后方可进入生产区，生产区的每栋牛舍门口必须设立消毒脚盆，生产人员经过脚盆再次消毒工作鞋后进入牛舍。

（4）外来车辆必须在场外经严格冲洗消毒后才能进入生活管理区，严禁任何车辆和外人进入生产区。

（5）饲料应由本场生产区外的饲料车运到饲料周转仓库，再由生产区内的车辆转运到每栋肉牛舍，严禁将饲料直接运入生产区内。生产区内的任何物品、工具（包括车辆），除特殊情况外不得离开生产区，任何物品进入生产区必须经过严格消毒，特别是饲料袋应先经熏蒸消毒后才能装料进入生产区。场内生活区严禁饲养畜禽。尽量避免猪、狗、禽、鸟进入生产区。生产区内肉食品要由场内供给，严禁从场外带入偶蹄兽的肉类及其制品。

（6）全场工作人员禁止兼任其他畜牧场的饲养、技术工作和屠宰贩卖工作。保证生产区与外界环境有良好的隔离状态，全面预防外界病原侵入牛场内。休假返场的生产人员必须在生活管理区隔离两天后，方可进入生产区工作，肉牛场后勤人员应尽量避免进入生产区。

（7）采用全进全出的饲养制度。采取全进全出的饲养制度，全进全出的饲养制度是有效防止疾病传播的措施之一。全进全出使得牛场能够做到净场和充分的消毒，切断了疾病传播的途径，从而避免患病牛或病原携带者将病原传染给日龄较小的牛群。

三、卫生管理

1. 保持牛舍以及周围环境卫生

及时清理肉牛舍的污物、污水和垃圾，定期打扫肉牛舍和设备、用具的灰尘，每天进行适量的通风，保持肉牛舍清洁卫生；不在肉牛舍周围和道路上堆放废弃物和垃圾。

2. 保持饲料、饲草和饮水卫生

饲料、饲草不霉变，不被病原污染，饲喂用具清洁消毒；饮用水符合卫生标准，水质良好，饮水用具要清洁，饮水系统要定期消毒。

3. 废弃物要无害化处理

粪便堆放要远离肉牛舍，最好设置专门贮粪场，对粪便进行无害化处理，如堆积发酵、生产沼气等处理。病死肉牛不要随意出售或乱扔乱放，防止传播疾病。

4. 防害灭鼠

昆虫可以传播疫病，要保持舍内干燥和清洁，夏季使用化学杀虫剂防止昆虫滋生繁殖；老鼠不仅可以传播疫病，而且可以污染和消耗大量的饲料，危害极大，必须注意灭鼠。每2～3个月进行一次彻底灭鼠。

第二节　强化饲养管理

一、科学的饲养

按时饲喂，饲草和饲料优质，采食足量，合理补饲，供给洁净充足的饮水。不喂霉败饲料，不用污浊或受污染的水饮牛，剔除青、干野草中的有毒植物。注意饲料的正确调制处理，妥善贮藏以及适当的搭配比例，防止草、菜茎叶上残留的农药和误食灭鼠药中毒。

二、严格管理

除了做好隔离卫生和其他饲养管理外，注意提供适宜温度、湿度、通风、光照等的环境条件，避免过冷、过热、通风不良、有害气体浓度过高和噪声过大等，减少应激发生。

第三节　做好消毒工作

消毒是采用一定方法将养殖场、交通工具和各种被污染物体中病原微生物的数量减少到最低或无害的程度。通过消毒能够杀灭环境中的病原体，切断传播途径，防止传染病的传播与蔓延，是传染病预防措施中的一项重要内容。

一、消毒方法

1. 物理消毒法

包括机械性清扫、冲洗、加热、干燥、阳光和紫外线照射等方法。如用喷灯对牛经常出入的地方、产房、培育舍，每年进行 1～2 次火焰瞬间喷射消毒；人员入口处设紫外线灯照射至少 5 分钟来消毒等。

2. 化学消毒法

利用化学消毒剂对病原微生物污染的场地、物品等进行消毒。如在牛舍周围、入口、产房和牛床下面撒生石灰或火碱液进行消毒；用甲醛等对饲养器具在密闭的室内或容器内进行熏蒸；用规定浓度的新洁尔灭、有机碘混合物或煤酚的水溶液洗手、洗工作服或胶鞋。

3. 生物热消毒法

主要用于粪便及污物，通过堆积发酵产热来杀灭一般病原体的消毒方法。

二、消毒的程序

根据消毒的类型、对象、环境温度、病原体性质以及传染病流行特点等因素，将多种消毒方法科学合理地加以组合而进行的消毒过程称为消毒程序。

（一）消毒池消毒

场大门、生产区入口、各栋牛舍两头都要设消毒池。大门口消毒池长度为汽车轮周长的 2 倍，深度为 15～20 厘米，宽度与大门口同宽；各栋牛舍两头也可放消毒槽。消毒液可选用 2%～5% 火碱（氢氧化钠）、1% 菌毒敌、1：300 百毒杀、1：（300～500）喷雾灵中的任意一种。药液每周更换 1～2 次，雨过天晴后立即更换，确保消毒效果。

（二）车辆消毒

进入场门的车辆除要经过消毒池外，还必须对车身、车底盘进行高压喷雾消毒，消毒液可用 2% 过氧乙酸或 1% 灭毒威。严禁车辆（包括员工的摩托车、自行车）进入生产区。进入生产区的料车每周需彻底消毒一次。

（三）人员消毒

所有工作人员进入场区大门必须进行鞋底消毒，并经自动喷雾器进行喷雾消毒。进入生产区的人员必须淋浴、更衣、换鞋、洗手。工作服、鞋、帽等定期消毒（可放在 1%～2% 碱水内煮沸消毒，也可每立方米空间 42 毫升福尔马林熏蒸 20 分钟消毒）。严禁外来人员进入生产区。进入牛舍人员先踏消毒池（消毒池的消毒液每 3 天更换一次），再洗手后方可进入。工作人员在接触畜群、饲料等之前必须洗手，并用消毒液浸泡消毒 3～5 分钟。病牛隔离人员和剖检人员操作前后都要进行严格消毒。

（四）环境消毒

1. 垃圾处理消毒

生产区的垃圾实行分类堆放，并定期收集。每逢周六进行环境清理、消毒和焚烧垃圾。可用 3% 的氢氧化钠喷湿，阴暗潮湿处撒生石灰。

2. 生活区、办公区消毒

生活区、办公区院落或门前屋后 4～10 月份每 7～10 天消毒一次，11 月至次年 3 月每半个月一次。可用 2%～3% 的火碱或甲醛溶液喷洒消毒。

3. 生产区消毒

生产区道路、每栋牛舍前后每 2～3 周消毒一次；每月对场内污水池、堆粪坑、下水道出口消毒一次；使用 2%～3% 的火碱或甲醛溶液喷洒消毒。

4. 地面土壤消毒

土壤表面可用 10% 漂白粉溶液、4% 福尔马林或 10% 氢氧化钠溶液消毒。停放过芽孢杆菌所致传染病（如炭疽）病牛尸体的场所，应严格加以消毒，首先用上述漂白粉澄清液喷洒地面，然后将表层土壤掘起 30 厘米左右，撒上干漂白粉，并与土混合，将此表土妥善运出掩埋。其他传染病所污染的地面土壤，则可先将地面翻一下，深度约30厘米，在翻地的同时撒上干漂白粉（用量为每平方米面积 0.5 千克），然后以水湿润，压平。如果放牧地区被某种病原体污染，一般利用自然因素（如阳光）来消除病原体；如果污染的面积不大，则应使用化学消毒药消毒。

（五）牛舍消毒

1. 空舍消毒

牛出售或转出后对牛舍进行彻底的清洁消毒，消毒步骤如下。

（1）清扫。首先对空舍的粪尿、污水、残料、垃圾和墙面、顶棚、水管等处的尘埃进行彻底清扫，并整理归纳舍内饲槽、用具，当发生疫情时，必须先消毒后清扫。

（2）浸润。对地面、牛栏、出粪口、食槽、粪尿沟、风扇匣、护仔箱进行低压喷洒，并确保充分浸润，浸润时间不低于 30 分钟，但不能时间过长，以免干燥、浪费水且不好洗刷。

（3）冲刷。使用高压冲洗机，由上至下彻底冲洗屋顶、墙壁、栏架、网床、地面、粪尿沟等。要用刷子刷洗藏污纳垢的缝隙，尤其是食槽、水槽等，冲刷不要留死角。

（4）消毒。晾干后，选用广谱高效消毒剂，消毒舍内所有表面、设备和用具，必要时可选用 2%～3% 的火碱进行喷雾消毒，30～60分钟后低压冲洗，晾干后用另一种广谱高效消毒药（0.3% 好利安）喷雾消毒。

（5）复原。恢复原来栏舍内的布置，并检查维修，做好进牛前的充分准备，并进行第二次消毒。

（6）进牛前 1 天再喷雾消毒。

（7）熏蒸消毒。对封闭牛舍冲刷干净、晾干后，最好进行熏蒸消毒。用福尔马林、高锰酸钾熏蒸。方法：熏蒸前封闭所有缝隙、孔洞，计算房间容积，称量好药品。按照福尔马林：高锰酸钾：水＝2:1:1比例配制，福尔马林用量一般为 28～42 毫升/米³。容器应大于甲醛溶液加水后容积的 3～4 倍。放药时一定要把甲醛溶液倒入盛高锰酸钾的容器内，室温最好不低于 24℃，相对湿度在 70%～80%。先从牛舍一头逐点倒入，倒入后迅速离开，把门封严，24 小时后打开门窗通风。无刺激味后再用消毒剂喷雾消毒一次。

2. 产房和隔离舍的消毒

在产犊前应进行 1 次，产犊高峰时进行多次，产犊结束后再进行 1 次。在病牛舍、隔离舍的出入口处应放置浸有消毒液的麻袋片或草垫，消毒液可用 2%～4% 氢氧化钠（对病毒性疾病），或用 10% 克辽林溶液（对其他疾病）。

3. 带牛消毒

正常情况下选用过氧乙酸或喷雾灵等消毒剂，0.5% 浓度以下对人畜无害。夏季每周消毒 2 次，春秋季每周消毒 1 次，冬季 2 周消毒 1 次。如果发生传染病每天或隔日带牛消毒 1 次，带牛消毒前必须彻底清扫，消毒不仅限于牛的体表，还包括整个牛舍的所有空间。应将喷雾器的喷头高举空中，喷嘴向上，让雾料从空中缓慢地下降，雾粒直径控制在 80～120 微米，压力为 0.2～0.3 千克/厘米²。注意不宜选用刺激性大的药物。

（六）废弃物消毒

1. 粪便消毒

牛的粪便消毒方法主要采用生物热消毒法，即在距牛场 100～200 米以外的地方设一堆粪场，将牛粪堆积起来，上面覆盖 10 厘米厚的沙土，堆放发酵 30 天左右，即可用作肥料。

2. 污水消毒

最常用的方法是将污水引入污水处理池，加入化学药品（如漂白粉或其他氯制剂）进行消毒，用量视污水量而定，一般 1 升污水用 2～5 克漂白粉。

三、消毒注意事项

一要注意严格按消毒药物说明书的规定配制，药量与水量的比例要准确，不可随意加大或减少药物浓度；二要注意不准任意将两种不同的消毒药物混合使用；三要注意喷雾时，必须全面湿润消毒物的表面；四要注意消毒药物定期更换使用；五要注意消毒药现配现用，搅拌均匀，并尽可能在短时间内一次用完；六要注意消毒前必须搞好卫生，彻底清除粪尿、污水、垃圾；七要注意要有完整的消毒记录，记录消毒时间、株号、消毒药品、使用浓度、消毒对象等。

第四节　科学的免疫接种

免疫接种是给动物接种各种免疫制剂（疫苗、类毒素及免疫血清），使动物个体和群体产生对传染病的特异性免疫力。免疫接种是预防和治疗传染病的主要手段，也是使易感动物群转化为非易感动物群的唯一手段。

一、免疫接种的类型

根据免疫接种的时机不同，可分为预防接种和紧急接种两类。

1. 预防接种

是在平时为了预防某些传染病的发生和流行，有组织有计划地按免疫程序给健康畜群进行的免疫接种。预防接种常用的免疫制剂有疫苗、类毒素等。由于所用免疫制剂的品种不同，接种方法也不一样，有皮下注射、肌内注射、皮肤刺种、口服、点眼、滴鼻、喷雾吸入等。预防接种应首先对本地区近几年来曾发生过的传染病流行情况进行调查了解，然后有针对性地拟定年度预防接种计划，确定免疫制剂的种类和接种时间，按所制订的免疫程序进行免疫接种，争取做到逐头进行免疫接种，争取做到逐头注射免疫。

在预防接种后，要注意观察被接种牛的局部或全身反应（免疫反应）。局部反应，接种局部出现一般的炎症变化（红、肿、热、痛）；全身反应，则呈现体温升高、精神不振、食欲减少等。

2. 紧急接种

指在发生传染病时，为了迅速控制和扑灭疫病的流行，而对疫区和受威胁区尚未发病的牛进行紧急免疫接种。

应用疫苗进行紧急接种时，必须先对牛群逐头进行详细的临床检查，只能对无任何症状的牛进行紧急接种，对患病和处于潜伏期的牛，不能接种疫苗，应立即隔离治疗或扑杀。但应注意，在临床检查无症状而貌似健康的牛中，必然混有一部分处于潜伏期的牛，在接种疫苗后不仅得不到保护，反而促进其发病，造成一定的损失，这是一种正常的不可避免的现象。但由于这些急性传染病潜伏期短，而疫苗接种后又能很快产生免疫力，因而发病数不久即可下降，疫情会得到控制，多数动物得到保护。

二、免疫接种程序

免疫接种程序是指根据一定地区、养殖场或特定动物群体内传染病的流行状况、动物健康状况和不同疫苗特性，为特定动物群体制订的免疫接种计划，包括接种疫苗的类型、顺序、时间、方法、次数、时间间隔等规程和次序。科学合理的免疫程序是获得有效免疫保护的重要保障。制订肉牛免疫程序时应充分考虑当地疫病流行情况，动物种类、年龄、母源抗体水平和饲养管理水平，以及使用疫苗的种类、性质、免疫途径等方面的因素。免疫程序的好坏可根据肉牛的生产力水平和疫病发生情况来评价，科学地制订一个免疫程序必须以抗体检测为重要参考依据。肉牛免疫程序见表5-1。

表 5-1 肉牛免疫程序

疫苗名称	用途	免疫时间	用法用量
牛气肿疽灭活疫苗	预防牛气肿疽。免疫期6年	犊牛1～2月龄和6月龄各免疫一次	颈部或肩胛部后缘皮下注射，5毫升/头。生效期14天左右
口蹄疫疫苗	预防牛口蹄疫。免疫期6个月	犊牛4～5月龄首免；以后每隔4～5个月免疫一次	皮下或肌内注射，犊牛0.5～1毫升/头，成年牛2毫升/头。生效期14天
牛出血性败血病氢氧化铝菌苗	预防牛出败。免疫期9个月	犊牛4.5～5月龄首免；以后每年春秋各一次	皮下或肌内注射；犊牛4毫升/头，成年牛6毫升/头。生效期21天
无毒炭疽芽孢苗	预防牛炭疽。免疫期1年	每年5月或10月全群免疫一次	皮下注射，成年牛2毫升/头；犊牛0.5毫升/头。生效期14天
布氏杆菌猪型2号	预防布氏杆菌病。免疫期1年	一年一次（3～4月或8～9月）	皮下或肌内注射，5毫升/头。生效期30天
牛肺疫兔化弱毒苗	预防传染性胸膜炎。免疫期1年	一年一次（3～4月或9～10月）	臀部肌内注射，成年牛2毫升/头，小牛1毫升/头。生效期21～28天

第五节　正确的药物防治

食品安全问题日益受到人们的关注，按照无公害生产的要求，要建立无公害生产的全程质量控制体系，在生产过程中要控制药物的使用，减少药物残留。养牛场要根据牛群的健康情况，制订合理的疫病免疫程序，控制牛病发生，从而有效地减少各种药物的使用。在牛生病时，严格管理，规范用药，尽量不使用滞留性强且有毒的药物，特别注意防止抗生素、激素类药物和合成驱虫剂的滥用。通过对养殖户进行畜产品中药物残留危害性的宣传教育，使牛场主充分认识到滥用药物的严重性和不良后果，增强他们对畜产品安全性的再认识，自觉规范养殖行为，减少不必要的药物和药物添加剂的使用。注重抗生素、激素类药物以及一些合成药物等滞留性强的药物替代品如中药的开发研究。

一、药物使用的注意事项

1. 选择适宜的药物

任何一种药物对某一器官组织的选择作用，与药物的化学结构及组织生化过程的特性有关。一般来说，一种药物在一定的剂量下对某一种疾病疗效最佳。因此，牛群发病时，应先确诊是什么病，再针对致病的原因确定用什么药物，严禁不经确诊就盲目投药，在给药前应先了解所选药物的内含成分，同时应注意药物内含成分的有效含量，避免治疗效果很差或发生中毒。

2. 确定最佳用药剂量和疗程

药物要有一定的剂量，在机体吸收后达到一定的药物浓度，才能发挥药物的作用。要发挥药物的作用而又要避免其不良反应，必须掌握药物的剂量范围。要根据疾病的类型以及药物的性质和牛群的具体情况来确定用药疗程，切忌停药过早而导致疾病复发。

3. 选择最佳给药方法

不同的给药途径不仅影响药物吸收的速度和数量，同时与药理作用的快慢和强弱有关，有时甚至产生性质完全不同的作用。如硫酸镁溶液内服起泻下作用，若静脉注射则起镇静作用。牛群常用给药方法有内服和注射给药两大类，由于不同药物的吸收途径和在体内的分布浓度的差异，对同种疾病的疗效是不同的。牛的用药方法见表 5-2。

表 5-2　牛的用药方法

方　法		操　作
群体给药法（指对牛群用药。用药前，最好先做小批量的药物毒性及药效试验）	混饲给药	将药物均匀混入饲料中，让牛吃料时能同时吃进药物。主要用于不溶于水的药物
	混水给药	将药物溶解于水中，让牛自由饮用。有些疫苗也可用此法投服。在给药前一般应停止饮水半天，以保证每只牛都能在规定时间内饮到一定量的水
个体给药法（指对患病牛只单独进行治疗）	口服法	主要通过长颈瓶或药板给药，一般分别用于灌服稀药液和服用舔剂
	灌服法	是将药物配置成液体，通过橡皮管直接灌入直肠内。用前先将直肠内的粪便清除，同时灌服药液的温度应与体温一致
	胃管插入法	牛插入胃管的方法有两种：一种是经鼻腔插入；另一种是经口腔插入。胃管插入时要防止胃管误入气管。灌服大量水及有刺激性的药液时应经口腔插入。患咽喉炎和咳嗽严重的病牛，不可用胃管灌服
	注射法	将灭菌的液体药物，用注射器注入牛的体内。一般按注射部位可分为几种方式。①皮下注射，把药液注射到牛的皮肤和肌肉之间，牛注射部位是在颈部或股内侧松软处。②肌内注射，是将灭菌的药液注入肌肉比较多的部位。牛的注射部位是在股后肌群，特别是在半膜肌和半腱肌上。③静脉注射，是将灭菌的药液直接注射到静脉内，使药液随血液很快分布全身，迅速发挥药效。牛常用的注射部位是颈静脉。④气管注射，是将药液直接注入气管内。⑤瘤胃穿刺注药法，当牛发生瘤胃臌气时可采用此法。⑥腹腔注射法，一般选用右肷部为腹腔注射的部位
	皮肤、黏膜给药	一般用于可以通过皮肤和黏膜吸收的药物。主要方法有点眼、滴鼻、皮肤涂擦、药浴等

4. 注意药物的不良反应

有些药物由于选择性低，作用范围广泛，当某一作用被作为用药目的时，其他作用就成为副作用。特别是当药物用量过大或用药时间过久或机体对某一药物特别敏感时。

5. 合理的用药配伍

（1）配伍用药。同时使用两种以上的药物称为配伍用药。在配伍用药中，各种药物的作用相似，药效增加，称协同作用。协同作用又可分为相加作用和增强作用，临床上利用药物的相加作用以减少单用某一药物所产生的不良反应，如三溴合剂的总药效等于钾、钠、铵溴化物 3 种相加的总和；临床上利用药物之间的增强作用以提高疗效，如磺胺类药物或某些抗生素与抗菌增效剂（TMP）合用，其抗菌作用大大超过各药单用时的总和。在配伍用药中，各种药物作用相反，引起药效减弱或互相抵消，称为拮抗作用。如应用普鲁卡因局部麻醉时，若用磺胺类防治创伤感染，则会降低磺胺药物的抑菌效果。但临床上可利用药物的拮抗作用以减轻或避免某药物的副作用或解除某药物的毒性反应。

（2）重复用药。为了保持药物血中浓度，继续发挥该药的作用，往往重复用药。但重复用药可使机体对某一药物产生耐受性，而使药物作用减弱；亦可使病原体产生耐药性，而使药效下降或消失。特别是使用抗生素时，用药剂量和疗程不足，病原体更易产生耐药性。

（3）配伍禁忌。在配伍用药中，两种或两种以上的药物相互混合后，有可能产生物理、化学反应，使药物在外观或药理性质上产生变化。相互有配伍禁忌的药物不能混合使用。

6. 给药次数与间隔时间

给药次数决定于病情，一般每天 2～3 次。重复用药不见效时应改变治疗方案或更换药物，给药间隔时间取决于药物消除速度。如健胃药宜在饲喂前给药，有刺激性的药物应在饲喂后给药。

7. 防止病原菌产生耐药性

许多养牛场反映，用抗菌药给牛治病，给药的剂量越来越大，但疗效越来越差，其原因主要是细菌的耐药性增强了。许多饲料厂家在饲料中加入少量抗菌药作添加剂，牛群长期服用后，产生不同程度的耐药性，以致再用同类药物治疗牛病的效果就很差了。

8. 疫苗接种期内慎用药物

在接种弱毒活疫（菌）苗前后 5 天内，禁止使用对疫苗敏感的药物、抗病毒药物（如病毒灵、病毒唑等），激素制剂（如地塞米松、氢化可的松等），并避免用消毒剂饮水，以防将活的细菌和疫苗病毒杀死或抑制，从而造成免疫失败。在疫苗接种期可选用抗应激和提高免疫能力的药，如维生素类、高效微量元素及某些具有免疫促进作用的中药制剂等，以提高免疫效果。

二、肉牛用药保健程序

肉牛用药保健程序见表 5-3。

表 5-3　肉牛用药保健程序

阶　段		用　药　方　案
后备肉牛	引入第 1 周及配种前 1 周	饲料中适当添加一些抗应激药物如维力康、维生素 C、多维、电解质添加剂等；同时饲料中适当添加一些抗生素药物如呼诺玢、呼肠舒、泰灭净、强力霉素、利高霉素、支原净、泰舒平（泰乐菌素）、土霉素等
妊娠母肉牛	前期	饲料中适当添加一些抗生素药物如呼诺玢、泰灭净、利高霉素、新强霉素、泰舒平（泰乐菌素）等，同时饲料添加亚硒酸钠、维生素 E，妊娠全期饲料添加防治霉菌毒素药物（霉可脱）
	产前	驱虫。帝诺玢拌料一周，肌注一次得力米先（长效土霉素）等
产前产后母肉牛	母肉牛产前产后 2 周	饲料中适当添加一些抗生素药物如呼肠舒、新强霉素（慢呼清）、菌消清（主要成分为阿莫西林）、强力泰、强力霉素、金霉素等；母牛产后 1～3 天如有发热症状即输液来解决，所输液体内可加入庆大霉素、林可霉素效果更佳
哺乳仔肉牛	仔肉牛吃初乳前	口服庆大霉素、氟哌酸 1～2 毫升或土霉素半片
	3 日龄	补铁（如血康、牲血素、富来血）、补硒（亚硒酸钠、维生素 E）
	1 日龄、7 日龄、14 日龄	鼻腔喷雾卡那霉素、10% 呼诺玢
	7 日龄左右、开食补料前后及断奶前后	饲料中适当添加一些抗应激药物如维力康、开食补盐、维生素 C、多维等。哺乳全期饲料中适当添加一些抗生素药物如菌消清、泰舒平、呼诺玢、呼肠舒、泰灭净、恩诺沙星、诺氟沙星、氧氟沙星及环丙沙星等。出生后体况比较差的肉牛犊，一生下来喂些代乳粉（牛专用）兑葡萄糖水或凉开水，连饮 5～7 天，并调整乳头以加强体况
	断奶	根据肉牛犊体况 25～28 天断奶，断奶前几天母牛要控料、减料，以减少其泌乳量，在肉牛犊的饮水中加入阿莫西林＋恩诺沙星＋加强保易多以预防腹泻。肉牛犊如发生球虫病可采用加适合的药物来获得抗体的产生

阶　段		用　药　方　案
断奶保育肉牛	保育牛阶段前期(28～35天)	饲料或饮水中适当添加一些抗应激药物如维力康、开食补盐、维生素C、多维等；此阶段可在肉牛犊饲料中添加泰乐菌素＋磺胺二甲咪啶＋TMP＋金霉素，以保证肉牛犊健康。此阶段如发生链球菌病、传染性胸膜肺炎可采用阿莫西林＋恩诺沙星＋泰乐菌素＋磺胺二甲咪啶＋TMP＋金霉素防治
	肉牛犊45～50天阶段	此阶段要预防传染性胸膜肺炎的发生，可用氟苯尼考80克/吨＋泰乐菌素＋磺胺二甲咪啶＋TMP＋金霉素防治
生长育肥肉牛	整个生长期	可将泰乐菌素＋磺胺二甲咪啶＋TMP＋金霉素添加在饲料中饲喂，并在应激时添加抗应激药物如维力康、开食补盐、维生素C、多维等。定期在饲料中添加伊维菌素、阿维菌素或帝诺玢、净乐芬等驱虫药物进行驱虫
公肉牛	饲养期	每月饲料中适当添加一些抗生素药物如土霉素预混剂、呼诺玢、呼肠舒、泰灭净、支原净、泰舒平(泰乐菌素)等，连用1周。每个季度饲料中适当添加伊维菌素、阿维菌素或帝诺玢、净乐芬等驱虫药物进行驱虫，连用1周。每月体外喷洒驱虫一次，虱螨净、杀螨灵
空怀母肉牛	空怀期	饲料中适当添加一些抗生素药物如土霉素预混剂、呼诺玢、呼肠舒、泰灭净、支原净、泰乐菌素等，连用1周
	配种前	肌注一次长效土霉素等；饲料中添加伊维菌素、阿维菌素或帝诺玢、净乐芬等驱虫药物进行驱虫，连用1周

注：(1) 驱虫。牛群一年期最好驱虫三次，以防治线虫、螨虫、蛔虫等体内寄生虫病的发生，从而提高饲料报酬。用药可选用伊维菌素或复方药(伊维菌素＋阿苯达唑)等。

(2) 红皮病的防治。红皮病主要是由于肉牛犊断奶后多系统衰弱综合征并发寄生虫病引起的，症状为体温在40～41℃，表皮出现小红点，出现时间多在30日龄以后，一般40～50日龄到全期都有。在治疗上可采用先驱虫后再用20%长效土霉素和地塞米松＋维丁胶性钙肌注治疗，预防此病要从源头开始，可以做自家苗，肉牛犊分别在7日龄和25日龄各接种一次。

第六章

肉牛的常见病防治

畜禽疾病是畜禽体与外界疾病因素相互作用而产生的损伤与抗损伤的复杂相互作用过程，并使其生命活动发生障碍，对外界环境的抗病力下降，生产性能降低，甚至危及动物机体的生命。疾病根据不同的性质有很多分类方法，如根据疾病在动物机体发生的不同部位可分为消化系统疾病、呼吸系统疾病、心血管系统疾病、神经系统疾病、生殖系统疾病、皮肤病等；根据有无传染病可分为传染性疾病和非传染性疾病等。通常我们根据病因的不同分为传染病、寄生虫病、内科病、外科病、产科病、营养代谢病、中毒病等。

第一节 传 染 病

一、病毒性传染病

（一）口蹄疫

口蹄疫是由口蹄疫病毒引起的偶蹄类动物共患的急性、热性、接触性传染病。其临床特征是口腔黏膜、乳房和蹄部出现水疱，尤其在口腔和蹄部的病变比较明显。

【病原及流行病学】 口蹄疫病毒属小核糖核酸病毒科口疮病毒属，根据血清学反应的抗原关系，病毒可分为 O、A、C、亚洲Ⅰ、南非Ⅰ、Ⅱ、Ⅲ 7 个不同的血清型和 60 多个亚型。口蹄疫病毒对酸、碱特别敏感。在 pH＝3 时，瞬间丧失感染力，pH＝5.5 时，1 秒钟内 90％被灭活；1％～2％氢氧化钠或 4％碳酸氢钠液 1 分钟内可将病毒杀死。－50～－70℃病毒可存活数年，85℃ 1 分钟即可杀死病毒。牛奶经巴氏消毒（72℃15 分钟）能使病毒感染力丧失。在自然条件下，病毒在牛毛上可存活 24 日，在麸皮中能存活 104 日。紫外线可杀死病毒，乙醚、丙酮、氯仿和蛋白酶对病毒无作用。

本病发生无明显的季节性，但以秋末、冬春为发病盛期。本病以直接接触和间接接触的方式进行传递，病牛是本病的传染源。

【临床症状和病理变化】 口蹄疫病毒侵入动物体内后，经过 2～3 日，有的则可达 7～21 日的潜伏时间，才出现症状。症状表现为口腔、鼻、舌、乳房和蹄等部位出现水疱，12～36 小时后出现破溃，局部露出鲜红色糜烂面；体温升高达 40～41℃；精神沉郁，食欲减退，脉搏和呼吸加快；流涎，呈泡沫状；乳头上水疱破溃，挤乳时疼痛不安；蹄水疱破溃，蹄痛跛行，蹄壳边缘溃裂，重者蹄壳脱落。犊牛常因心肌麻痹死亡，剖检可见心肌出现淡黄色或灰白色、带状或点状条纹，似虎皮，故称"虎斑心"。有的牛还会发生乳房炎、流产症状。该病在成年牛一般死亡率不高，在 1%～3%，但在犊牛，由于发生心肌炎和出血性肠炎，死亡率很高。

【诊断】 根据该病传播速度快，典型症状是口腔、乳房和蹄部出现水疱和溃烂，可初步诊断。但确诊需经实验室对病毒进行毒型诊断。

【预防】 牛 O 型口蹄疫灭活苗 2～3 毫升肌注，1 岁以下犊牛 2 毫升，成年牛 3 毫升，免疫期 6 个月。

【发病后措施】 一旦发病，则应及时报告疫情，同时在疫区严格实施封锁、隔离、消毒、紧急接种及治疗等综合措施；在紧急情况下，尚可应用口蹄疫高免血清或康复动物血清进行被动免疫，按每千克体重 0.5～1 毫升皮下注射，免疫期约 2 周。疫区封锁必须在最后 1 头病畜痊愈、死亡或急宰后 14 天，经全面大消毒才能解除封锁。

患良性口蹄疫的牛，一般经一周左右多能自愈。为缩短病程、防止继发感染，可对症治疗。

(1) 牛口腔病变可用清水、食盐水或 0.1% 高锰酸钾液清洗，后涂以 1%～2% 明矾溶液或碘甘油，也可涂撒中药冰硼散（冰片 15 克，硼砂 150 克，芒硝 150 克，共研为细末）于口腔病变处。

(2) 蹄部病变可先用 3% 来苏尔清洗，后涂擦龙胆紫溶液、碘甘油、青霉素软膏等，用绷带包扎。

(3) 乳房病变可用肥皂水或 2%～3% 硼酸水清洗，后涂以青霉素软膏。患恶性口蹄疫的牛，除采用上述局部措施外，可用强心剂（如安钠咖）和滋补剂（如葡萄糖盐水）等。

（二）牛流行热

牛流行热（又名三日热）是由牛流行热病毒引起的一种急性热性传染病。其特征为突然高热，呼吸促迫，流泪和消化器官的严重卡他性炎症和运动障碍。

【病原及流行病学】　牛流行热病毒为 RNA 型，属于弹状病毒属。该病以 3～5 岁壮年牛易感性最大。病牛是该病的传染源，其自然传播途径尚不完全清楚。一般认为，该病多经呼吸道感染。此外，吸血昆虫的叮咬，以及与病畜接触的人和用具的机械传播也是可能的。

该病流行具有明显的季节性，多发生于雨量多和气候炎热的 6～9 月。流行上还有一定周期性。3～5 年大流行一次。病牛多为良性经过，在没有继发感染的情况下，死亡率为 1%～3%。

【临床症状和病理变化】　病初，病牛震颤，恶寒战栗，接着体温升高到 40℃ 以上，稽留热，2～3 天后体温恢复正常。在体温升高的同时，可见流泪，有水样眼眵，眼睑、结膜充血、水肿。呼吸促迫，呼吸次数每分钟可达 80 次以上，呼吸困难，患牛发出呻吟声，呈苦闷状。这是由于发生了间质性肺气肿，有时可由窒息而死亡。

食欲废绝，反刍停止。第一胃蠕动停止，出现鼓胀或者缺乏水分，胃内容物干涸。粪便干燥，有时下痢。四肢关节浮肿疼痛，病牛呆立、跛行，以后起立困难而伏卧。皮温不整，特别是角根、耳翼、肢端有冷感。另外，颌下可见皮下气肿。流鼻液，口炎，显著流涎。口角有泡沫。尿量减少，尿混浊。妊娠母牛患病时可发生流产、死胎。泌乳量下降或泌乳停止。剖检可见气管和支气管黏膜充血和点状出血，黏膜肿胀，气管内充满大量泡沫黏液。肺显著肿大，有程度不同的水肿和间质气肿，压之有捻发音。全身淋巴结充血、肿胀或出血。直胃、小肠和盲肠黏膜呈卡他性炎症和出血。其他实质脏器可见混浊肿胀。

【诊断】　根据流行特点和临床症状可初步诊断。

【预防】　加强牛的卫生管理对该病预防具有重要作用（管理不良

时发病率高，并容易成为重症，增高死亡率）。甲紫灭活苗，第一次皮下注射 10 毫升，5～7 天后再注射 15 毫升，免疫期 6 个月；或病毒裂解疫苗，第一次皮下注射 2 毫升，间隔 4 周后再注射 2 毫升，在每年 7 月份前完成预防注射。

【发病后措施】 应立即隔离病牛并进行治疗，对假定健康牛和受威胁牛，可用高免血清进行紧急预防注射。高热时，肌内注射复方氨基比林 20～40 毫升，或 30% 安乃近 20～30 毫升。重症病牛给予大剂量的抗生素，常用青霉素、链霉素，并用葡萄糖生理盐水、林格液、安钠咖、维生素 B_1 和维生素 C 等药物，静脉注射，每天 2 次。四肢关节疼痛，可静脉注射水杨酸钠溶液。对于因高热而脱水和由此而引起的胃内容干涸，可静脉注射林格液或生理盐水 2～4 升，并向胃内灌入 3%～5% 的盐类溶液 10～20 升。加强消毒，搞好消灭蚊、蝇等吸血昆虫工作，应用牛流热疫苗进行免疫接种。

此外，也可用清肺平喘，止咳化痰，解热通便的中药，辨证施治。如九味羌活汤：羌活 40 克，防风 46 克，苍术 46 克，细辛 24 克，川芎 31 克，白芷 31 克，生地黄 31 克，黄芩 31 克，甘草 31 克，生姜 31 克，大葱一棵。水煎两次，一次灌服。加减：寒热往来加柴胡；四肢跛行加地风、千年健、木瓜、牛膝；肚胀加青皮、苹果、松壳；咳嗽加杏仁、全瓜蒌；大便干加大黄、芒硝。均可缩短病程，促进康复。

（三）牛病毒性腹泻-黏膜病

牛病毒性腹泻-黏膜病（BVD-MD）是由牛病毒性腹泻病毒（BVDV）引起的牛的以黏膜发炎、糜烂、坏死和腹泻为特征的疾病。

【病原及流行病学】 BVDV 属于黄病毒科、瘟病毒属。是一种单股 RNA、有囊膜的病毒。病毒对乙醚和氯仿等有机溶剂敏感，并能被灭活，病毒在低温下稳定，真空冻干后在 -60～-70℃ 下可保存多年。病毒在 56℃ 下可被灭活，氯化镁不起保护作用。病毒可被紫外线灭活，但可经受多次冻融。

家养和野生的反刍兽及猪是本病的自然宿主，自然发病病例仅见于牛，各年龄的牛都有易感性，但 6～18 月龄的幼牛易感性较高，感染后更易发病。病毒可随分泌物和排泄物排出体外。持续感染牛可终生带、排毒，因而是本病的重要传染源。本病主要是经口感染，易感动物食入被污染的饲料、饮水而经消化道感染，也可由于吸入由病畜咳嗽、呼吸而排出的带毒的飞沫而感染。病毒可通过胎盘发生垂直感染。病毒血症期的公牛精液中也有大量病毒，可通过自然交配或人工授精而感染母牛。该病常发生于冬季和早春，舍饲和放牧牛都可发病。

【临床症状和病理变化】　发病时多数牛不表现临床症状，牛群中只见少数轻型病例。有时也引起全牛群突然发病。急性病牛，腹泻是特征性症状，可持续 1～3 周。粪便水样、恶臭，有大量黏液和气泡，体温升高达 40～42℃。慢性病牛，出现间歇性腹泻，病程较长，一般 2～5 个月，表现消瘦、生长发育受阻，有的出现跛行。剖检主要病变在消化道和淋巴结，口腔黏膜、食管和整个胃肠道黏膜充血、出血、水肿和糜烂，整个消化道淋巴结发生水肿。

【诊断】　本病确诊须进行病毒分离，或进行血清中和试验及补体结合试验，实践中以血清中和试验为常用。

【预防】　目前应用牛病毒性腹泻-黏膜病弱毒疫苗来预防本病。皮下注射，成年牛注射 1 次，犊牛在 2 月龄适量注射，成年时再注射 1 次，用量按说明书要求给予。

【发病后措施】　本病目前尚无有效的治疗方法和免疫方法，只有加强护理和对症疗法，增强机体抵抗力，促使病牛康复。次碳酸铋片 30 克，磺胺二甲嘧啶片 40 克，一次口服。或磺胺嘧啶注射液 20～40 毫升，肌内注射或静脉注射。

（四）新生犊牛腹泻

新生犊牛腹泻是一种发病率高、病因复杂、难以治愈、死亡率高的疾病。临床上主要表现为伴有腹泻症状的胃肠炎，全身中毒和机体脱水。

【病原及流行病学】　轮状病毒和冠状病毒在生后初期的犊牛腹泻发生中起到了极为重要的作用，病毒可能是最初的致病因子。虽然它并不能直接引起犊牛死亡，但这两种病毒的存在，能使犊牛肠道功能减退，极易继发细菌感染，尤其是致病性大肠杆菌，引起严重的腹泻。另外，母乳过浓、气温突变、饲养管理失误、卫生条件差等对本病的发生，都具有明显的促进作用。犊牛下痢尤其多发于集约化饲养的犊牛群中。

【临床症状和病理变化】 本病多发于生后第 2～5 天的犊牛。病程 2～3 天，呈急性经过。病犊牛突然表现精神沉郁，食欲废绝，体温高达 39.5～40.5℃，病后不久，即排灰白色、黄白色水样或粥样稀便，粪中混有未消化的凝乳块。后期粪便中含有黏液、血液、伪膜等，粪色由灰色变为褐色或血样，具有酸臭气味或恶臭气味，尾根和肛门周围被稀粪污染，尿量减少。1 天后，病犊背腰拱起，肛门外翻，常见里急后重，张口伸舌，哞叫，病程后期牛常因脱水衰竭而死。本病可分为败血型、肠毒血型和肠型。

(1) 败血型。主要见于 7 日龄内未吃过初乳的犊牛，为致病菌由肠道进入血液而致，常见突然死亡。

(2) 肠毒血型。主要见于生后 7 日龄吃过初乳的犊牛，致病性大肠杆菌在肠道内大量增殖并产生肠毒素，肠毒素吸收入血所致。

(3) 肠型（白痢）。最为常发，见于 7～10 日龄吃过初乳的犊牛。病死犊牛由于腹泻，而使机体脱水消瘦。病变主要在消化道，呈现严重的卡他性、出血性炎症。肠系膜淋巴结肿大，有的还可见到脾肿大，肝脏与肾脏被膜下出血，心内膜有点状出血。肠内容物如血水样，混有气泡。

【诊断】 根据流行病学特点、临床症状和剖检变化，对本病可作出初步诊断。确诊还需要进行细菌分离和鉴定。细菌分离所用材料，生前可取病犊粪便，死后可取肠系膜淋巴结，肝脏、脾脏及肠内容物。应当注意：健康犊牛肠道内也有大肠杆菌，而且病犊死后，大肠杆菌又易侵入到组织中，所以，分离到细菌后，必须鉴定出血清型，再进行综合判断。

【预防】 对于刚出生的犊牛，可以尽早投服预防剂量的抗生素药物。如氯霉素、痢菌净等，对于防止本病的发生具有一定的效果。另外，可以给妊娠期的母牛注射用当地流行的致病性大肠杆菌株所制成的菌苗。在本病发生严重的地区，应考虑给妊娠母牛注射轮状病毒和冠状病毒疫苗。如江苏省农业科学院研制的牛轮状病毒疫苗，给孕母牛接种以后，能有效控制犊牛下痢症状的发生。

【发病后措施】 治疗本病时，最好通过药敏试验，选出敏感药物后，再行给药。氟哌酸，犊牛每头每次内服 10 片，即 2.5 克，每日 2～3 次。或氯霉素，每千克体重 0.01～0.03 克，每天注射 3 次。也可用庆大霉素、氨苄青霉素等。抗菌治疗的同时，还应配合补液，以强心和纠正酸中毒。口服 ORS 液（氯化钠 3.5 克、氯化钾 1.5 克、碳酸氢钠 2.5 克、葡萄糖 20 克，加常水至 1000 毫升），供犊牛自由饮用，或按每千克体重 100 毫升，每天分 3～4 次给犊牛灌服，即可迅速补充体液，同时能起到清理肠道的作用。或 6% 低分子右旋糖酐、生理盐水、5% 葡萄糖、5% 碳酸氢钠各 250 毫升，氢化可的松 100 毫克，维生素 C 10 毫升，混溶后，给犊牛一次静脉注射。轻症每天补液一次，危重症每天补液两次。补液速度以 30～40 毫升/分为宜。危重病犊牛也可输全血，可任选供血牛，但以该病犊的母牛血液最好，2.5% 枸橼酸钠 50 毫升与全血 450 毫升，混合后一次静脉注射。

（五）牛恶性卡他热

牛恶性卡他热（又称恶性头卡他或坏疽性鼻卡他）是由恶性卡他热病毒引起的一种急性热性、非接触性传染病。本病的特征是持续发热，口、鼻流出黏脓性鼻液，眼黏膜发炎，角膜混浊，并有脑炎症状，病死率很高。

【病原及流行病学】 牛恶性卡他热病毒为疱疹病毒丙亚科的成员。其病原为两种，γ-疱疹病毒中的任何一种：狷羚属疱疹病毒 1 型（AIHV-1），其自然宿主为角马；另一种是作为亚临床感染在绵牛中流行的绵牛疱疹病毒 2 型（OVHV-2）。本病毒可在牛甲状腺、牛肾上腺、睾丸、肾等的细胞培养物中生长，引起细胞病变。病毒对外界环境的抵抗力不强，不能抵抗冷冻和干燥。含病毒的血液在室温中 24 小时则失去活力，冰点以下温度可使病毒失去活性。隐性感染的绵羊、山羊和角马是本病的主要传染源。多发生于 2～5 岁的牛，老龄牛及 1 岁以下的牛发病较少。本病一年四季均可发生，但以春、夏季节发病较多。

【临床症状和病理变化】 本病自然感染潜伏期平均为 3～8 周，人工感染为 14～90 天。病初高热，达 40～42℃，精神沉郁，于第 1 天末或第 2 天，眼、口及鼻黏膜发生病变。临床上分头眼型、肠型、皮肤型和混合型四种。

（1）头眼型。眼结膜发炎，羞明流泪，以后角膜混浊，眼球萎缩、溃疡及失明。鼻腔、喉头、气管、支气管及颌窦有卡他性炎症及伪膜性炎症，呼吸困难，炎症可蔓延到鼻窦、额窦、角窦，角根发热，严重者两角脱落。鼻镜及鼻黏膜先充血，后坏死、糜烂、结痂。口腔黏膜潮红、肿胀，出现灰白色丘疹或糜烂。病死率较高。

（2）肠型。先便秘后下痢，粪便带血、恶臭。口腔黏膜充血，常在唇、齿龈、硬腭等部位出现伪膜，脱落后形成糜烂及溃疡。

（3）皮肤型。在颈部、肩胛部、背部、乳房、阴囊等处皮肤出现丘疹、水疱，结痂后脱落，有时形成脓肿。

（4）混合型。此型多见。病牛同时有头眼症状、胃肠炎症状及皮肤丘疹等。有的病牛呈现脑炎症状。一般经5～14天死亡。病死率达60％。

剖检鼻窦、喉、气管及支气管黏膜充血、肿胀，有假膜及溃疡。口、咽、食管糜烂、溃疡，第四胃充血水肿、斑状出血及溃疡，整个小肠充血、出血。头颈部淋巴结充血和水肿，脑膜充血，呈非化脓性脑炎变化。肾皮质有白色病灶是本病特征性病变。

【诊断】　根据典型临床症状和病理变化可做出初步诊断，确诊需进一步做实验室诊断。

（1）病原检查。病毒分离鉴定（病料接种牛甲状腺细胞、牛睾丸或牛胚肾原代细胞，培养3～10天可出现细胞病变，用中和试验或免疫荧光试验进行鉴定）。

（2）血清学检查。间接荧光抗体试验、免疫过氧化物酶试验、病毒中和试验。

【预防】　主要是加强饲养管理，增强动物抵抗力，注意栏舍卫生。牛、羊分开饲养，分群放牧。

【发病后措施】　发现病畜后，按《中华人民共和国动物防疫法》及有关规定，采取严格控制、扑灭措施，防止扩散。病畜应隔离扑杀，污染场所及用具等实施严格消毒。

（六）牛传染性鼻气管炎

牛传染性鼻气管炎（IBR）又称坏死性鼻炎、红鼻病，是牛传染性鼻气管炎病毒（IBRV）或牛疱疹病毒-1 型（BHV-1）引起的一种牛呼吸道接触性传染病。临床表现形式多样，以呼吸道为主，伴有结膜炎、流产、乳腺炎，有时诱发小牛脑炎等。

【病原及流行病学】 牛传染性鼻气管炎是由牛传染性鼻气管炎病毒（IBRV）或牛疱疹病毒-1 型（BHV-1）引起的，IBRV 在分类地位上属疱疹病毒科 α 疱疹病毒亚科。病牛和带毒动物是主要传染源，隐性感染的种公牛因精液带毒，因此是最危险的传染源。病愈牛可带毒 6～12 个月，甚至长达 19 个月。病毒主要存在于鼻、眼、阴道分泌物和排泄物中。

本病可通过空气、飞沫、物体和病牛的直接接触、交配，经呼吸道黏膜、生殖道黏膜、眼结膜传播，但主要由飞沫经呼吸道传播。吸血昆虫（软壳蜱等）也可传播本病。

在自然条件下，仅牛易感。各年龄和品种的牛均易感，其中以 20～60 日龄的犊牛最易感，肉用牛比乳用牛易感。本病在秋、冬寒冷季节较易流行。过分拥挤、密切接触的条件下更易迅速传播。运输、运动、发情、分娩、卫生条件、应激因素均与本病发病率有关。一般发病率为 20%～100%，死亡率为 1%～12%。

【临床症状和病理变化】 自然感染潜伏期一般为 4～6 天。临床分为呼吸道型、生殖道型、流产型、脑炎型和眼炎型五种。

（1）呼吸道型。表现为鼻气管炎，为本病最常见的一种类型。病初高热（40～42℃），流泪流涎及黏脓性鼻液。鼻黏膜高度充血，呈火红色。呼吸高度困难，咳嗽不常见。病变表现以上呼吸道黏膜炎症，鼻腔和气管内有纤维素蛋白性渗出物为特征。

（2）生殖道型。母牛表现外阴阴道炎，又称传染性脓疱性外阴阴道炎。阴门、阴道黏膜充血，有时表面有散在性灰黄色、粟粒大的脓疱，重症者脓疱融合成片，形成伪膜。孕牛一般不发生流产。公牛表现为龟头包皮炎，因此称传染性脓疱性龟头包皮炎。龟头、包皮、阴茎充血、溃疡，阴茎弯曲，精囊腺变性、坏死。生殖道型表现为外阴、阴道、宫颈黏膜、包皮、阴茎黏膜的炎症。

（3）流产型。一般见初胎青年母牛妊娠期的任何阶段，也可发生于经产母牛。

（4）脑炎型。易发生于 4～6 月龄犊牛，病初表现为流涕流泪，呼吸困难，之后肌肉痉挛，兴奋或沉郁，角弓反张，共济失调，发病率低但病死率高，可达 50% 以上。脑炎型表现为脑非化脓性炎症变化。

(5) 眼炎型。表现结膜、角膜炎，不发生角膜溃疡，一般无全身反应，常与呼吸道型合并发生。在结膜下可见水肿，结膜上可形成灰黄色颗粒状坏死膜，严重者眼结膜外翻。角膜混浊呈云雾状。眼、鼻流浆液、脓性分泌物。

【诊断】 根据典型临床症状和病理变化可做出初步诊断，确诊需进一步做实验室诊断。在国际贸易中，指定诊断方法为病毒中和试验、酶联免疫吸附试验和病原分离鉴定（仅限于精液），无替代诊断方法。

病料采集：鼻腔拭子、脓性鼻液（应在感染早期采集）。对于隐性阴道炎或龟头炎的病例，应采取生殖道拭子，拭子要在黏膜表面上用力刮取，或用生理盐水冲洗包皮收集洗液，所有样品置于运输培养基，4℃保存并快速送检。尸检时，应收集呼吸道黏膜、部分扁桃体、肺和支气管淋巴结做病毒分离材料。对于流产的病例，应收集胎儿、肝、肺、肾和胎盘子叶。

(1) 病原检查。病毒分离鉴定（接种牛肾、肺或睾丸细胞）、病毒抗原检测（荧光抗体试验、酶联免疫吸附试验）。

(2) 血清学检查。病毒中和试验、酶联免疫吸附试验。

【预防】 在秋季进入肥育场之前给青年牛注射疫苗，可避免由此病所致的损失。当检出阳性牛时，最经济的办法是予以扑杀。

【发病后措施】 发病时应立即隔离病牛，采用抗生素并配合对症治疗以减少死亡，牛只康复后可获得坚强的免疫力。未被感染的牛接种疫苗。

（七）牛白血病

牛白血病是牛的一种慢性肿瘤性疾病，其特征为淋巴样细胞恶性增生，进行性恶病质和高度病死率。

【病原及流行病学】 本病病原为牛白血病病毒（BLV）。本病毒属于反录病毒科丁型反录病毒属。该病毒只感染牛的 B 淋巴细胞，并长期持续存在于牛体内。迄今为止其他组织和体液均未发现该病毒。

本病主要发生于牛、绵羊、瘤牛，水牛和水豚也能感染。在牛，本病主要发生于成年牛，尤以 4～8 岁的牛最常见。病畜和带毒者是本病的传染源。潜伏期平均为 4 年。近年来证明吸血昆虫在本病传播上具有重要作用。被污染的医疗器械（如注射器、针头），可以起到机械传播本病的作用。

【临床症状和疾病病变】　本病有亚临床型和临床型两种表现。亚临床型无瘤的形成，其特点是淋巴细胞增生，可持续多年或终身，对健康状况没有任何扰乱。这样的牲畜有些可进一步发展为临床型。此时，病牛生长缓慢，体重减轻。体温一般正常，有时略微升高。从体表或经直肠可摸到某些淋巴结呈一侧或对称性增大。腮淋巴结或股前淋巴结常显著增大，触摸时可移动。如一侧肩前淋巴结增大，病牛的头颈可向对侧偏斜；眶后淋巴结增大可引起眼球突出。出现临床症状的牛，通常均取死亡转归，但其病程可因肿瘤病变发生的部位、程度不同而异，一般在数周至数月之间。

剖检尸体常消瘦、贫血。腮淋巴结、肩前淋巴结、股前淋巴结、乳房上淋巴结和腰下淋巴结常肿大，被膜紧张，呈均匀灰色，柔软，切面突出。心脏、皱胃和脊髓常发生浸润。心肌浸润常发生于右心房、右心室和心隔，色灰而增厚。循环紊乱导致全身性被动充血和水肿。脊髓被膜外壳里的肿瘤结节，使脊髓受压、变形和萎缩。皱胃壁由于肿瘤浸润而增厚变硬。肾、肝、肌肉、神经干和其他器官亦可受损，但脑的病变少见。

【诊断】　临床诊断基于触诊发现增大的淋巴结（腮、肩前、股前）。在疑有本病的牛只，直肠检查具有重要意义。尤其在病的初期，触诊骨盆腔和腹腔的器官可以发现组织增生的变化，常在表现淋巴结增大之前。具有特别诊断意义的是腹股沟和髂淋巴结的增大。

对感染淋巴结做活组织检查，发现有成淋巴细胞（瘤细胞），可以证明有肿瘤的存在。尸体剖检可以见到特征的肿瘤病变。最好采取组织样品（包括右心房、肝、脾、肾和淋巴结）做显微镜检查以确定诊断。

【预防】　以严格检疫、淘汰阳性牛为中心，包括定期消毒、驱除吸血昆虫、杜绝因手术、注射可能引起的交互传染等在内的综合性措施。无病地区应严格防止引入病牛和带毒牛；引进新牛必须进行认真的检疫，发现阳性牛立即淘汰，但不得出售，阴性牛也必须隔离3～6个月以上方能混群。疫场每年应进行3～4次临床、血液和血清学检查，不断剔除阳性牛；对感染不严重的牛群，可借此净化牛群，如感染牛只较多或牛群长期处于感染状态，应采取全群扑杀的坚决措施。对检出的阳性牛，如因其他原因暂时不能扑杀时，应隔离饲养，控制利用；肉牛可在肥育后屠宰。阳性母牛可用来培养健康后代，犊牛出生后即行检疫，阴性者单独饲养，喂以健康牛乳或消毒乳，阳性牛的后代均不可作为种用。

【发病后措施】 本病尚无特效疗法。

(八) 牛细小病毒病

【病原及流行病学】 该病是由细小病毒引起的一种传染病。病牛和带毒牛是传染源。病毒经粪便排出，污染环境，经口播散。病毒也能通过胎盘感染胎儿，造成胎儿畸形、死亡和流产。

【临床症状和疾病病变】 怀孕母牛感染后，主要病变在胚胎和胎儿。胚胎可死亡或被吸收，死亡的胚胎随后发生组织软化，胎儿表现充血、水肿、出血、体腔积液、脱水（木乃伊化）等病变。用病毒经口服或静脉注射感染新生犊牛，24～48小时即可引起腹泻，呈水样，含有黏液。剖检病死犊，尸体消瘦，脱水明显，肛门周围有稀粪。病变主要是回肠和空肠黏膜有不同程度的充血、出血或溃疡，口腔、食管、真胃、盲肠、结肠和直肠也可见水肿、出血、糜烂性变化，肠系膜淋巴结肿大、出血，有的出现坏死灶。

【预防】 隔离病牛，搞好牛舍和环境卫生，平时注意消毒，防止感染。治疗主要是采取对症疗法，补液，给予抗生素或磺胺类药物控制继发感染。本病目前还无疫苗用于预防注射。

【发病后措施】 本病尚无特效疗法。

(九) 牛海绵状脑病

牛海绵状脑病俗称"疯牛病"，以潜伏期长，病情逐渐加重，表现行为反常、运动失调、轻瘫、体重减轻、脑灰质海绵状水肿和神经元空泡形成为特征。病牛终归死亡。

【病原及流行病学】　本病病原至今仍未确定，有文献认为该病原类似于绵牛痒病病毒，极微小，难提取，能诱导脑组织产生，电镜可查到类痒病纤维蛋白。常用消毒剂及紫外光消毒无效，136℃高温 30分钟才能杀死该病原。人们认为疯牛病病原（朊病毒）除引起牛患疯牛病外，还可引起人的疾病，如克雅病、库鲁病、致死性家族性失眠症、新型克雅病、格斯综合征等。本病主要通过被污染的饲料经口传染。由于本病潜伏期较长，被感染的牛到 2 岁才开始有少数发病，3岁时发病明显增加，4～5 岁达到高峰，6～7 岁发病开始明显减少，到 9 岁以后发病率维持在低水平。本病的流行没有明显的季节性。

【临床症状和病理变化】　病牛临床症状大多数表现出中枢神经系统的变化，行为异常，惊恐不安，神经质；姿态和运动异常，四肢伸展过度，后肢运动失调、震颤和跌倒、麻痹、轻瘫；感觉异常，对外界的声音和触摸过敏，擦痒。剖检病牛病变不典型。

【诊断】　本病原不能刺激牛产生免疫反应，故不能用血清学试验来辅助诊断已感染活牛，生化和血清学数值异常不明显，剖检病变不典型。确诊需依靠临床症状和病死牛脑组织检查。脑组织切片检查时，对诊断有意义的剖位是延髓闩部，即第四脑室尾部中央管起始处。此处可见到孤束核和三叉神经脊束核，99.6％的病例可在这两个核区发现空泡变性，神经纤维网呈海绵变样。

【预防】　禁止在饲料中添加反刍动物蛋白；严禁病牛屠宰后供食用。我国也已采取了积极的防范措施，以防止该病传入我国。对杀灭该病病原比较有效的消毒方式：3％～5％的苛性钠 1 小时或 0.5％以上的次氯酸钠 2 小时。

【发病后措施】　本病目前无特效治疗方法。为控制本病，在英国规定对患牛一律采取扑杀和销毁措施。

二、细菌性传染病

（一）牛巴氏杆菌病

牛巴氏杆菌病是一种由多杀性巴氏杆菌引起的急性、热性传染病，常以高温、肺炎以及内脏器官广泛性出血为特征。多见于犊牛。

【病原与流行病学】　牛巴氏杆菌病的病原是多杀性巴氏杆菌。本病遍布全世界，各种畜禽均可发病。常呈散发性或地方流行性发生，多发生在春、秋两季。

【临床症状和病理变化】　病初体温升高，可达 41℃ 以上，鼻镜干燥，结膜潮红，食欲、反刍减退，脉搏加快，精神委顿，被毛粗乱，肌肉震颤，皮温不整。有的呼吸困难；痛苦咳嗽，流泡沫样鼻涕，呼吸音加强，并有水泡音。有些病牛初便秘后腹泻，粪便常带有血或黏液。剖检可见黏膜、浆膜小点出血，淋巴结充血肿胀，其他内脏器官也有出血点。肺呈肝变，质脆；切面呈黑褐色。

【诊断】　根据流行特点、症状和病变可作出诊断。根据牛的肌肉震颤、眼睑抽搐、倒地抽搐、四肢呈游泳状、口嚼白沫等特点，初步确诊为传染病。采取死牛新鲜心、血、肝、淋巴结组织涂片，以姬姆萨液染色，镜检可见两极着色的小杆菌。

【预防】　对以往发生本病的地区和本病流行时，应定期或随时注射牛出血性败血病氢氧化铝菌苗，体重在 100 千克以下者，皮下注射 4 毫升，100 千克以上者皮下注射 6 毫升。

【发病后措施】　刚发病的牛，静注痊愈牛的全血 500 毫升，结合使用四环素 8~15 克溶解在 5% 葡萄糖溶液 1000~2000 毫升中静注，每日 1 次。普鲁卡因青霉素 300 万~600 万单位，双氢链霉素 5~10 克同时肌注，每日 1~2 次。强心剂可用 20% 安钠咖注射液 20 毫升，每日肌注 2 次。重症者可用硫酸庆大霉素 80 万单位，每日肌注 2~3 次。保护胃肠可用次硝酸铋 30 克和磺胺脒 30 克，每日内服 3 次。

（二）牛沙门菌病

牛沙门菌病又称牛副伤寒，本病以病畜败血症、毒血症或胃肠炎、腹泻、孕畜流产为特征，在世界各地均有发生。

【病原及流行病学】　病原多为鼠伤寒沙门菌或都柏林沙门菌。舍饲青年牛、犊牛比成年牛易感，往往呈流行性。病畜和带菌畜是本病的传染源。通过消化道和呼吸道感染，亦可通过病畜与健康畜的交配或病畜精液人工授精而感染。

【临床症状和病理变化】　牛沙门菌病主要症状是下痢。犊牛呈流行性发生，成牛呈散发性。本病的潜伏期因各种发病因素不同，呈 1~3 周不等。

（1）犊牛副伤寒。病程可分为最急性型、急性型和慢性型 3 种。最急性型：表现有菌血症或毒血症症状，其他表现不明显。发病 2～3 天死亡。急性型：体温升高到 40～41℃，精神沉郁，食欲减退，继而出现胃肠炎症状，排出黄色或灰黄色、混有血液或假膜的恶臭糊状或液状粪便，有时表现咳嗽和呼吸困难。慢性型：除有急性个别表现外，可见关节肿大或耳朵、尾部、蹄部发生贫血性坏死，病程数周至 3 个月。病理解剖变化以脾脏肿大最明显，一般 2～3 倍，呈紫红色。真胃、小肠黏膜有弥漫性小出血点，肠道中有覆盖着痂膜的溃疡。慢性病例主要表现为肺部有炎症灶且伴有坏死，肝有坏死结节，小肠黏膜有出血点，膝关节及跗关节发生浆液性炎症。

（2）成年牛副伤寒。多见于 1～3 岁的牛，病牛体温升高到 40～41℃，沉郁、减食、减奶、咳嗽、呼吸困难、结膜炎、下痢。粪便带血和纤维素絮片，恶臭。病牛脱水消瘦，跗关节炎，腹痛。母牛常发生流产。病程 1～5 天，病死率 30%～50%。成年牛有时呈顿挫型经过，病牛发热，不食，精神委顿，产奶下降，但经 24 小时左右这些症状即可减退。病理变化同犊牛副伤寒。

【诊断】　在本病流行的地区，根据发病季节，典型症状和剖检变化，可以初步诊断。进一步确诊则需要进行细菌分离培养鉴定。

【预防】

（1）加强管理。加强牛、羊的饲养管理，保持畜舍清洁卫生；定期消毒；犊牛出生后应吃足初乳，注意产房卫生和保暖；发现病畜应及时隔离、治疗。

（2）免疫接种。沙门菌灭活苗免疫力不如活菌苗。对怀孕母牛用都柏林沙门菌活菌苗接种，可保护数周龄以内的犊牛，还能使感染的犊牛减少粪便排菌。

【发病后措施】　本病用庆大霉素、氨苄青霉素、卡那霉素和喹诺酮类等抗菌药物都有疗效。但应用某些药物时间过长，易产生抗药性。对有条件的地区应分离细菌做药敏试验。氨苄青霉素钠：犊牛每千克体重 4～10 毫克口服。肌注：牛每千克体重 2～7 毫克，每天 1～2 次。

（三）布氏杆菌病

布氏杆菌病是由布氏杆菌引起的一种人兽共患疾病。其特征是生殖器官和胎膜发炎，引起流产、不育和各种组织的局部病灶。

【病原及流行病学】 布氏杆菌属有6个种，相互间各有差别。习惯上称流产布鲁菌为牛布鲁菌。母牛较公牛易感，犊牛对本病具有抵抗力。随着年龄的增长，抵抗力逐渐减弱，性成熟后，对本病最为敏感。病畜可成为本病的主要传染源，尤其是受感染的母畜，流产后的阴道分泌物以及乳汁中都含有布氏杆菌。易感牛主要是由于摄入了被布氏杆菌污染的饲料和饮水而感染。也可通过皮肤创伤感染。布氏杆菌进入牛体后，很快在所适应的组织或脏器中定居下来。病牛将终生带菌，不能治愈，并且不定期地随乳汁、精液、脓汁，特别是母畜流产的胎儿、胎衣、羊水、子宫和阴道分泌物等排出体外，扩大感染。人的感染主要是由于手部接触到病菌后再经口腔进入体内而发生感染。

【临床症状和病理变化】 牛感染布氏杆菌后，潜伏期通常为2周至6个月。主要临床症状为母牛流产，也能出现低热，但常被忽视。妊娠母牛在任何时期都可能发生流产，但流产主要发生在妊娠后的第6~8个月。流产过的母牛，如果再次发生流产，其流产时间会向后推迟。流产前可表现出临产时的症状，如阴唇、乳房肿大等。但在阴道黏膜上可以见到粟粒大的红色结节，并且从阴道内流出灰白色或灰色黏性分泌物。流产时常见有胎衣不下。流产的胎儿有的产前已死亡；有的产出虽然活着，但很衰弱，不久即死。公牛患本病后，主要发生睾丸炎和副睾炎。初期睾丸肿胀、疼痛，中度发热和食欲不振。3周以后，疼痛逐渐减轻，表现为睾丸和副睾肿大，触之坚硬。此外，病牛还可出现关节炎，严重时关节肿胀疼痛，重病牛卧地不起。牛流产1~2次后，可以转为正常产，但仍然能传播本病。

妊娠母牛子宫与胎膜的病变较为严重。绒毛膜因充血而呈污红色或紫红色，表面覆盖黄色坏死物和污灰色脓汁。常见到深浅不一的糜烂面。胎膜水肿、肥厚，呈黄色胶冻样浸润。由于母体胎盘与胎儿胎盘炎性坏死，引起流产。胎儿胎盘与母体胎盘粘连，导致胎衣不下，可继发子宫炎。胎儿真胃内含有微黄色或白色黏液及絮状物；胃肠、膀胱黏膜和浆膜上有的有出血点；肝、脾、淋巴结有不同程度肿胀。

【诊断】 本病从临床上不易诊断，但是根据母牛流产和表现出的相应临床变化，应该怀疑有本病的存在。本病必须通过实验室检查。

在本病诊断中应用较广的是试管凝集试验和平板凝集试验。

【预防】　阴性家畜与受威胁畜群应全部免疫。奶牛、种牛每年要全部检疫，其产品必须具有布病检疫合格证方可出售。

【发病后措施】　因本病在临床上，一方面难以治愈，另一方面不允许治疗，所以发现病牛后，应采取严格的扑杀措施，彻底销毁病牛尸体及其污染物。在本病的控制区和稳定控制区内，停止注射疫苗；对易感家畜实行定期疫情监测，及时扑杀病畜。在未控制区内，主要以免疫为主，定期抽检，发现阳性畜时应全部扑杀。在疫区内，如果出现布病疫情暴发，疫点内畜群必须全部进行检疫，阳性病畜亦要全部扑杀，不进行免疫。

（四）犊牛大肠杆菌病

犊牛大肠杆菌病又称犊牛白痢。是由一定血清型的大肠杆菌引起的一种急性传染病。本病特征为败血症和严重腹泻、脱水，引起幼畜大量死亡或发育不良。

【病原及流行病学】　犊牛大肠杆菌病的病原极其复杂。本病的发生往往是由大肠杆菌和轮状病毒、冠状病毒等多种致病因素引起的。传染源主要是病畜和能排出致病性大肠杆菌的带菌动物，通过消化道、脐带或产道传播，多见于2～3周犊牛，多见于冬春季节。

【临床症状和病理变化】　以腹泻为特征，具体分为败血型、肠毒血型和肠炎型。

① 败血型大肠杆菌病表现是：精神沉郁，食欲减退或废绝，心跳加快，黏膜出血，关节肿痛，有肺炎或脑炎症状，体温40℃，腹泻，大便由浅黄色粥样变为淡灰色水样，混有凝血块、血丝和气泡，恶臭，病初排便用力，后变为自由流出，污染后躯，最后高度衰弱，卧地不起，急性在24～96小时死亡，死亡率高达80%～100%。

② 肠毒血型大肠杆菌病表现是：病程短促，一般最急性2～6小时死亡。

③ 肠炎型的表现是：多发生在10日龄内的犊牛，腹泻，先白色，后变黄色带血便，后躯和尾巴沾满粪便，恶臭，消瘦，虚弱，3～5天脱水死亡。

【诊断】　根据症状、病理变化、流行病学材料及细菌学检查等进行综合诊断。确认需分离鉴定细菌。

【预防】 母牛进入产房前、产房及临产母牛要进行彻底消毒；产前3～5天对母牛的乳房及腹部皮肤用0.1%高锰酸钾擦拭，哺乳前应再重复一次。犊牛出生后立即喂服地衣芽孢杆菌2～5克/次，3次/天，或乳酸菌素片6粒/次，2次/天，可获良好预防效果。

【发病后措施】 治疗原则为抗菌、补液、调节胃肠机能。抗菌采用新霉素，0.05克/千克体重，每日2～3次，每日给犊牛肌注1克和口服200～500毫克，连用5天，可使犊牛在8周内不发病。金霉素粉口服，每日30～50毫克/千克体重，分2～3次。补液主要是静脉输入复方氯化钠溶液、生理盐水或葡萄糖盐水2000～6000毫升，必要时还可加入碳酸氢钠、乳酸钠等以防酸中毒。调节胃肠机能主要是在病初，犊牛体质尚强壮时，应先投予盐类泻剂，使胃肠道内含有大量病原菌及毒素的内容物及早排出；此后可再投予各种收敛剂和健胃剂。

（五）炭疽

炭疽是由炭疽杆菌引起的人、畜共患的一种急性、热性、败血性传染病，多呈散发或地方流行性，以脾脏显著肿大，皮下、浆膜下结缔组织出血性胶样浸润，血液凝固不良，尸僵不全为特征。

【病原及流行病学】 炭疽是由炭疽芽孢杆菌引起的传染性疾病。传染源主要为患病的食草动物。本病的潜伏期一般为1～5天。传播途径主要有：由于皮肤黏膜伤口直接接触病菌而致病；病菌毒力强可直接侵袭完整皮肤；经呼吸道吸入带炭疽芽孢的尘埃、飞沫等而致病；经消化道摄入被污染的食物或饮用水等而感染。

【临床症状和病理变化】

（1）最急性型。通常见于暴发开始。突然发病，体温升高，行走摇摆或站立不动，也有的突然倒地，出现昏迷，呼吸极度困难，可视黏膜呈蓝紫色，口吐白沫，全身战栗。濒死期天然孔出血，病程很短，出现症状后数小时即可死亡。

（2）急性型。是最常见的一种类型，体温急剧上升到42℃，精神不振，食欲减退或废绝，呼吸困难，可视黏膜呈蓝紫色或有小点出血。初便秘，后腹泻带血，有时腹痛，尿暗红色，有时混有血液，孕牛可发生流产，严重者兴奋不安，惊慌哞叫，口和鼻腔往往有红色泡沫流出。濒死期体温急剧下降；呼吸极度困难，在 1～2 天后窒息而死。

（3）亚急性型。症状与急性型相似，但病程较长，2～5 天，病情亦较缓和，并在体表各部如喉、胸前、腹下、乳房等部皮肤及直肠、口腔黏膜发生炭疽痈，初期呈硬团块状，有热痛，以后热痛消失，可发生溃疡或坏死。

【诊断】　从耳尖取血，做血片染色镜检，若有多量单个或成对的有夹膜、菌端平直的粗大杆菌，结合临床表现可确诊为炭疽。采取未污染的新鲜病料，如血液、浸出液或器官直接分离培养，或做动物接种试验可进一步确诊。

【预防】　预防接种：经常发生炭疽及受威胁的地区，每年秋季应进行无毒炭疽芽孢苗或二号炭疽芽孢苗的预防接种（春季给新生牛补种），可获得 1 年以上坚强而持久的免疫力。

【发病后措施】　本病发生后，应立即进行封锁，对牛群进行检查，隔离病牛并立即给予预防治疗，同群牛应用免疫血清进行预防接种。经 1～2 天后再接种疫苗，假定健康牛应作紧急预防注射。病牛污染的牛舍、用具及地面应彻底消毒，病牛躺卧过的地面，应把表土除去 15～20 厘米，取下的土应与 20% 的漂白粉溶液混合后再行深埋，水泥地面用 20% 漂白粉消毒。污染的饲料、垫草、粪便应烧毁。尸体不能解剖，应全部焚烧或深埋，且不能浅于 2 米，尸体底部表面应撒上厚层漂白粉。凡和尸体接触过的车辆、用具都应彻底消毒。工作人员在处理尸体时必须戴手套，穿胶靴和工作服，用后立即进行消毒。凡手和体表有伤口的人员，不得接触病牛和尸体。疫区内禁止闲杂人员、动物随便进出，禁止输出畜产品和饲料，禁止食用病畜的肉，在最后一头病畜死亡或痊愈后，经 15 天到疫苗接种反应结束时，方可解除封锁。可疑者用药物治疗：抗炭疽血清是治疗炭疽的特效药，成年牛每次皮下或静脉注射 100～300 毫升，犊牛 30～60 毫升，必要时 12 小时后再重复注射一次。或用磺胺嘧啶，定时、足量进行肌内注射，按 0.05～0.10 克/千克体重，分 3 次肌注，第一次用量加倍。或水剂青霉素 80 万～120 万单位，每天 2 次肌注，随后用油剂青霉素 120 万～240 万单位肌注，每天 1 次，连用 3 天。或内服克辽林，每次 15～20 毫升，每 2 小时加水灌服 1 次，可连用 3～4 次。

体表炭疽痈可用普鲁卡因青霉素在肿胀周围分点注射。

（六）牛传染性胸膜肺炎

牛传染性胸膜肺炎（又称牛肺疫）是由丝状支原体丝状亚种引起的一种高度接触性传染病，以渗出性纤维素性肺炎和浆液纤维素性胸膜肺炎为特征。

【病原及流行病学】 传染性胸膜肺炎病原体为丝状支原体丝状亚种，属支原体科支原体属成员。病原体对外界环境的抵抗力甚弱，暴露在空气中，特别是阳光直射下，几小时即失去毒力。干燥、高温迅速死亡。本病主要由于健康牛与病牛直接接触传染，病菌经咳嗽、唾液、尿液排出（飞沫），通过空气经呼吸道传播。适宜的环境气候下，病菌可传播到几千米以外。也可经胎盘传染。传染源为病牛、康复牛及隐性带菌者。隐性带菌者是主要传染来源。

【临床症状和病理变化】 潜伏期，自然感染一般为 2～4 周，最短 7 天，最长可达 8 个月。

（1）急性。病初体温升高达 40～42℃，呈稽留热型。鼻翼开放，呼吸迫促而浅，呈腹式呼吸和痛性短咳。因胸部疼痛而不愿行走或卧下，肋间下陷，呼气长吸气短。叩诊胸部患侧发浊音，并有痛感。听诊肺部有湿性啰音，肺泡音减弱或消失，代之以支气管呼吸音，无病变部呼吸音增强。有胸膜炎发生时，可听到摩擦音。病的后期心脏衰弱，有时因胸腔积液，只能听到微弱心音甚至听不到。重症可见前胸下部及肉垂水肿，尿量少而比重增加，便秘和腹泻交替发生。病畜体况衰弱，眼球下陷，呼吸极度困难，体温下降，最后窒息死亡。急性病例病程为 15～30 天，死亡。

（2）慢性。多由急性转来，也有开始即取慢性经过的。除体况瘦弱外，多数症状不明显，偶发干性咳嗽，听诊胸部可能有不大的浊音区。此种患畜在良好的饲养管理条件下，症状缓解，逐渐恢复正常。少数病例因病变区域较大，饲养管理条件改变或劳役过度等因素，易引起恶化，预后不良。

【诊断】 依据典型临床症状和病理变化可做出初步诊断，确诊需进一步做实验室诊断。在国际贸易中，指定诊断方法为补体结合试验。替代诊断方法为酶联免疫吸附试验。

【预防】 对疫区和受威胁区 6 月龄以上的牛只，均必须每年接种 1 次牛肺疫兔化弱毒菌苗。不从疫区引进牛只。

【发病后措施】 发现病畜或可疑病畜，要尽快确诊，上报疫情，划定疫点、疫区、受威胁区。对疫区实行封锁，按《中华人民共和国动物防疫法》规定，采取紧急、强制性的控制和扑灭措施。扑杀患病牛只；对同群牛隔离观察，进行预防性治疗。彻底消毒栏舍，场地和饲养工具、用具；严格无害化处理污水、污物、粪尿等。严格执行封锁疫区的各项规定。

（七）牛结核病

牛结核病是由结核分枝杆菌引起的人、畜和禽类共患的一种慢性传染病。其病理特点是在机体多种组织器官中形成结核结节性肉芽肿和干酪样坏死，钙化结节性病灶。

【病原及流行病学】 结核分枝杆菌主要分三个型：即牛分枝杆菌（牛型）、结核分枝杆菌（人型）和禽分枝杆菌（禽型）。结核病畜是主要传染源，结核杆菌在机体中分布于各个器官的病灶内，因病畜能由粪便、乳汁、尿及气管分泌物排出病菌，污染周围环境而散布传染。主要经呼吸道和消化道传染，也可经胎盘传播或交配感染。本病一年四季都可发生。一般说来，舍饲的牛发生较多。畜舍拥挤、阴暗、潮湿、污秽不洁，过度使役和挤乳，饲养不良等，均可促进本病的发生和传播。

【临床症状和病理变化】 潜伏期一般为 10~15 天，有时达数月以上。病程呈慢性经过，表现为进行性消瘦、咳嗽、呼吸困难，体温一般正常。因病菌侵入机体后，由于毒力、机体抵抗力和受害器官不同，症状亦不一样。在牛中本菌多侵害肺、乳房、肠和淋巴结等。

① 肺结核：病牛呈进行性消瘦，病初有短促干咳，渐变为湿性咳嗽。听诊肺区有啰音，胸膜结核时可听到摩擦音。叩诊有实音区并有痛感。

② 乳房结核：乳量渐少或停乳，乳汁稀薄，有时混有脓块。乳房淋巴结硬肿，但无热痛。

③ 淋巴结核：不是一个独立病型，各种结核病的附近淋巴结都

可能发生病变。淋巴结肿大，无热痛。常见于下颌、咽、颈及腹股沟等淋巴结。

④ 肠结核：多见于犊牛，以便秘与下痢交替出现或顽固性下痢为特征。

⑤ 神经结核：中枢神经系统受侵害时，在脑和脑膜等可发生粟粒状或干酪样结核，常引起神经症状，如癫痫样发作、运动障碍等。

【诊断】 根据临床症状和病理变化可做出初步诊断，确诊需进一步做实验室诊断。在国际贸易中，指定诊断方法为结核菌素试验，无替代诊断方法。

【预防】 定期对牛群进行检疫，阳性牛必须予以扑杀，并进行无害化处理；每年定期大消毒 2～4 次，牧场及牛舍出入口处设置消毒池，饲养用具每月定期消毒 1 次；粪便经发酵后利用。

【发病后措施】 有临床症状的病牛应按《中华人民共和国动物防疫法》及有关规定，采取严格扑杀措施，防止扩散。检出病牛时，要做临时消毒。

第二节 寄生虫病

一、原虫病

(一) 牛焦虫病

牛焦虫病是由蜱为媒介而传播的一种虫媒传染病。焦虫寄生于红细胞内，主要临床症状是高热、贫血和黄疸，反刍停止，泌乳停止，食欲减退，消瘦严重者则造成死亡。

【病原与流行病学】 可分为牛巴贝西焦虫病和牛环形泰勒焦虫病两种。此病以散发和地方流行为主，多发生于夏秋季节，以 7～9 月份为发病高峰期。有病区当地牛发病率较低，死亡率约为 40％；由无病区运进有病区的牛发病率高，死亡率可达 60％～92％。

【临床症状和病理变化】 共同症状是高热、贫血和黄疸。临床上常见有两种类型：一类是病牛体表淋巴结肿大；另一类是以出现胆红色素尿为特征。剖检可见肝脏和脾脏肿大、出血，皮下、肌肉、脂肪黄染，皮下组织胶样浸润，肾脏及周围组织黄染和胶样病变，膀胱积尿呈红色，黏膜及其他脏器有出血点，瓣胃阻塞。

【诊断】 根据临床症状和病理变化可做出初步诊断，确诊需进一步做实验室诊断。

【防治】 焦虫病疫苗尚处于研制阶段，病牛仍以药物治疗为主。三氮脒又称贝尼尔或血虫净，是治疗焦虫病的高效药物。临用时，用注射用水配成5％溶液，分点深层肌内注射或皮下注射。一般病例每千克体重注射3.5～3.8毫克。对顽固的牛环形泰勒焦虫病等重症病例，每千克体重应注射7毫克。黄牛按治疗量给药后，可能出现轻微的不良反应，如起卧不安、肌肉震颤等，但很快消失。灭焦敏：对牛泰勒焦虫病有特效，对其他焦虫病也有效，治愈率达90％～100％，灭焦敏是目前国内外治疗焦虫病最好的药物，主要成分是磷酸氯喹和磷酸伯氨喹啉。片剂，牛每10～15千克体重服一片，每日一次，连服3～4日。针剂，牛每次每千克体重肌注0.05～0.1毫升，剂量大时可分点注射。每日或隔日一次，共注射3～4次。对重病牛还应同时进行强心、解热、补液等对症疗法，以提高治愈率。

(二) 牛球虫病

牛球虫病是由艾美尔属的几种球虫寄生于牛肠道引起的以急性肠炎、血痢等为特征的寄生虫病。牛球虫病多发生于犊牛。

【病原与流行病学】 牛球虫有十余种：邱氏艾美尔球虫、斯氏艾美尔球虫、拨克朗艾美尔球虫、奥氏艾美尔球虫、椭圆艾美尔球虫、柱状艾美尔球虫、加拿大艾美尔球虫、奥博艾美尔球虫、阿拉巴艾美尔球虫、亚球形艾美尔球虫、巴西艾美尔球虫、艾地艾美尔球虫、俄明艾美尔球虫、皮利他艾美尔球虫等。寄生于牛的各种球虫中，以邱氏艾美尔球虫、斯氏艾美尔球虫的致病力最强，而且最常见。

【临床症状和病理变化】 潜伏期2～3周，犊牛一般为急性经过，病程为10～15天。当牛球虫寄生在大肠内繁殖时，肠黏膜上皮大量破坏脱落，黏膜出血并形成溃疡；这时在临床上表现为出血性肠炎，腹痛，血便中常带有黏膜碎片。约1周后，当肠黏膜破坏而造成细菌继发感染时，则体温可升高到40～41℃，前胃迟缓，肠蠕动增强，下痢，多因体液过度消耗而死亡。慢性病例，则表现为长期下痢、贫血，最终因极度消瘦而死亡。

【诊断】 临床上犊牛出现血痢和粪便恶臭时，可采用饱和盐水漂浮法检查患犊粪便，查出球虫卵囊即可确诊。在临床上应注意牛球虫病与大肠杆菌病的鉴别。前者常发生于1个月以上的犊牛，后者多发生于生后数日内的犊牛且脾脏肿大。

【预防】

（1）犊牛与成年牛分群饲养，以免球虫卵囊污染犊牛的饲料。被粪便污染的母牛乳房在哺乳前要清洗干净。

（2）舍饲牛的粪便和垫草需集中消毒或生物热堆肥发酵，在发病时可用1%克辽林对牛舍、饲槽消毒，每周一次。

（3）添加药物预防。如氨丙啉，按0.004%～0.008%的浓度添加于饲料或饮水中；或莫能菌素按每千克饲料添加0.3克，既能预防球虫又能提高饲料报酬。

【发病后措施】 药物治疗。氨丙啉，按每千克体重20～50毫克，一次内服，连用5～6天。或呋喃唑酮，每千克体重7～10毫克内服，连用7天。或盐霉素，每天每千克体重2毫克内服，连用7天。

（三）牛弓形虫病

牛弓形虫病是由弓形虫原虫所引起的人、畜共患疾病。家畜弓形虫病多呈隐性感染；显性感染的临床特征是高热、呼吸困难、中枢神经机能障碍、早产和流产。剖检以实质器官的灶性坏死，间质性肺炎及脑膜脑炎为特征。

【病原与流行病学】 弓形虫在整个生活史过程中可出现滋养体、包囊、卵囊、裂殖体、配子体等几种不同的形态。弓形虫滋养体可以在很多种动物细胞中培养，如猪肾、牛肾、猴肾等原代细胞，以及其他种传代细胞，均能发育好。隐性感染或临床型的猫、人、畜、禽、鼠及其他动物都是本病的传染源。弓形虫的发病季节十分明显，多发生在每年气温在25～27℃的6月间。

【临床症状和病理变化】 突然发病，最急性者约经36小时死亡。病牛食欲废绝，反刍停止；粪便干、黑，外附黏液和血液；流涎；结膜炎、流泪；体温升高至40～41.5℃，呈稽留热；脉搏增数，每分钟达120次，呼吸增数，每分钟达80次以上，气喘，腹式呼吸，咳嗽；肌肉震颤，腰和四肢僵硬，步态不稳，共济失调，严重者，后肢麻痹，卧地不起；腹下、四肢内侧出现紫红色斑块，体躯下部水肿；死前表现兴奋不安、吐白沫、窒息。病情较轻者，虽能康复，但见发生流产。病程较长者，可见神经症状，如昏睡，四肢划动；有的出现耳尖坏死或脱落，最后死亡。剖检可见皮下血管怒张，颈部皮下水肿，结膜发绀；鼻腔、气管黏膜点状出血；阴道黏膜条状出血；真胃、小肠黏膜出血；肺水肿、气肿，间质增宽，切面流出大量含泡沫的液体；肝脏质硬、土黄色、浊肿，表面有粟粒状坏死灶；体表淋巴结肿大，切面外翻，周边出血，实质见脑回样坏死。

【诊断】 结合临床症状及剖检变化进行诊断，另外可通过生前取腹股沟浅表淋巴结，急性死亡病例取肺、肝、淋巴结直接抹片，染色、镜检发现直径 $10 \sim 60$ 微米的圆形或椭圆形小体。

【预防】 坚持兽医防疫制度，保持牛舍、运动场的卫生，粪便经常清除，堆积发酵后才能在地里施用；灭鼠，禁止养猫。对于已发生过弓形虫病的牛场，应定期进行血清学检查，及时检出隐性感染牛，并进行严格控制，隔离饲养，用磺胺类药物连续治疗，直到完全康复为止。

【发病后措施】 已发生流行弓形虫病时，全群牛可考虑用药物预防。

二、蠕虫病

（一）牛囊尾蚴病

牛囊尾蚴病是由牛带绦虫的幼虫——牛囊尾蚴寄生于牛的肌肉组织中引起的，是重要的人、畜共患的寄生虫病。

【病原】 牛囊尾蚴为白色半透明的小囊泡，如黄豆粒大，囊内充满液体，囊壁一端有一粟粒大的头节，上有四个小吸盘，无顶突和小钩。本病世界性流行，特别是在有吃生牛肉习惯的地区或民族中流行。

【临床症状和病理变化】 一般不出现症状，只有当牛受到严重感染时才表现症状，初期可见体温升高、虚弱、腹泻、反刍减少或停止、呼吸困难、心跳加快等，可引起死亡。

【诊断】 生前诊断，可采取血清学方法，目前认为最有希望的方法是间接红细胞凝集试验和酶联免疫吸附试验。宰杀后检验时发现囊尾蚴可确诊。

【预防】 建立健全卫生检验制度和法规，要求做到认真检验，严格处理，不让牛吃到病人粪便污染的饲料和饮水，不让人吃到病牛肉。

【发病后措施】 治疗牛囊虫是困难的，建议试用丙硫苯咪唑。

(二) 牛消化道线虫病

牛消化道线虫病是指寄生在反刍兽消化道中的毛圆科、毛线科、钩口科和圆形科的多种线虫所引起的寄生虫病。这些虫体寄生在反刍兽的第四胃、小肠和大肠中，在一般情况下多呈混合感染。

【病原及流行特点】 牛线虫病种类繁多，在消化道线虫病中，有无饰科的弓首蛔虫、牛新蛔虫病，主要寄生于犊牛小肠；有消化道圆线虫的毛圆科、毛线科、钩口科和圆形科的几十种线虫病，分别寄生在第四胃、小肠、大肠、盲肠；有毛首科的鞭虫病，主要寄生于大肠及盲肠；有网尾科的网尾线虫，寄生于肺脏；有吸吮科的吸吮线虫，寄生于眼中；有丝状科的腹腔丝虫和丝虫科的盘尾丝虫，寄生于腹腔和皮下等。其中在本地区比较多见且危害严重的是消化道圆线虫病中的一些虫种，如血矛线虫病、钩虫病、结节虫病等。

【临床症状和病理变化】 各类线虫的共同症状：明显的持续性腹泻，排出带黏液和血的粪便；幼畜发育受阻，进行性贫血，严重消瘦，下颌水肿，还有神经症状，最后虚脱而死亡。

【诊断】 用饱和盐水漂浮法检查粪便中的虫卵或根据粪便培养出的侵袭性幼虫的形态及尸体剖检在胃肠内发现虫体可以分别确诊。

【预防】 改善饲养管理，合理补充精饲料，进行全价饲养以增强牛机体的抗病能力。牛舍要通风干燥，加强粪便管理，防止污染饲料及水源。牛粪应放置在远离牛舍的固定地点堆肥发酵，以消灭虫卵和幼虫。

【发病后措施】 用来治疗牛消化道线虫的药物很多，根据实际情况，常用以下两种药物。敌百虫，每千克体重用 0.04～0.08 克，配成 2％～3％的水溶液，灌服；或伊维菌素注射液，每 50 克体重用药

1毫升，皮下注射，不准肌内注射或静脉注射，注射部位在肩前、肩后或颈部皮肤松弛的部位。

（三）牛绦虫病

牛绦虫病是由牛绦虫寄生在人体小肠引起的寄生虫病，临床以腹痛，腹泻，食欲异常，神疲乏力及大便排出绦虫节片为主症。

【病原及流行特点】 虫体呈白色，由头节、颈节和体节构成扁平长带状。成熟的体节或虫卵随粪便排出体外，被地螨吞食，六钩蚴从卵内逸出，并发育成为侵袭性的似囊尾蚴，牛吞食了含似囊尾蚴的地螨而被感染。

【临床症状和病理变化】 莫尼茨绦虫主要感染生后数月的犊牛，以6~7月份发病最为严重。曲子宫绦虫不分犊牛还是成年牛均可感染。无卵黄腺绦虫常感染成年牛。严重感染时表现精神不振，腹泻，粪便中混有成熟的节片。病牛迅速消瘦，贫血，有时还出现痉挛或回旋运动，最后引起死亡。

【诊断】 用粪便漂浮法可发现虫卵，虫卵近似四角形或三角形，无色，半透明，卵内有梨形器，梨形器内有六钩蚴。用1‰硫酸铜溶液进行诊断驱虫，如发现排出虫体，即可确诊。剖检时可在肠道内发现白色带状的虫体。

【预防】 对病牛粪便集中进行处理，然后才能作为肥料，采用翻耕土地、更新牧地等方法消灭地螨。

【发病后措施】 如有病牛感染，则可用硫酸二氯酚按每千克30~40毫克，一次口服或丙硫苯咪唑按每千克体重7.5毫克，一次口服。

三、吸虫病

（一）肝片形吸虫病

肝片形吸虫病是由肝片形吸虫或大片形吸虫引起的一种寄生虫病，主要发生于牛、羊。临床症状主要是营养障碍和中毒所引起的慢性消瘦和衰竭，病理特征是慢性胆管炎及肝炎。

【病原及流行特点】 本病病原为肝片形吸虫和大片形吸虫两种，虫体形态基本相似，虫体扁平，呈柳叶状，是一类大型吸虫。该病原的终末宿主为反刍动物。中间宿主为椎实螺。

【临床症状和病理变化】 一般在生食水生植物后 2～3 个月，可有高热，体温波动在 38～40℃，持续 1～2 周，甚至长达 8 周以上，并有纳差、乏力、恶心、呕吐、腹胀、腹泻等症状。数月或数年后可出现肝内胆管炎或阻塞性黄疸。慢性症状常发生在成年牛，主要表现为贫血、黏膜苍白、眼睑及体躯下垂部位发生水肿、被毛粗乱无光泽、食欲减退或消失、消瘦、肠炎等。

【诊断】 应结合症状、流行情况及粪便虫卵检查综合判定。其病理诊断要点为：一是胆管增粗、增厚；二是大多胆管中常有片形吸虫寄生。

【预防】

（1）定期驱虫。因本病常发生于 10 月份至第 2 年 5 月份，所以春秋两次驱虫是防治的必要环节。既能杀死当年感染的幼虫和成虫，又能杀灭由越冬蚴感染的成虫。硝氯酚，牛，3～4 毫克/千克体重，粉剂混料喂服或水瓶灌服，不需禁食。

（2）粪便处理。把平时和驱虫时排出的粪便收集起来，堆积发酵，杀灭虫卵。

（3）消灭椎实螺。配合农田水利建设，填平低洼水潭，消灭椎实螺栖生处所，放牧时防止在低洼地、沼泽地饮水和食草。

【发病后措施】 首选药物是硫双二氯酚（别丁），常用剂量为每千克体重 50 毫克/天，分 3 次服，隔日服用，15 个治疗日为 1 疗程。或依米丁（吐根碱），每千克体重 1 毫克/天，肌内注射或皮下注射，1 次/天，10 天为 1 疗程，对消除感染、减轻症状有效，但可引起心、肝、胃肠道及神经、肌肉的毒性反应，需在严格的医学监督下使用，每次用药前检查腱反射、血压、心电图，并卧床休息。或三氯苯咪唑，12 毫克/千克体重，顿服，或第 1 天 5 毫克/千克体重，第 2 天 10 毫克/千克体重，顿服，可能出现继发性胆管炎，可用抗生素治疗。

（二）牛血吸虫病

牛血吸虫病主要是由日本分体科分体吸虫所引起的一种人、畜共患血液吸虫病。以牛感染率最高，病变也较明显。主要症状为贫血营养不良和发育障碍。我国主要发生在长江流域及南方地区，北方地区发生少。

【病原及流行特点】 日本分体吸虫成虫呈长线状，雌雄异体，但在动物体内多呈合抱状态。虫卵随粪便排出体外，在水中形成毛蚴，侵入中间宿主钉螺体内发育成尾蚴，从螺体中逸出进入水中。可经口或皮肤感染。

【临床症状和病理变化】 急性病牛，主要表现为体温升高到40℃以上，呈不规则的间歇热，可因严重贫血致全身衰竭而死。常见的多为慢性病例，病牛仅见消化不良，发育迟缓，腹泻及便血，逐渐消瘦。若饲养管理条件较好，则症状不明显，常成为带虫者。

【诊断】 可根据临床表现和流行病学资料做出初步诊断，确诊需做病原学检查。病原学检查常用血吸虫毛蚴孵化法和沉淀法，沉淀法是反复冲洗沉淀粪便，镜检粪渣中的虫卵。镜下虫卵呈卵圆形。门静脉和肠系膜内有成虫寄生。

【预防】 搞好粪便管理，牛粪是感染本病的根源。因此，要结合积肥，把粪便集中起来，进行无害化处理。改变饲养管理方式，在有血吸虫病流行的地区，牛饮用水必须选择无螺水源，以避免有尾蚴侵袭而感染。

【发病后措施】 用吡喹酮治疗，按 30 毫克/千克体重，一次口服。

四、体外寄生虫病

螨病

螨病是疥螨和痒螨寄生在动物体表而引起的慢性寄生性皮肤病。螨病又叫疥癣、疥虫病、疥疮等，具有高度传染性，发病后往往蔓延至全群，危害十分严重。

【病原及流行特点】 寄生于不同家畜的疥螨，多认为是人疥螨的一些变种，它们具有特异性。有时可发生不同动物间的相互感染，但寄生时间较短。疥螨形体很小，肉眼不易见，呈龟形，背面隆起，腹面扁平，浅黄色。体背面有细横纹、锥突、圆锥形鳞片和刚毛，腹面有 4 对粗短的足。

【临床症状和病理变化】 该病初发时，剧痒，可见患畜不断在圈墙、栏柱等处摩擦。在阴雨天、夜间、通风不好的圈舍以及随着病情的加重，痒觉表现更为剧烈。由于患畜的摩擦和啃咬，患部皮肤出现丘疹、结节、水疱甚至脓疱，以后形成痂皮和龟裂及造成被毛脱落，炎症可不断向周围皮肤蔓延。病牛食欲减退，渐进性消瘦，生长停滞。有时可导致死亡。

【诊断】 实验诊断：根据其症状表现及疾病流行情况，刮取皮肤组织查找病原进行确诊。其方法是用经过火焰消毒的凸刃小刀，涂上50％甘油水溶液或煤油，在皮肤的患部与健部的交界处用力刮取皮屑，一直刮到皮肤轻微出血为止。刮取的皮屑放入10％氢氧化钾或氢氧化钠溶液中煮沸，待大部分皮屑溶解后，经沉淀取其沉渣镜检虫体。亦可直接在待检皮屑内滴少量10％氢氧化钾或氢氧化钠制片镜检，但病原的检出率较低。无镜检条件时，可将刮取物置于平皿内，在热水上或在日光照晒下加热平皿后，将平皿放在黑色背景上，用放大镜仔细观察有无螨虫在皮屑间爬动。

【预防】 流行地区每年定期对牛药浴，可取得预防与治疗的双重效果；加强检疫工作，对新购入的家畜应隔离检查后再混群；保持圈舍卫生、干燥和通风良好，定期对圈舍和用具清扫和消毒。

【发病后措施】 对患畜应及时治疗；可疑患畜应隔离饲养；治疗期间，应注意对饲管人员、圈舍、用具同时进行消毒，以免病原散布，不断出现重复感染。注射或灌服药物，选用伊维菌素，剂量按每千克体重100～200微克；如果病畜数量多且处于气候温暖的季节，药浴为主要方法。药浴时，药液可选用0.025％～0.03％林丹乳油水溶液、0.05％蝇毒磷乳剂水溶液、0.5％～1％敌百虫水溶液、0.05％辛硫磷乳油水溶液、0.05％双甲脒溶液等。

第三节 普 通 病

一、营养代谢病

（一）佝偻病

佝偻病是由于犊牛饲料中钙、磷缺乏，钙、磷比例失调或吸收障碍而引起的骨结构不适当地钙化，以生长骨的骨骺肥大和变形为特征。

【病因】　发病原因为日粮中钙、磷缺乏，或者是由于维生素不足影响钙、磷的吸收和利用，而导致骨骼异常，饲料利用率降低，异嗜，生长速度下降。

【临床症状】　不愿行走而呆立或卧地、食欲不振、啃食墙壁、泥沙，换齿时间推迟，关节常肿大，步态拘强，跛行，起立困难。膝、腕、飞节、系关节的骨端肿大，呈二重关节。肋骨与肋软骨接合部肿胀，呈佝偻病念珠状。脊柱侧弯、凹弯、凸弯，骨盆狭窄。上颌骨肿胀，口腔变窄，出现鼻塞和呼吸困难。因异嗜可致消化不良，营养状况欠佳，精神不振，逐渐消瘦，最终发生恶病质。尸体剖检主要病理变化在骨骼和关节。全身骨骼都有不同程度的肿胀、疏松，骨密质变薄，骨髓腔变大，肋骨变形，胸骨呈S状弯曲，管状骨很易折断。关节软骨肿胀，有的有较大的软骨缺损。根据临床症状和骨骼的病理变化一般可做出诊断。对饲料中钙、磷、维生素D含量检测可作出确切诊断。

【预防】　本病的病程较长，病理变化是逐渐发生的，骨骼变形后极难复原，故应以预防为主。本病的预防并不困难，只要能够坚持满足牛的各个生长时期对钙、磷的需要，并调整好两者的比例关系，即可有效地预防本病发生。

（1）科学补钙。不同用途的牛群均应喂给全价日粮，以保证钙、磷的平衡供给，防止钙、磷缺乏。

（2）维生素D。饲料中维生素D的供给应能满足牛的正常需要，以防发生维生素D缺乏。但应注意，亦不可长期大剂量的添加维生素D，以防发生中毒。

（3）定期驱虫。牛群应定期以伊维菌素进行驱虫，以保证各种营养素的吸收和利用。

【发病后措施】　骨粉10千克拌入1000千克饲料中，全群混饲，连用5～7天。并用骨化醇注射液0.15万～0.3万国际单位/次，肌内注射，1次/2天，连用3～5次。或维生素AD注射液（维生素A 25万国际单位、维生素D 2.5万国际单位）2～4毫升/次，肌内注射，1次/天，连用3～5天。并用磷酸氢钙2克/头，1次/天，全群拌料混饲，连用5～7天。

（二）维生素 A 缺乏症

本病是由于日粮中维生素 A 原（胡萝卜素等）和维生素 A 供应不足或消化吸收障碍所引起的以黏膜、皮肤上皮角化变质，生长停滞，干眼病和夜盲症为主要特征的疾病。

【病因】 长期饲喂不含动物性饲料或使用白玉米的日粮，又不注意补充维生素 A 时就易产生缺乏症。饲料中缺乏油脂、长期拉稀、肝胆疾病、十二指肠炎症等都可造成维生素 A 的吸收障碍。

【临床症状】 维生素 A 缺乏多见于犊牛，主要表现为生长发育迟缓，消瘦，精神沉郁，共济失调，嗜睡。眼睑肿胀，流泪，眼内有干酪样物质积聚，常将上、下眼睑粘连在一起，出现夜盲。角膜混浊不透明，严重者角膜软化或穿孔，直至失明。常伴发上呼吸道炎症或支气管肺炎，出现咳嗽，呼吸困难，体温升高，心跳加快，鼻孔流出黏液或黏液脓性分泌物。

成年牛表现为消化紊乱，前胃弛缓，精神沉郁，被毛粗乱，进行性消瘦，夜盲，甚至出现角膜混浊、溃疡。母牛表现不孕、流产、胎衣不下；公牛肾功能障碍，尿酸盐排泄受阻，有时发生尿结石，性机能减退，精液品质下降。根据流行病学和临床症状，可做出初步诊断，测定日粮的维生素 A 含量可做出确切诊断。

【预防】 停喂贮存过久或霉变饲料；全年均应供给适量的青绿饲料，避免终年只喂给农作物秸秆。

【发病后措施】 鱼肝油 50～80 毫升/次，拌入精饲料喂给，1 次/天，连用 3～5 天。并用苍术 50～80 克/次，混入精饲料中全群喂给，1 次/天，连用 5～7 天。或维生素 AD 注射液（维生素 A 25 万国际单位、维生素 D 2.5 万国际单位）10 毫升/次，肌内注射，1 次/天，连用 3～5 天。并用胡萝卜 500 克/头，全群喂给，1 次/天，连用 10～15 天。

二、中毒病

（一）有机磷农药中毒

有机磷农药是农业上常用的杀虫剂之一，引起家畜中毒的有机磷农药，主要有甲拌磷（3911）、对硫磷（1605）、内吸磷（1059）、乐果、敌百虫、马拉硫磷（4049）和乙硫磷（1240）等。

【病因】 引起中毒的原因主要是误食喷洒过有机磷农药的青草或庄稼，误饮被有机磷农药污染的饮水，误将配制农药的容器当作饲槽或水桶来喂饮家畜，滥用农药驱虫等。

【临床症状】 患牛突然发病，表现为流涎、流泪，口角有白色泡沫，瞳孔缩小，视力减弱或丧失，肠鸣音亢进，排粪次数增多或腹泻带血。严重病例则表现为狂躁不安，共济失调，肌痉挛及震颤，呼吸困难。晚期病牛出现癫痫样抽搐，脉搏和呼吸减慢，最后因呼吸肌麻痹窒息死亡。

【预防】 健全农药的保管制度；用农药处理过的种子和配好的溶液，不得随便堆放；配制及喷洒农药的器具要妥善保管；喷洒农药最好在早晚无风时进行；喷洒过农药的地方，应插上"有毒"的标志，1个月内禁止放牧或割草；不滥用农药来杀灭家畜体表寄生虫。

【发病后措施】 发现病牛后，立即将病牛与毒物脱离开，紧急使用阿托品与解磷定进行综合治疗。可根据病情的严重程度等有关情况选择不同的治疗方案。

大剂量使用阿托品（即一般剂量的2倍），0.06～0.2克，皮下注射或静脉注射，每隔1～2小时用一次，可使症状明显减轻。在此治疗基础上，配合解磷定或氯磷定5～10克，配成2%～5%水溶液静脉注射，每隔4～5小时用药一次。有效反应为：瞳孔放大，流涎减少，口腔干燥，视力恢复，症状显著减轻或消失。另外双复磷比氯磷定效果更好，剂量为10～20毫克/千克体重。对严重脱水的病牛，应当静脉补液，对心功能差的病牛，应使用强心药。对于经口吃入毒物而致病的牛，可早期洗胃；对因体表接触引起中毒的病牛，可进行体表刷洗。

（二）尿素中毒

【病因】 尿素是农业上广泛应用的一种速效肥，它也可以作为牛的蛋白质饲料，还可以用于麦秸的氨化。但若用量不当，则可导致牛尿素中毒。尿素喂量过多，或喂法不当，或被大量误食即可中毒。

【临床症状】 牛过量采食尿素后30～60分钟即可发病。病初表现不安，呻吟，流涎，肌肉震颤，体躯摇晃，步态不稳。继而反复痉挛，呼吸困难，脉搏增速，从鼻腔和口腔流出泡沫样液体。末期全身痉挛出汗，眼球震颤，肛门松弛，几小时内死亡。

【预防】 严格化肥保管制度，防止牛误食尿素。用尿素作饲料添加剂时，应严格掌握用量，体重 500 千克的成年牛，用量不超过 150 克/天。尿素以拌在饲料中喂给为宜，不得化水饮服或单喂，喂后 2 小时内不能饮水。如日粮蛋白质已足够，不宜加喂尿素。犊牛不宜使用尿素。

【发病后措施】 发现病牛后，应立即隔离治疗，可根据病情的严重程度等有关情况选择不同的治疗方法。发现牛尿素中毒后，立即灌服食醋或醋酸等弱酸溶液，如 1%醋酸 1 升、糖 250～500 克、水 1 升，或食醋 500 毫升，加水 1 升，一次内服。静脉注射 10%葡萄糖酸钙 200～400 毫升，或静脉注射 10%硫代硫酸钠溶液 100～200 毫升，同时应用强心剂、利尿剂、高渗葡萄糖等疗法。

（三）棉子饼中毒

【病因】 棉子饼是一种富含蛋白质的良好饲料，但其中含有毒物质棉酚，如果未经脱酚或调制不当，大量或长期饲喂，可引起中毒。

【临床症状】 长期以棉子饼喂牛时，可使牛出现维生素 A 和钙缺乏症，表现为食欲减退，消化系统功能紊乱，尿频，尿淋漓或形成尿道结石，使牛不能排尿。用棉子饼喂牛 5～6 个月，可引起牛的夜盲症。若一次喂给大量的棉子饼，可引起牛的急性中毒。病牛食欲废绝，反刍停止，瘤胃内容物充盈，蠕动迟缓，排粪量少而干，患病后期牛可能拉稀粪，排尿时可能带血。病牛眼窝下陷，皮肤弹性下降，严重脱水和明显消瘦。

【预防】 限量限期饲喂棉子饼，防止一次过食或长期饲喂。饲料必须多样化。用棉子饼作饲料时，要加温到 80～85℃并保持 3～4 小时或以上，弃去上面的漂浮物，冷却后再饲喂。也可将棉子饼用 1%氢氧化钙液或 2%熟石灰或 0.1%硫酸亚铁液浸泡一昼夜，然后用清水洗后再喂。牛每天饲喂量不超过 1.5 千克，犊牛最好不喂。霉败变质的棉子饼不能用作饲料。

【发病后措施】　立即消除致病因素，停止饲喂棉子饼，用 0.1% 高锰酸钾洗胃，也可用 2% 小苏打溶液洗胃。可根据病情的严重程度等有关情况选择不同的治疗方法。将硫酸镁或硫酸钠 300～500 克溶于 2000～3000 毫升水中，给牛灌服，以促进牛加速排泄。若病牛并发胃肠炎时，可将 30～40 克磺胺脒，20～50 克鞣酸蛋白，溶于 500～1000 毫升水中，给牛灌服。此外，也可将 7～15 克硫酸亚铁给牛灌服。同时，采取措施对症治疗。当病牛有脱水症状且心功能不好时，可用 25% 葡萄糖 500～1000 毫升，10% 安钠咖 20 毫升，10% 氯化钙 100 毫升，混合后静脉注射。对发病牛增喂青绿饲草及胡萝卜，有助于病牛的康复。

（四）食盐中毒

食盐是牛饲料的重要组成部分，缺盐常可导致牛异食癖及代谢机能紊乱，影响牛的生长发育及生产性能发挥。但过量食用或饲喂不当，又可引起牛体中毒，发生消化道炎症和脑水肿等一系列病变。牛的一般中毒量为每千克体重 1.0～2.2 克。

【病因】　长期缺盐饲养的牛突然加喂食盐，又未加限制，造成牛大量采食；水不足也是导致牛食盐中毒的原因之一；给牛饲喂腌菜的废水或酱渣或料盐存放不当，被牛偷食，过量而中毒。

【临床症状】　病牛精神沉郁，食欲减退，眼结膜充血，眼球外突，口干，饮欲增加，伴有腹泻、腹痛，运动失调，步态蹒跚。有的牛只还伴有神经症状，乱跑乱跳，做圆圈运动。严重者卧地不起，食欲废绝，呼吸困难，濒临死亡。

【预防】　保证充分的饮水；在给牛饲喂含盐的残渣废水时，必须适当限制用量，并同其他饲料搭配饲喂。饲料中的盐含量要适宜。料盐要注意保管存放，不要让牛接近，以防偷食。

【发病后措施】　立即停喂食盐。本病无特效解毒药，治疗原则主要是促进食盐排出，恢复阳离子平衡，并对症治疗。恢复血液中阳离子平衡，可静注 10% 葡萄糖酸钙 200～400 毫升；缓解脑水肿，可静注甘露醇 1000 毫升；病牛出现神经症状时，用 25% 硫酸镁 10～25 克肌注或静注，以镇静解痉。以上是针对成年牛发病的药物使用剂量，犊牛酌减。

三、其他病

(一) 前胃弛缓

前胃弛缓是指瘤胃的兴奋性降低、收缩力减弱、消化功能紊乱的一种疾病，多见于舍饲的肉牛。

【病因】 前胃弛缓病因比较复杂。一般分原发性和继发性两种。原发性病因包括长期饲料过于单纯、饲料质量低劣、饲料变质、饲养管理不当、应激反应等。继发性病因包括由胃肠疾病、营养代谢病及某些传染病继发而成的。

【临床症状】 按照病程可分急性和慢性两种类型。急性时，病牛表现精神委顿，食欲、反刍减少或消失，瘤胃收缩力降低，蠕动次数减少。嗳气且带酸臭味，瘤胃蠕动音低沉，触诊瘤胃松软，初期粪便干硬色深，继而发生腹泻。体温、脉搏、呼吸一般无明显变化。随病程的发展，到瘤胃酸中毒时，病牛呻吟，食欲、反刍停止，排出棕褐色糊状粪便、恶臭。出现精神高度沉郁、鼻镜干燥、眼球下陷、黏膜发绀、脱水、体温下降等。听诊蠕动音微弱。瘤胃内纤毛虫的数量减少。由急性发展为慢性时，病牛表现食欲不定，有异嗜现象，反刍减弱，便秘，粪便干硬，表面附着黏液，或便秘与腹泻交替发生，脱水，眼球下陷，逐渐消瘦。

【预防】 本病要重视预防，改进饲养管理，注意运动，合理调制饲料，不饲喂霉败、冰冻等品质不良的饲料，防止突然更换饲料，喂饲要定时、定量。

【发病后措施】 以提高前胃的兴奋性，增强前胃运动机能，制止瘤胃内异常发酵过程，防止酸中毒，恢复牛正常的反刍，改变胃内微生物区系的环境，提高纤毛虫的活力。病初先停食 1～2 天，后改喂青草或优质干草。通常用人工盐 250 克、硫酸镁 500 克、小苏打 90 克，加水灌服；或 1 次静脉注射 10%氯化钠 500 毫升、10%安钠咖 20 毫升；为防止脱水和自体中毒，可静脉滴注等渗糖盐水 2000～4000 毫升，5%的碳酸氢钠 1000 毫升和 10%的安钠咖 20 毫升。

可应用中药健胃散或消食平胃散 250 克，内服，每日 1 次或隔日 1 次。马钱子酊 10～30 毫升，内服。针灸脾俞、后海、滴明、顺气等穴位。

（二）瘤胃臌气

瘤胃臌气是指瘤胃内容物急剧发酵产气，对气体的吸收和排出障碍，致使胃壁急剧扩张的一种疾病。放牧的肉牛多发。

【病因】 原发性病因常见采食了大量易发酵的青绿饲料，特别是以饲喂干草为主转化为喂青草为主的季节或大量采食新鲜多汁的豆科牧草或青草，如新鲜苜蓿、三叶草等，最易导致本病发生。此外，食入腐败变质、冰冻、品质不良的饲料也可引起瘤胃臌气。继发性瘤胃臌气，前胃弛缓、瓣胃阻塞、膈疝等可引起排气障碍，致使瘤胃扩张而发生膨胀，本病还可继发于食管梗塞、创伤性网胃炎等疾病过程中。

【临床症状】 按病程可分为急性和慢性瘤胃臌气两种。急性瘤胃臌气多于采食后不久或采食中突然发作，出现瘤胃臌气。病牛腹围急剧增大，尤其是以左肷部明显，叩诊瘤胃紧张而呈鼓音，患牛腹痛不安，不断回头顾腹，或以后肢踢腹，频频起卧。食欲、反刍、嗳气停止，瘤胃蠕动减弱或消失。呼吸高度困难，颈部伸直，前肢开张，张口伸舌，呼吸加快。结膜发绀，脉搏快而弱。严重时，眼球向外突出。最后运动失调，站立不稳而卧倒于地。继发性瘤胃臌气症状时好时坏，反复发作。

【预防】 本病以预防为主，改善饲养管理。防止贪食过多幼嫩多汁的豆科牧草，尤其由舍饲转为放牧时，应先喂些干草或粗饲料，不喂发酵霉败、冰冻或霜雪、露水浸湿的饲料。变换饲料要有过渡适应阶段。

【发病后措施】 首先排气减压，对轻症者，可让病牛取前高后低站立姿势，同时将涂有松馏油或大酱的小木棒横衔于口中，将绳拴在角上固定，使牛张口，不断咀嚼，促进嗳气。对于重症者，要立即将胃管从口腔插入胃，用力推压左侧腹壁，使气体排出。或使用穿刺法，左肷凹陷部剪毛，用5％碘酒消毒，将套管针垂直刺入瘤胃，缓慢放气。最后拔出套管针，穿刺部位用碘酒彻底消毒。对于泡沫性瘤胃臌气，可用植物油（豆油、花生油、棉子油等）或液体石蜡250～500毫升，1次内服。此外可酌情使用缓泻制酵剂，如硫酸镁500～

800 克，福尔马林 20～30 毫升，加水 5～6 升，1 次内服；或液体石蜡 1～2 升，鱼石脂 10～20 克，温水 1～2 升，1 次内服。

（三）瘤胃积食

瘤胃积食是以瘤胃内积滞过量食物，导致体积增大、胃壁扩张、运动机能紊乱为特征的一种疾病。本病以舍饲肉牛多见。

【病因】 本病是由于瘤胃内积滞过量干固的饲料，引起瘤胃壁扩张，从而导致瘤胃运动及消化机能紊乱。长期大量喂精饲料及糟粕类饲料，粗饲料喂量过低；肉牛偷吃大量精饲料，长期采食大量粗硬劣质难消化的饲料（豆秸、麦秸等）或采食大量适口易膨胀的饲料，均可促使本病的发生。突然变换饲料和饮水不足等也可诱发本病。此外还可继发于瘤胃弛缓、瓣胃阻塞、创伤性网胃炎等疾病的病程中。

【临床症状】 食欲、反刍、嗳气减少或废绝，病牛表现呻吟、努责、腹痛不安、腹围显著增大，尤其以左肷部明显。触诊瘤胃充满而坚实并有痛感，叩诊呈浊音。排软便或腹泻，尿少或无尿，鼻镜干燥，呼吸困难，结膜发绀，脉搏快而弱，体温正常。到后期出现严重的脱水和酸中毒，眼球下陷，红细胞压积由 30％增加到 60％，瘤胃内 pH 值明显下降。最后出现步态不稳、站立困难、昏迷倒地等症状。

【预防】 关键是防止过食。严格执行饲喂制度，饲料按时按量供给，加固牛栏，防止跑牛偷食饲料。避免突然更换饲料，粗饲料应适当加工软化。

【发病后措施】 可采取绝食 1～2 天后给予优质干草。取硫酸镁 500～1000 克，配成 8％～10％水溶液灌服，或用蓖麻油 500～1000 毫升，石蜡油 1000～1500 毫升灌服，以加快胃内容物排出，另外，可用 4％碳酸氢钠溶液洗胃，尽量将瘤胃内容物导出，对于虚弱脱水的病牛，可用 5％葡萄糖生理盐水 1500～3000 毫升、5％碳酸氢钠 500～1000 毫升、25％葡萄糖溶液 500 毫升，一次静脉注射。以排除瘤胃内容物，制止发酵，防止自体中毒和提高瘤胃的兴奋性为治疗原则。

应用中药消积散或曲麦散 250～500 克，内服，每日 1 次或隔日 1 次。针灸脾俞、后海、滴明、顺气等穴位。

在上述保守疗法无效时，则应立即行瘤胃切开术，取出大部分内容物以后，放入适量的健康牛的瘤胃液。

（四）瘤胃酸中毒

瘤胃酸中毒是由于采食大量精饲料或长期饲喂酸度过高的青贮饲料，在瘤胃内产生大量乳酸等有机酸而引起的一种代谢性酸中毒。该病的特征是消化功能紊乱，瘫痪，休克和死亡率高。

【病因】 过食或偷食大量谷物饲料，如玉米、小麦、红薯干，特别是粉碎过细的谷物，由于淀粉充分暴露，在瘤胃内高度发酵产生大量乳酸或长期饲喂酸度过高的青贮饲料而引起中毒，气候突变等应激情况下，肉牛消化机能紊乱，容易导致本病。

【临床症状】 本病多呈急性经过，初期，食欲、反刍减少或废绝，瘤胃蠕动减弱、胀满，腹泻，粪便酸臭，脱水，少尿或无尿，呆立。不愿行走，步态蹒跚，眼窝凹陷。严重时，瘫痪卧地，头向背侧弯曲，呈角弓反张样，呻吟，磨牙，视物障碍，体温偏低，心率加快，呼吸浅而快。

【预防】 应注意生长肥育期肉牛饲料的选择和调制，注意精粗比例，不可随意加料或补料，适当添加矿物质、微量元素和维生素添加剂。对含碳水化合物较高或粗饲料以青贮为主的日粮，适当添加碳酸氢钠。

【发病后措施】 对发病牛在去除病因的同时抑制酸中毒，解除脱水和强心。禁食 1～2 天，限制饮水。为缓解酸中毒，可静脉注射 1000～5000 毫升 5%的碳酸氢钠，每日 1～2 次。为促进乳酸代谢，可肌内注射维生素 B 10.3 克，同时内服酵母片。为补充体液和电解质，促进血液循环和毒素排出，常采用糖盐水、复方生理盐水、低分子右旋糖酐各 1000 毫升，混合静脉注射，同时加入适量的强心剂。适当应用瘤胃兴奋剂，皮下注射新斯的明、毛果芸香碱和氨甲酰胆碱等。

（五）腐蹄病

牛蹄间皮肤和软组织具有腐败、恶臭特征的疾病总称为腐蹄病。

【病因】 本病病因分为两种类型。一是饲料管理方面，主要是草料中钙、磷不平衡，致使蹄角质疏松，蹄变形和不正；牛舍不清洁、潮湿，运动场泥泞，蹄部经常被粪尿、泥浆浸泡，使局部组织软化；石子、铁钉、坚硬的木头、玻璃碴等刺伤软组织而引起蹄部发炎。二是由坏死杆菌引起的，本菌是牛的严格寄生菌，离开动物组织后，不能在自然界长期生存，此菌可在病愈动物体内保持活力数月，这是腐蹄病难以消灭的一个原因。

【临床症状】 病牛喜爬卧，站立时患肢负重不实或各肢交替负重，行走时跛行。蹄间和蹄冠皮肤充血、红肿，蹄间溃烂，有恶臭分泌物，有的蹄间有不良肉芽增生。蹄底角质部呈黑色，用叩诊锤或手压蹄部出现痛感。有的出现角质溶解、蹄真皮过度增生，肉芽突出于蹄底。严重时，体温升高，食欲减少，严重跛行，甚至卧地不起，消瘦。用刀切削扩创后，蹄底小孔或大洞即有污黑的臭水流出，趾间也能看到溃疡面，上面覆盖着恶臭的坏死物，重者蹄冠红肿，痛感明显。

【预防】 药物对腐蹄病无临床效果，切实预防和控制该病的最有效措施是进行疫苗免疫。此外，圈舍应勤扫勤垫，防止泥泞，运动场要干燥，设有遮阴棚。

【发病后措施】 草料中要补充锌与铜，每头牛每日每千克体重补喂硫酸铜、硫酸锌各 45 毫克。如钙、磷失调，缺钙补骨粉，缺磷则加喂麸皮。用 10% 硫酸铜溶液浴蹄 2～5 分钟，间隔 1 周再进行 1 次，效果极佳。

（六）子宫内膜炎

子宫内膜炎是在母牛分娩时或产后由于微生物感染所引起的，是奶牛不孕的常见原因之一。根据病程可分为急性和慢性两种，临床上以慢性较为多见，常由急性未及时或未彻底治疗转化而来。

【病因】 多见于产道损伤、难产、流产、子宫脱出、阴道脱出、阴道炎、子宫颈炎、恶露停滞、胎衣不下以及人工授精或阴道检查时消毒不严，致使致病菌侵入子宫而引起。

【临床症状】 急性子宫内膜炎，在产后 5～6 天从阴门排出大量恶臭的恶露，呈褐色或污秽色，有时含有絮状物。慢性子宫内膜炎出现性周期不规则，屡配不孕，阴户在发情时流出较混浊的黏液。

【防治措施】　主要方法包括冲洗子宫、子宫按摩和促进子宫收缩。

（七）胎衣不下

肉牛胎衣不下是指母牛分娩后 8～12 小时排不出胎衣（正常分娩后 3～5 小时排出胎衣），超过 12 小时胎衣还未全部排出者称为胎衣不下或胎衣滞留。

【病因】　母牛体质弱、少运动、营养不良、胎儿过大、胎水过多、胎儿胎盘和母体胎盘病理黏着、产道阻滞等均会导致胎衣不下。

【临床症状】　停滞的胎衣部分悬垂于阴门之外或阻滞于阴道之内。

【防治措施】　胎衣不下的治疗方法很多，概括起来可分为药物疗法和手术剥离两类。促进子宫收缩，加速胎衣排出。皮下或肌内注射垂体后叶素 50～100 国际单位。最好在产后 8～12 小时注射，如分娩超过 24～48 小时，则效果不佳。也可注射催产素 10 毫升（100 国际单位），麦角新碱 6～10 毫克。手术剥离：先用温水灌肠，排出直肠中积粪，或用手掏尽。再用 0.1% 高锰酸钾液洗净外阴。后用左手握住外露的胎衣，右手顺阴道伸入子宫，寻找子宫叶。先用拇指找出胎儿胎盘的边缘，然后将食指或拇指伸入胎儿胎盘与母体胎盘之间，把它们分开，至胎儿胎盘被分离一半时，用拇、食、中指握住胎衣，轻轻一拉，即可完整地剥离下来。如粘连较紧，则需慢慢剥离。操作时需由近向远，循序渐进，越靠近子宫角尖端，越不易剥离，尤需细心，力求完整取出胎衣。

预防胎衣不下：当分娩破水时，可接取羊水 300～500 毫升于分娩后立即灌服，可促使子宫收缩，加快胎衣排出。

（八）难产

母牛分娩过程发生困难，不能将胎儿顺利地由产道排出来，称为难产。

【病因】　按发病因素将难产分为产力性难产、产道性难产和胎儿性难产。

【防治措施】　难产是常见的产科病，处理延期或不当，可能造成母牛及胎儿死亡，或使母牛发生生殖器官疾病。

（九）子宫外翻或子宫脱出

子宫角、子宫体、子宫颈等翻转突垂于阴道内称为子宫内翻，翻转突垂于阴门外称子宫外翻。

【病因】 多因妊娠期饲养管理不当、饲料单一、质量差、缺乏运动、畜体瘦弱无力、过劳等致使会阴部组织松弛，无力固定子宫，年老和经产母畜易发生。助产不当、产道干燥强力而迅速拉出胎畜、胎衣不下，在露出的胎衣断端系以重物及胎畜脐带粗短等亦可引起。此外，瘤胃臌气、瘤胃积食、便秘、腹泻等也能诱发本病。

【临床症状】 子宫部分脱出，为子宫角翻至子宫颈或阴道内而发生套叠，仅有不安、努责和类似疝痛症状，通过阴道检查才可发现。子宫全部脱出时，子宫角、子宫体及子宫颈部外翻于阴门外，且可下垂到跗关节。脱出的子宫黏膜上往往附有部分胎衣和子叶。子宫黏膜初为红色，后变有紫红色，子宫水肿增厚，呈肉冻状，流出渗出液。

【防治措施】 子宫全部脱出，必须进行整复：将病牛站立保定在前低后高的体位。用常水灌汤，使直肠内空虚。用温的 0.1% 高锰酸钾冲洗脱出部的表面及其周围的污物，剥离残留的胎衣以及坏死组织，再用 3%～5% 温明矾水冲洗，并注意止血。如果脱出部分水肿明显，可以消毒针头乱刺黏膜挤压排液，如有裂口，应涂擦碘酊，裂口深而大的要缝合。用 2% 普鲁卡因 8～10 毫升在尾荐间隙注射，施行硬膜外麻醉。在脱出部包盖浸有消毒、抗菌药物的油纱布，用手掌趁患畜不努责时将脱出的子宫托送入阴道，直至子宫恢复正常位置，再插入一手至阴道并在里面停留片刻，以防努责时再脱出。同时，为防止感染和促进子宫收缩，可给子宫内放置抗生素或磺胺类胶囊，随后注射垂体后叶素或缩宫素 60～100 国际单位，或麦角新碱 2～3 毫克。最后应加栅状阴门托或绳网结以保定阴门，或加阴门锁，或以细塑料线将阴门作稀疏袋口缝合。经数天后子宫不再脱出时即可拆除。

（十）热射病与日射病

热射病与日射病统称为中暑，只是两者的致病原因不同而异，为体温调节中枢机能紊乱的急性病。本病发生急，进展迅速，处理不及时或不当，常很快死亡，应引起高度注意。

【病因】 热射病是由于牛长时间处于高温、高湿和不通风的环境中而发生；日射病是牛在炎热的季节里，长时间、直接受到暴晒，且饮水和喂食盐不足，导致散热调节障碍，体温急剧升高，很快出现严重的全身症状。

【临床症状】 常突然发病，精神沉郁，步态不稳，共济失调，或突然倒地不能站立。目光呆滞，张口伸舌，心跳加快，呼吸频数，体温升高，可达 $42\sim43℃$，触摸体表感到烫手，第三眼睑突出。有的出现明显的神经症状，狂暴不安，或卧地抽搐，很快进入昏迷状态，呼吸高度困难，眼睑、肛门反射消失，瞳孔散大而死亡。

【预防】 炎热季节长途运输牛时，车上应装置遮阳棚，途中间隔一定时间应停车休息一下，并给牛群清凉饮水；进入炎热季节，牛舍的湿度大，应加强牛舍的通风管理，尤其是午后和闷热的黄昏，更应注意牛舍的通风。

【发病后措施】 方法1：静脉放血 $500\sim1000$ 毫升，以降低颅内压。以清凉的自来水喷洒头部及全身，以促使散热和降温。林格液 $2500\sim3500$ 毫升、10%樟脑磺酸钠注射液 $20\sim30$ 毫升，凉水中冷浴后，立即静脉注射，$1\sim3$ 次/天。维生素C粉150克，加入清凉饮水 1000 千克中，全群混饮，连用 $5\sim7$ 天。

方法2：以清凉的自来水喷洒牛头部及全身，以促使散热和降温。5%维生素C注射液 $10\sim20$ 毫升/次、葡萄糖生理盐水注射液 $2500\sim3500$ 毫升、10%樟脑磺酸钠注射液 $20\sim30$ 毫升，腹腔注射，$1\sim3$ 次/天。十滴水 $3\sim5$ 毫升/头，加入清凉的饮水中，全群混饮，连用 $1\sim2$ 天。

第七章

肉牛的质量控制

肉牛的质量控制包括外在质量控制和内在质量控制。肉牛质量控制的目的是提高屠宰率和商品率，避免药物和有毒有害物质残留以及病原微生物污染，保证肉牛产品优质安全。

外在质量主要包括体型外貌（要求肉牛体型外貌呈长方形，四肢粗壮，头方正而大，整个外观圆滑丰满，肌肉发达）、重量等方面，直接影响到肉牛的屠宰率和生产效果。获得好的体型外貌和较大重量，需要选择优良的品种（由于我国没有专用肉牛品种，所以可利用国外优良肉牛品种的公牛与我国地方品种的母牛杂交，或国内优良地方品种间的杂交后代进行育肥，如皮埃蒙特杂交牛生长迅速、肉质好；海福特改良牛早熟性和肉的品质都有提高，利木赞杂交牛的牛肉大理石花纹明显改善；夏洛莱改良牛生长速度快、肉质好等）、科学的饲养管理（按照育肥牛的营养需要标准配制日粮，正确使用各种饲料添加剂。日粮中的精饲料和粗饲料品种应多样化，这样不仅可提高适口性，也利于营养互补和提高增重）、保持适宜的环境（保持适宜温度、湿度、光照、饲养密度、卫生等，牛舍要勤换垫草、勤清粪便）、保健防病（育肥前要进行驱虫和疾病防治，育肥过程中要勤检查、勤观察，发现异常及时处理。每出栏一批牛，要对厩舍进行彻底的清扫和消毒）以及适时出栏（获得经济效益高的高档牛肉，需在18～24月龄时）等。

内在质量包括牛肉色泽（以鲜樱桃红色而有光泽为最佳）、大理石花纹（指肌内脂肪含量和分布数量，由第12～13肋骨间眼肌部位的肌内脂肪分布程度来判定。大理石状脂肪被认为是决定牛肉风味的脂肪，与牛肉的嫩度和风味密切相关）、嫩度（指入口咀嚼时对碎裂的抵抗力）、风味、脂肪颜色和质地、多汁性、药物和有毒有害物质残留以及病原微生物污染等方面，影响到肉牛产品的品质和安全。影响内在品质的因素及控制措施见表 7-1。

表 7-1 影响内在品质的因素及控制措施

影响内在品质因素		控制措施
肉牛内在品质	品种 / 肉用牛和杂交牛比本地牛品质好	选择肉用牛或杂交牛(肉用牛和杂交牛与本地牛相比,大理石花纹有改善,熟肉率、嫩度及眼肌面积的改善显著,粗蛋白、粗脂肪、总氨基酸含量、必需氨基酸总量、鲜味氨基酸总量等也有所提高)
	年龄 / 在其他条件一定的情况下,年龄是影响肉质最重要的一个指标	肉牛在 24 月龄以后,年龄对脂肪沉积的作用才表现出来,且随年龄的增大,大理石花纹愈丰富,而在 24 月龄之前,年龄与花纹无特定的关系;嫩度在 24~30 月龄最好(动物肌肉中总胶原蛋白含量从出生时起就是一定的,并不随年龄的变化而变化,只是胶原中交联的数目随年龄的增长而增多,使肉质发生变化);肌肉营养成分中,粗蛋白质含量随年龄的增长而增加;年龄与水分含量也有较大的关系,一般年龄小的动物肌肉中水分含量要比年龄大的动物肌肉中水分含量高。肌肉中结合水含量越高,肉的多汁性就越好
	活重 / 活重对胴体重影响最为显著	活重影响胴体重和眼肌面积。活重小于 500 千克的牛大理石花纹不易沉积,除非饲以能量水平较高的饲料。所以,加强饲养管理,获得较大的活重可以提高牛肉品质
	日粮营养水平 / 日粮营养水平对牛肉的品质和产肉量都有显著影响	粗饲料喂养的动物肉质不如精饲料喂养的动物。肉牛生长期间用高蛋白质、低能量饲料,肥育期间用低蛋白质、高能量饲料能满足脂肪沉积,利于形成大理石花纹。肌肉组织中养分的变化,尤其是脂肪和蛋白质的含量变化,直接关联到肉品感观性状和营养特性。在低营养水平下,肉品中水分和蛋白质含量相对较高,脂肪较少;高营养水平则相反。此外,低营养水平下,畜禽长期处于慢性营养应激状态,肌肉中糖原的贮备较低,屠宰后糖原降解并不能使 pH 值降到蛋白质等电点,易产生 DFD 样肉。营养水平影响脂肪的沉积量而影响肉的嫩度。若营养状态良好,脂肪含量增加,胶原含量降低,使肉品嫩度提高,品质改善。另外,由于低日粮水平饲喂的牛胴体较轻,皮下脂肪蓄积较少,在预冷过程中胴体温度下降较快,更易发生寒冷收缩,造成滴水损失和剪切力的增加。而且,低日粮水平使得牛在经过宰前运输及禁食后血糖水平较低,牛肉最终 pH 值相对偏高

影响内在品质因素			控制措施
肉牛内在品质	饲料	饲料与脂肪硬度及颜色	具有硬脂肪的肉品称为硬脂肉，此种肉因适于生、熟肉品的各种加工，故被视为优质肉品。可使脂肪白而坚硬的饲料有大麦、燕麦、高粱、麸皮、麦糠、马铃薯、淀粉渣和颗粒化的草粉等。尤其是大麦效果较好，大麦脂肪含量低（2%），但饱和脂肪酸含量高，而且大麦富含淀粉，可直接转变成饱和脂肪酸，饱和脂肪酸颜色洁白硬挺，屠宰后胴体脂肪硬挺。另外大麦中叶黄素、胡萝卜素含量都较低，在后期饲喂大麦，对脂肪颜色和脂肪硬度都有极为良好的作用。可使脂肪组织颜色加深的饲料有大豆饼粕、黄玉米、南瓜、红胡萝卜等。黄玉米含较多的不饱和脂肪酸、叶黄素和胡萝卜素，易使脂肪变软、变黄，所以在高档牛肉生产的后期要谨慎使用。油脂含量高的饲料饲喂过多可使畜体脂肪变软，所以，用大豆饼、蚕蛹等肥育家畜脂肪较软；脂肪色泽以洁白而富有光泽、质地较硬为最佳。脂肪颜色变黄，主要是由于花青素、叶黄素、胡萝卜素沉积在脂肪组织中所造成。牛随日龄增大，脂肪组织中沉积的上述色素物质增加，使颜色变深。要取得肌肉内外脂肪近乎白色，可对年龄较大的牛（3岁以上）选取可溶性色素少的草料作日粮。脂溶性色素物质较少的草料有干草、秸秆、白玉米、大麦、椰子饼、大豆饼、大豆粕、啤酒糟、粉渣、甜菜渣、糖蜜等，用这类草料组成日粮饲喂牛3个月以上，可明显地使脂肪颜色变浅。一般育肥肉牛在出槽前30天最好少用胡萝卜、西红柿、南瓜、黄心或红心或花心的甘薯、黄玉米、鸡粪再生饲料、青草、青贮、高粱糠、红辣椒、苋菜等饲料，以免脂肪色泽不佳
		饲料油脂与牛肉品质	与普通玉米相比，饲喂等能量的高油玉米日粮可以增加牛肉背最长肌脂肪中亚油酸、花生四烯酸和总多聚不饱和脂肪酸的含量，而降低其中饱和脂肪酸的含量，提高肌肉脂肪的沉积，并改善牛肉的大理石花纹结构。反刍动物能够自身合成共轭亚油酸（CLA），CLA具有抗癌、抗氧化、促进生长、降低脂肪沉积以及免疫调节等重要生理功能，因此，牛肉和牛奶被称为"功能性食品"。反刍动物产品是人类食物中CLA的主要来源。在日粮中添加亚油酸或富含亚油酸的植物油，如玉米油、豆油、葵花子油、亚麻子油和花生油等，可以增加牛肉中CLA含量

影响内在品质因素			控制措施
肉牛内在品质	饲料	饲料因素与牛肉色泽、气味	要使肉色不发暗,应多喂青草、马铃薯。米糠中的有效成分可防止肉牛的血红蛋白氧化,抑制胴体肌肉色泽变黑。饲料中某些不良的气味可经肠道吸收,后转入肌肉,如带辛辣味的葱类饲料等,肥育期畜禽常喂这类饲料会使肉品带有不良气味;牛肉脂肪中饱和脂肪酸含量较多,为增加牛肉中不饱和脂肪酸的含量,特别是增加多不饱和脂肪酸的含量来提高牛肉的保健效果,可通过适量添加以鱼油为原料(海鱼油中富含多不饱和脂肪酸)的钙皂到饲料中来达到,一般用量不要超过精饲料 3%,以免牛肉有鱼腥味
		维生素 E 与牛肉品质	维生素 E 具有抗氧化作用,在肉牛日粮中补充维生素 E,不仅可以提高牛肉的嫩度,改善牛肉品质,还可以延长牛肉的货架期。维生素 E 是保持肌肉完整性所必需的,日粮中缺乏维生素 E,会导致肌肉发育不良,营养不良的肌肉颜色苍白、渗水。若日粮中含有较多不饱和脂肪酸,尤其是亚油酸时,畜禽对维生素 E 缺乏更加敏感
		微量元素与牛肉品质	配合饲料中注意平衡微量元素的含量,一方面可以得到很高的增产效益,同时有利于提高牛肉的风味;有机铬可减轻运输过程的应激而提高肉品质量;日粮缺乏铁时间长,会使牛血液中铁浓度下降,导致肌肉中铁元素分离,补充血液铁不足,使肌肉颜色变淡。肌肉色泽过浅(如母牛),则可在日粮中使用含铁高的草料,例如鸡粪再生饲料、西红柿、阿拉伯高粱、菠萝皮(渣)、椰子饼、红花饼、玉米酒糟、燕麦、亚麻饼、土豆及绿豆粉渣、意大利黑麦、青草、燕麦麸、苜蓿和各种动物性饲料等,也可在精饲料中配入硫酸亚铁等,使每千克铁含量提高到 500 毫克左右
	应激	应激可影响屠宰后的酸化速率和程度,从而导致蛋白质变性速度异常,肉品系水力下降和失色加快	做好运输的准备工作,减少运输过程应激;给应激牛补铬能降低血清皮质醇和提高血液免疫球蛋白水平,可使动物变得安定,降低动物在运输和屠宰场的应激,减少对肉质的不良影响

影响内在品质因素			控制措施
肉牛的质量安全	药物残留	饲料中违禁使用药物添加剂	严格执行《药物饲料添加剂使用规范》。少用或不用抗生素,使用绿色添加剂来防治疾病或使用中草药添加剂
		不按规定用药,没有按照休药期停药	科学合理的在肉牛饲料中饲喂符合我国卫生要求的抗生素、保健剂等添加剂。常用的抗生素、保健添加剂种类及添加量为:金霉素,犊牛,25~70 毫克/(头·日);肉牛,100 毫克/(头·日),促进生长和防治痢疾;金霉素＋磺胺二甲嘧啶,肉牛,350 毫克/(头·日),维持生长,预防呼吸道疾病;红霉素,牛,37 毫克/(头·日),促进生长;新霉素,犊牛,70~140 毫克/(头·日),防治肠炎、痢疾;土霉素,肉牛,0.02 毫克/(千克体重·天),提高日增重,防治痢疾;黄霉菌素,肉牛,30~35 毫克/(头·日),提高日增重,犊牛,12~23 毫克/(头·日),提高日增重和饲料利用效率;杆菌肽素,牛,35~70 毫克/(头·日),提高增重,保健;泰乐菌素,肉牛,8~10 克/吨饲料,保健;黄磷脂霉素,牛,8 毫克/千克饲料,促生长,提高饲料转化率;瘤胃素,肉牛,300~600 毫克/(头·日),防止腹泻,提高饲料转化率。使用时注意:一是与一些辅料搅拌混合后使用(扩散处理);二是除瘤胃素和泰乐菌素外,其他药物要在肉牛出栏前 21~28 天停用
		非法使用违禁药物	严禁使用假药、不合格药品,严禁使用有致畸、致癌、致突变和未经农业部批准的药物,严禁使用已被淘汰的或对环境、对人类造成严重污染的药物,严禁使用激素类药物(己烯雌酚、醋酸甲地孕酮等)、镇静药、催眠药(安眠酮、氯丙嗪、地西泮等),还有其他方面如瘦肉精、氯霉素等
	有毒有害物质污染	饲料污染	严把饲料原料质量,保证原料无污染(注意饲料在生长过程中受到各种污染如农药、杀虫剂、除草剂、消毒剂、清洁剂以及工矿企业所排放的"三废"污染,或新开发利用的石油酵母饲料、污水处理池中的沉淀物饲料与制革业下脚料等蛋白质饲料中含有的致癌物质导致有毒有害污染等);对动物性饲料要采用先进技术进行彻底无菌处理;对有毒的饲料要严格脱毒并控制用量。完善法律法规,规范饲料生产管理,建立完善的饲料质量卫生监测体系,杜绝一切不合格的饲料上市;夏季避免肉牛后期料中加入肉渣酸败和被微生物污染等;避免在肉牛饲料中使用动物蛋白质饲料等

影响内在品质因素		控制措施
肉牛的质量安全	有毒有害物质污染	配合饲料加工调制与贮运过程中的氧化变质和酸败	特别是一些含油脂较高的饲料,如玉米、花生饼、肉骨粉等,在加工、调制、贮运中易氧化、酸败和霉变产生有毒物质等,所以要科学合理的加工保存饲料;饲料中添加抗氧化剂和防霉剂防止饲料氧化和霉变(如已证明霉菌毒素次生代谢产物 AFT 的毒性很强,致癌强度是"六六六"的两万倍)
		饮水污染	注意水源选择和保护,保证饮用水符合标准(避免使用被重金属污染,农药污染)。定期检测水质,避免水受到污染
	微生物污染	饲料污染	选择优质的无污染饲料(禁用微生物污染的屠宰场下脚料);使用的肉渣和鱼粉要严格检疫,避免微生物含量超标(在后期料中添加动物肉渣,特别是在夏季易出现微生物污染);配合饲料科学处理,避免在加工调制与贮运过程中被微生物污染
		饮水污染	注意水源选择和保护(避免被生活污水、畜产品加工厂和医院、兽医院和病畜隔离区污水污染等),保证饮用水符合标准。定期检测水质
		饲养过程污染	加强环境消毒、卫生,保持洁净的环境和清新的空气(防止空气微粒和微生物含量超标)
		疫病	加强种畜和引种的检疫;加强肉牛场的隔离、消毒、卫生和免疫接种,避免疾病,特别是疫病发生

附　录

一、常用饲料营养成分表

附表1　肉牛常用饲料营养成分表

饲料名称	样品说明	干物质/%	消化能/(兆焦/千克)	综合净能/(兆焦/千克)	肉牛能量单位/(RND)	粗蛋白质/%	可消化蛋白质/%	粗纤维/%	钙/%	磷/%
甘薯藤	11省市平均值	13.0	1.37	0.63	0.08	2.1	1.4	2.5	0.2	0.05
黑麦草	北京意大利黑麦草	18.0	2.22	1.11	0.14	3.3	2.4	4.2	0.13	0.05
象草	广东湛江	20.0	2.23	1.02	0.13	2.0	1.2	7.0	0.15	0.02
野青草	狗尾草	25.3	25.3	1.14	0.14	1.7	1.0	7.1	0.24	0.03
玉米青贮	4省市5个样品	22.7	2.25	1.00	0.12	1.6	0.8	6.0	0.10	0.06
苜蓿青贮	盛花期	33.7	3.13	1.32	0.16	5.3	3.2	12.8	0.50	0.10
甘薯蔓青贮	上海	18.3	1.53	0.64	0.08	1.7	0.7	4.5	—	—
甜菜叶青贮	吉林	37.5	4.26	2.14	0.26	4.6	3.1	7.4	0.39	0.10
甘薯	7省市8个样品	25.00	3.83	2.14	0.26	1.0	0.6	0.9	0.13	0.06
胡萝卜	12省市13个样品	12.0	1.85	1.05	0.13	1.1	0.8	1.2	0.15	0.09
马铃薯	10省市10个样品	22.0	3.29	1.82	0.23	1.6	0.9	0.7	0.02	0.03
甜菜	8省市9个样品	15.0	1.94	1.01	0.12	2.0	—	1.7	0.06	0.04
甜菜丝干	北京	88.6	12.25	6.49	0.80	7.3	4.8	19.6	0.66	0.07
芜菁甘蓝	3省市5个样品	10.0	1.58	0.91	0.11	1.0	0.7	1.3	0.06	0.02
牛草	黑龙江4个样品	91.6	8.78	3.70	0.46	7.4	3.7	29.4	0.37	0.18

续表

饲料名称	样品说明	干物质/%	消化能/(兆焦/千克)	综合净能/(兆焦/千克)	肉牛能量单位/(RND)	粗蛋白质/%	可消化蛋白质/%	粗纤维/%	钙/%	磷/%
苜蓿干草	北京苏联苜蓿 2 号	92.4	9.79	4.51	0.56	16.8	11.1	29.5	1.95	0.28
野干草	秋白草	85.2	7.86	3.43	0.42	6.8	4.3	27.5	0.41	0.31
碱草	内蒙古结实期	91.7	6.54	2.37	0.29	7.4	4.1	41.3	—	—
大米草	江苏,整株	83.2	7.65	3.29	0.41	12.8	7.7	30.3	0.42	0.02
玉米秸	辽宁 3 个样品	90.0	8.33	3.61	0.45	5.9	2.0	24.9	—	—
小麦秸	新疆墨西哥种	89.6	6.23	2.29	0.28	5.6	0.8	31.9	0.05	0.06
稻草	浙江晚稻	89.4	6.74	2.68	0.33	2.5	0.2	24.1	0.07	0.05
谷草	黑龙江 2 个样品	90.7	8.18	3.50	0.43	4.5	2.6	32.6	0.34	0.03
甘薯蔓	7 省市 31 个样品	88.0	8.35	3.64	0.45	8.1	3.2	28.5	1.55	0.11
花生蔓	山东伏花生	91.3	9.48	4.31	0.53	11.0	8.8	29.6	2.46	0.04
玉米	23 省省市	88.4	14.7	8.06	1.00	8.6	5.9	2.0	0.08	0.21
高粱	17 个省市	89.3	13.31	7.08	0.88	8.7	5.0	2.2	0.09	0.24
大麦	20 个省市	88.8	13.31	7.19	0.89	10.8	7.9	4.7	0.12	0.29
稻谷	9 个省市	90.6	13.00	6.98	0.86	8.3	4.7	8.5	0.13	0.28
燕麦	11 个省市	90.3	13.28	6.95	0.86	11.6	9.0	8.9	0.15	0.33
小麦	15 个省市	91.8	14.82	8.29	1.03	12.1	9.4	2.4	0.11	0.36
小麦麸	全国 115 个样品	88.6	11.37	5.86	0.73	14.4	10.9	9.2	0.18	0.78
玉米皮	北京	87.0	10.12	4.59	0.57	10.1	5.3	13.8	0.28	0.35
米糠	4 省市 13 个样品	90.2	13.39	7.22	0.89	12.1	8.7	9.2	0.14	1.04
黄面粉	北京土面粉	87.2	14.24	8.08	1.00	9.5	7.4	1.3	0.08	0.44
大豆皮	北京	91	11.25	5.40	0.67	18.8	9.9	25.1	—	0.35
豆饼	13 省市,机榨	90.6	14.31	7.41	0.92	43.0	36.6	5.7	0.32	0.50
菜子饼	13 省市,机榨	92.2	13.52	6.77	0.84	36.4	31.3	10.7	0.73	0.95

续表

饲料名称	样品说明	干物质/%	消化能/(兆焦/千克)	综合净能/(兆焦/千克)	肉牛能量单位(RND)	粗蛋白质/%	可消化蛋白质/%	粗纤维/%	钙/%	磷/%
胡麻饼	8省市,机榨	92.0	13.76	7.01	0.87	33.1	29.1	9.8	0.58	0.77
花生饼	9省市,机榨	89.9	14.44	7.41	0.92	46.4	41.8	5.8	0.24	0.52
棉子饼	4省市,去壳机榨	89.6	13.11	6.62	0.82	32.5	26.3	10.7	0.27	0.81
向日葵饼	北京,去壳浸提	92.6	10.97	4.93	0.61	46.1	41.0	11.8	0.53	0.35
酒糟	高粱酒糟	37.7	5.83	3.03	0.38	9.3	6.7	3.4		
酒糟	玉米酒糟	21.0	2.69	1.25	0.15	4.0	2.4	2.3		
粉渣	玉米粉渣,6省市7个样品	15.0	2.41	1.33	0.16	2.8	1.5	1.4	0.02	0.02
粉渣	马铃薯,3省市3个样品	15.0	1.90	0.94	0.12	1.0	—	1.3	0.06	0.04
啤酒糟	2省市3个样品	23.4	2.98	1.38	0.17	6.8	5.0	3.9	0.09	0.18
甜菜渣	黑龙江	8.4	1.00	0.52	0.06	0.9	0.5	2.6	0.08	0.60
豆腐渣	2省市4个样品	11.0	1.77	0.93	0.12	3.3	2.8	2.1	0.05	0.03
酱油渣	豆饼3份,麸皮2份	24.3	3.62	1.73	0.21	7.1	4.8	3.3	0.11	0.03

二、饲料卫生标准（GB 13078—2001）

本标准规定了饲料、饲料添加剂产品中有害物质及微生物的允许量及其试验方法。具体卫生指标要求见附表2。

附表2　饲料及饲料添加剂的卫生指标

序号	卫生指标项目	产品名称	指标	试验方法	备注
1	砷（以总砷计）的允许量（每千克产品中）/毫克	石粉	≤2.0	GB/T 13079	不包括国家主管部门批准使用的有机砷制剂中的砷含量
		硫酸亚铁、硫酸镁	≤2.0		
		磷酸盐	≤20.0		

续表

序号	卫生指标项目	产品名称	指标	试验方法	备注
1	砷(以总砷计)的允许量(每千克产品中)/毫克	沸石粉、膨润土、麦饭石	≤10.0	GB/T 13079	不包括国家主管部门批准使用的有机砷制剂中的砷含量
		硫酸铜、硫酸锰、硫酸锌、碘化钾、碘酸钙、氯化钴	≤5.0		
		氧化锌	≤10.0		
		精饲料补充料	≤10.0		
2	铅(以 Pb 计)的允许量(每千克产品中)/毫克	磷酸盐	≤30	GB/T 13080	
		石粉	≤10		
3	氟(以 F 计)的允许量(每千克产品中)/毫克	石粉	≤2000	GB/T 13083	
		磷酸盐	≤1800	HG 2636	
4	汞(以 Hg 计)的允许量(每千克产品中)/毫克	石粉	≤0.1	GB/T 13081	
5	镉(以 Cd 计)的允许量(每千克产品中)/毫克	米糠	≤1.0	GB/T 13082	
		石粉	≤0.75		
6	氰化物(以 HCN 计)的允许量(每千克产品中)/毫克	木薯干	≤100	GB/T 13084	
		胡麻饼、粕	≤350		
7	六六六的允许量(每千克产品中)/毫克	米糠、小麦麸、大豆饼、粕	≤0.05	GB/T 13090	
8	滴滴涕的允许量(每千克产品中)/毫克	米糠、小麦麸、大豆饼、粕	≤0.02	GB/T 13090	
9	沙门杆菌	饲料	不得检出	GB/T 13091	
10	霉菌的允许量(每克产品中)/(霉菌总数×10^3 个)	玉米	<40	GB/T 13092	含量 40～100 的限量使用,大于 100 的禁用
		米糠、小麦麸			含量 40～80 的限量使用,大于 80 的禁用

续表

序号	卫生指标项目	产品名称	指标	试验方法	备注
10	霉菌的允许量（每克产品中）/（霉菌总数×10³ 个）	豆饼（粕）、棉子饼（粕）、菜子饼（粕）	<50	GB/T 13092	含量 50～100 的限量使用,大于 100 的禁用
11	黄曲霉毒素 B_1 允许量（每千克产品中）/克	玉米、花生饼（粕）、棉子饼（粕）、菜子饼（粕）	≤50	GB/T 17480 或 GB/T 8381	
		豆粕	≤30		

注：所列允许量均为以干物质含量为 88% 的饲料为基础计算的。

三、常用的消毒药物

附表 3　常用的化学消毒剂

名称	概述	名称	性状和性质	使用方法
含氯消毒剂	含氯消毒剂是指在水中能产生具有杀菌作用的活性次氯酸的一类消毒剂,包括有机含氯消毒剂和无机含氯消毒剂,作用机制是：①氧化作用；②氯化作用；③新生态氧的杀菌作用。目前生产中使用较为广泛	漂白粉（含氯石灰含有效氯 25%～30%）	白色颗粒状粉末,有氯臭味,久置空气中失效,大部溶于水和醇	5%～20% 的悬浮液用于圈舍、地面、水沟、水井、粪便、运输工具等消毒；每 50 升水加 1 克饮水消毒；5% 的澄清液消毒食槽、玻璃器皿、非金属用具等,宜现配现用
		漂白粉精	白色结晶,有氯臭味,含氯稳定	0.5%～1.5% 用于地面、墙壁消毒,0.3～0.4 克/千克饮水消毒
		氯胺-T（含有效氯 24%～26%）	为含氯的有机化合物,白色微黄晶体,有氯臭味。对细菌的繁殖体及芽孢、病毒、真菌孢子有杀灭作用。杀菌作用慢,但性质稳定	0.2%～0.5% 水溶液喷雾用于室内空气及表面消毒,1%～2% 浸泡物品、器材消毒；3% 的溶液用于排泄物和分泌物的消毒；黏膜消毒,0.1%～0.5%；饮水消毒,1 升水用 4 毫克。配制消毒液时,如果加入一定量的氯化铵,大大提高消毒能力

续表

名称	概述	名称	性状和性质	使用方法
含氯消毒剂	含氯消毒剂是指在水中能产生具有杀菌作用的活性次氯酸的一类消毒剂,包括有机含氯消毒剂和无机含氯消毒剂,作用机制是:①氧化作用;②氯化作用;③新生态氧的杀菌作用。目前生产中使用较为广泛	二氯异氰尿酸钠(含有效氯60%~64%,优氯净),另外强力消毒净、84消毒液、速效净等均含有二氯异氰尿酸钠	白色晶粉,有氯臭味。室温下保存半年仅降低有效氯0.16%。是一种安全、广谱和长效的消毒剂,不遗留毒性	一般0.5%~1%溶液可以杀灭细菌和病毒,5%~10%的溶液用作杀灭芽孢。3%的水溶液,空气喷雾、排泄物和分泌物消毒;饮水消毒,每1升水4~6毫克,作用30分钟;1%~4%的溶液消毒工具、用具,可杀灭病毒和细菌。本品宜现用现配(注:三氯异氰尿酸钠,其性质特点和作用同二氯异氰尿酸钠基本相同。球虫囊消毒每10升水中加入10~20克)
		二氧化氯(益康、ClO₂)	白色粉末,有氯臭味,易溶于水,易湿潮。可快速杀灭所有病原微生物,制剂有效氯含量为5%。具有高效、低毒、除臭和不残留的特点	可用于畜禽舍、场地、器具、种蛋、屠宰场、饮水消毒和带畜消毒。含有效氯5%时,环境消毒,每1升水加药5~10毫升,泼洒或喷雾消毒;饮水消毒,100升水加药5~10毫升;用具、食槽消毒,每升水加药5毫克,浸泡5~10分钟。现配现用
碘类消毒剂	是碘与表面活性剂(载体)及增溶剂等形成的稳定的络合物。作用机制是碘的正离子与酶系统中蛋白质所含的酪氨酸起亲电取代反应,使蛋白质失活;碘的正离子具氧化性,能对膜联酶中的硫氢基进行氧化,破坏酶活性	碘酊(碘酒)	为碘的醇溶液,红棕色澄清液体,微溶于水,易溶于乙醚、氯仿等有机溶剂,杀菌力强	2%~2.5%用于皮肤消毒
		碘伏(络合碘)	红棕色液体,随着有效碘含量的下降逐渐向黄色转变。碘与表面活化剂及增溶剂形成的不定型络合物,其实质是一种含碘的表面活性剂,主要剂型为聚乙烯吡咯烷酮碘和聚乙烯醇碘等,性质稳定,对皮肤无害	0.5%~1%用于皮肤消毒,10毫升/升浓度用于饮水消毒
		威力碘	红棕色液体。本品含碘0.5%	1%~2%用于畜舍、家畜体表及环境消毒。5%用于手术器械、手术部位消毒

名称	概述	名称	性状和性质	使用方法
醛类消毒剂	能产生自由醛基,在适当条件下与微生物的蛋白质及某些其他成分发生反应。作用机制是可与菌体蛋白质中的氨基结合使其变性或使蛋白质分子烷基化。可以和细胞壁脂蛋白发生交联、和胞壁磷壁酸中的酯联残基形成侧链,封闭细胞壁,阻碍微生物对营养物质的吸收和废物的排出	福尔马林,含36%~40%甲醛水溶液	无色、有刺激性气味的液体,90℃下易生成沉淀。对细菌繁殖体及芽孢、病毒和真菌均有杀灭作用,广泛用于防腐消毒	2%~4%水溶液,对工具、用具、地面消毒
		戊二醛	无色油状物,味苦。有微弱甲醛气味,挥发度较低。可与水、酒精作任何比例的稀释,溶液呈弱酸性。碱性溶液有强大的灭菌作用	2%水溶液,用0.3%碳酸氢钠调整pH值在7.5~8.5范围可消毒,用于不能用于热灭菌的精密仪器、器材的消毒
		多聚甲醛(多聚甲醛含甲醛91%~99%)	为甲醛的聚合物,有甲醛臭味,为白色疏松粉末,常温下不可分解出甲醛气体,加热时分解加快,释放出甲醛气体与少量水蒸气。难溶于水,但能溶于热水,加热至150℃时,可全部蒸发为气体	多聚甲醛的气体与水溶液均能杀灭各种类型病原微生物。1%~5%溶液作用10~30分钟,可杀灭除细菌芽孢以外的各种细菌和病毒;杀灭芽孢时,需8%浓度作用6小时。用于熏蒸消毒,用量为每立方米3~10克,消毒时间为6小时
氧化剂类	是一些含不稳定结合态氧的化合物。作用机制是:这类化合物遇到有机物和某些酶可释放出初生态氧,破坏菌体蛋白或细菌的酶系统。分解后产生的各种自由基,如巯基、活性氧衍生物等破坏微生物的通透性屏障,蛋白质、氨基酸、酶等最终导致微生物死亡	过氧乙酸	无色透明酸性液体,易挥发,具有浓烈刺激性,不稳定,对皮肤、黏膜有腐蚀性。对多种细菌和病毒杀灭效果好	以0.3%~0.5%溶液物品浸泡消毒;洗手时,用0.2%的溶液浸泡1分钟即可;0.1%~0.5%擦拭物品表面;或0.5%~5%环境消毒,0.2%器械消毒;5%溶液每立方米空间用2.5毫升喷雾消毒实验室、无菌室
		过氧化氢(双氧水)	无色透明,无异味,微酸、苦,易溶于水,在水中分解成水和氧。可快速灭活多种微生物	1%~2%创面消毒;0.3%~1%黏膜消毒
		过氧戊二酸	有固体和液体两种。固体难溶于水,为白色粉末,有轻度刺激性,易溶于乙醇、氯仿、乙酸	2%器械浸泡消毒和物体表面擦拭,0.5%皮肤消毒,雾化气溶胶用于空气消毒

续表

名称	概述	名称	性状和性质	使用方法
氧化剂类	是一些含不稳定结合态氧的化合物。作用机制是：这类化合物遇到有机物和某些酶可释放出初生态氧，破坏菌体蛋白或细菌的酶系统。分解后产生的各种自由基，如巯基、活性氧衍生物等破坏微生物的通透性屏障，蛋白质、氨基酸、酶等最终导致微生物死亡	臭氧	臭氧（O_3）是氧气（O_2）的同素异构体，在常温下为淡蓝色气体，有鱼腥臭味，极不稳定，易溶于水。臭氧对细菌繁殖体、病毒、真菌和枯草杆菌、黑色变种芽孢有较好的杀灭作用；对原虫和虫卵也有很好的杀灭作用	30毫克/米³，15分钟室内空气消毒；0.5毫克/升10分钟，用于水消毒；15～20毫克/升用于传染源、污水消毒
		高锰酸钾	紫黑色斜方形结晶或结晶性粉末，无臭，易溶于水，以其不同浓度而呈暗紫色至粉红色。低浓度可杀死多种细菌的繁殖体，高浓度（2%～5%）在24小时内可杀灭细菌芽孢，在酸性溶液中可以明显提高杀菌作用	0.1%溶液可用于鸡的饮水消毒，杀灭肠道病原微生物；0.1%创面和黏膜消毒；0.01%～0.02%消化道清洗；用于体表消毒时使用的浓度为0.1%～0.2%
酚类消毒剂	酚类消毒剂是消毒剂中种类较多的一类化合物。作用机制是：①高浓度下可裂解并穿透细胞壁，与菌体蛋白结合，使微生物原浆蛋白质变性；②低浓度下或较高分子的酚类衍生物，可使氧化酶、去氢酶、催化酶等细胞的主要酶系统失去活性	苯酚（石炭酸）	白色针状结晶，弱碱性，易溶于水，有芳香味	杀菌力强，3%～5%用于环境与器械消毒，2%用于皮肤消毒
		煤酚皂（来苏儿）	由煤酚和植物油、氢氧化钠按一定比例配制而成。无色，见光和空气变为深褐色，与水混合成为乳状液体。毒性较低	3%～5%用于环境消毒；5%～10%器械消毒、处理污物；2%的溶液用于术前、术后和皮肤消毒
		复合酚（农福、消毒净、消毒灵、菌毒敌）	由冰醋酸、混合酚、十二烷基苯磺酸、煤焦油按一定比例混合而成，呈棕色黏稠状液体，有煤焦油臭味，对多种细菌和病毒有杀灭作用	用水稀释100～300倍后，用于环境、畜舍、器具的喷雾消毒，稀释用水温度不低于8℃；1:200杀灭烈性传染病，如口蹄疫；1:（300～400）药浴或擦拭皮肤，药浴25分钟，可以防治羊、牛螨虫等皮肤寄生虫病，效果良好
		氯甲酚溶液（菌球杀）	为甲酚的氯代衍生物，一般为5%的溶液。杀菌作用强，毒性较小	主要用于畜禽舍、用具、污染物的消毒。用水稀释33～100倍后用于环境、畜禽舍的喷雾消毒

名称	概述	名称	性状和性质	使用方法
表面活性剂	又称清洁剂或除污剂。作用机制是：①可以吸附到菌体表面。改变细胞渗透性，溶解、损伤细胞使菌体破裂，细胞内容物外流；②表面活性物在菌体表面浓集，阻碍细菌代谢，使细胞结构紊乱；③渗透到菌体内使蛋白质发生变性和沉淀；④破坏细菌酶系统	新洁尔灭（苯扎溴铵）。市售的一般为浓度5%的苯扎溴铵水溶液	无色或淡黄色液，摇动产生大量泡沫。对革兰阴性菌的杀灭效果比对革兰阳性菌强，能杀灭有囊膜的亲脂病毒，不能杀灭亲水病毒、芽孢菌、结核菌，易产生耐药性	皮肤、器械消毒用0.1%溶液（以苯扎溴铵计）；黏膜、创口消毒用0.02%以下的溶液；0.5%～1%溶液用于手术局部消毒
		度米芬（杜米芬）	白色或微白色片状结晶，能溶于水和乙醇。主要用于杀灭细菌病原，消毒力强，毒性小，可用于环境、皮肤、黏膜、器械和创口的消毒	皮肤、器械消毒用0.05%～0.1%的溶液，带畜禽消毒用0.05%的溶液喷雾
		癸甲溴铵溶液（百毒杀）。市售浓度一般为10%的癸甲溴铵溶液	白色、无臭、无刺激性、无腐蚀性的溶液剂。本品性质稳定，不受环境酸碱度、水质硬度、粪便血污等有机物及光、热影响，可长期保存，且适用范围广	饮水消毒，日常1:(2000～4000)倍，可长期使用。疫病期间1:(1000～2000)连用7天；畜禽舍及带畜消毒，日常1:600；疫病期间，1:(200～400)喷雾、洗刷、浸泡
		双氯苯双胍己烷	白色结晶粉末，微溶于水和乙醇	0.5%环境消毒，0.3%器械消毒，0.02%皮肤消毒
		环氧乙烷	常温无色气体，沸点10.3℃，易燃、易爆、有毒	用于器械、敷料等消毒，浓度为450毫克/升，于密闭容器内进行
		氯己定（洗必泰）	白色结晶，微溶于水，易溶于醇，禁忌与升汞配伍	0.022%～0.05%水溶液，术前洗手浸泡5分钟；0.01%～0.025%用于腹腔、膀胱等冲洗

续表

名称	概述	名称	性状和性质	使用方法
醇类消毒剂	醇类物质。作用机制是使蛋白质变性沉淀;快速渗透过细菌胞壁进入菌体内,溶解、破坏细菌细胞;抑制细菌酶系统,阻碍细菌正常代谢;可快速杀灭多种微生物	乙醇(酒精)	无色透明液体,易挥发,易燃,可与水和挥发油任意混合。无水乙醇含乙醇量为95%以上。主要通过使细菌菌体蛋白凝固并脱水而发挥杀菌作用。以70%~75%乙醇杀菌能力最强。对组织有刺激作用,浓度越大刺激性越强	70%~75%用于皮肤、手背、注射部位和器械及手术、实验台面消毒,作用时间3分钟。注意:不能作为灭菌剂使用,不能用于黏膜消毒。浸泡消毒时,消毒物品不能带有过多水分,物品要清洁
		异丙醇	无色透明液体,易挥发,易燃,具有乙醇和丙酮混合气味,与水和大多数有机溶剂可混溶。作用浓度为50%~70%,过浓过稀杀菌作用都会减弱	50%~70%的水溶液用于涂擦与浸泡,作用时间为5~6分钟。只能用于物体表面和环境消毒。杀菌效果优于乙醇,但毒性也高于乙醇。有轻度的蓄积作用和致癌作用
强碱类	碱类物质。作用机制是氢氧根离子可以水解蛋白质和核酸,使微生物的结构和酶系统受到损害,同时可分解菌体中的糖类而杀灭细菌和病毒。尤其是对病毒和革兰阴性杆菌的杀灭作用最强。但其腐蚀性也强	氢氧化钠(火碱)	白色干燥的颗粒、棒状、块状、片状结晶,易溶于水和乙醇,易吸收空气中的 CO_2 形成碳酸钠或碳酸氢钠盐。对细菌繁殖体、芽孢和病毒有很强的杀灭作用,对寄生虫卵也有杀灭作用,浓度增大,作用增强	2%~4%溶液可杀死病毒和繁殖型细菌,30%溶液10分钟可杀死芽孢,4%溶液45分钟杀死芽孢,如加入10%食盐能增强杀芽孢能力。2%~4%的热碱液用于喷洒或洗刷消毒,畜禽舍、仓库、墙壁、工作间、入口处、运输车辆、饮饲用具等;5%用于炭疽消毒
		生石灰(氧化钙)	白色或灰白色块状或粉末,无臭,易吸水,加水后生成氢氧化钙	加水配制成10%~20%石灰乳涂刷畜舍墙壁、畜栏等消毒
		草木灰	新鲜草木灰主要含氢氧化钾。取筛过的草木灰10~15千克,加水35~40千克,搅拌均匀,持续煮沸1小时,补足蒸发的水分即成20%~30%草木灰	20%~30%草木灰可用于圈舍、运动场、墙壁及食槽的消毒。应注意水温在50~70℃

四、牛常用的疫苗

附表 4　牛常用的疫苗

疫苗名称	用途	方法及用量	保存条件和保存期
口蹄疫弱毒疫苗	预防牛口蹄疫。免疫期4～6个月	皮下注射或肌注,牛:1～2岁,1毫升,2岁以上2毫升。生效期14天	2～5℃保存时间为5个月;－12～18℃8个月
牛出血性败血病氢氧化铝菌苗	用于预防牛出血性败血病;免疫期9个月	皮下注射,体重100千克以下4毫升,100千克以上6毫升。生效期21天	28℃保存时间为3个月;2～5℃6个月
牛肺疫弱毒疫苗	预防牛肺疫。免疫期1年	氢氧化铝苗肌注,大牛2毫升,6～12月龄1毫升;盐水苗皮下注射,大牛1毫升,6～12月龄0.5毫升。生效期21～28天	2～15℃保存时间为6个月
气肿疽菌苗	预防气肿疽。免疫期约半年	牛可在颈部或肩胛部后缘皮下注射5毫升。生效期14天左右	2～15℃,保存时间为8个月
破伤风明矾沉淀类毒素	防治破伤风。免疫期1年	成年牛皮下注射1毫升,犊牛皮下注射0.5毫升,注射于颈部中央1/3处。注射后1个月产生免疫力。一般发病后及时注射破伤风苗,早治为好	保存视瓶签说明进行处理
牛瘟兔化弱毒疫苗	防治牛瘟	血液苗或淋脾组织苗(1:100)无论大小牛一律肌内注射2毫升,冻干苗按瓶签规定方法稀释使用	按制造及检验规程就地制造疫苗使用
无毒炭疽芽孢菌苗	预防炭疽。免疫期1年	经稀释后在颈部或肩胛部后缘,1岁以上牛1毫升,1岁以下牛0.5毫升,皮下注射。生效日期14天	2～15℃,保存时间为2年
Ⅱ号炭疽芽孢苗	预防炭疽。免疫期1年	注射于皮下或皮内,皮内注射0.2毫升,皮下注射1毫升。生效日期14天	2～15℃,保存时间为2年
牛流行热油佐剂灭活疫苗	预防牛流行热。免疫期半年	颈部皮下注射,每次每头牛4毫升,犊牛2毫升。二次免疫接种间隔为3周。生效日期21天	

五、肉牛饲养允许使用的抗寄生虫药物、抗菌药使用规定

附表5　肉牛饲养允许使用的抗寄生虫药物、抗菌药使用规定

类别	药品名称	制　剂	用法与用量（用量以有效成分计）	休药期/天
抗寄生虫药	阿苯达唑	片剂	内服，1次量每千克体重10～15毫克	27
	双甲脒	溶液	药浴、喷洒、涂擦，配成0.025%～0.05%的溶液	1
	青蒿琥酯	片剂	内服，1次量每千克体重5毫克，首次量加倍，2次/天，连用2～4天	不少于28
	溴酚磷	片剂、粉剂	内服，1次量每千克体重12毫克	21
	氯氰碘柳胺钠	片剂、混悬液	内服，1次量每千克体重5毫克	28
		注射液	皮下或肌内注射，1次量每千克体重2.5～5毫克	
	芬苯达唑	片剂、粉剂	内服，1次量每千克体重5～7.5毫克	28
	氰戊菊酯	溶液	喷雾，配成0.05%～0.1%的溶液	1
	伊维菌素	注射液	皮下注射，1次量每千克体重0.2毫克	35
	盐酸左旋咪唑	片剂	内服，1次量每千克体重7.5毫克	2
		注射液	皮下、肌内注射，1次量每千克体重7.5毫克	14
	奥芬达唑	片剂	内服，1次量每千克体重5毫克	11
	碘醚柳胺	混悬液	内服，1次量每千克体重7～12毫克	60
	噻苯咪唑	粉剂	内服，1次量每千克体重50～100毫克	3
	三氯苯唑	混悬液	内服，1次量每千克体重6～12毫克	28
抗菌药	氨苄西林钠	注射用粉针	肌内、静脉注射，1次量每千克体重10～20毫克，2～3次/天，连用2～3天	不少于28
		注射液	皮下或肌内注射，1次量每千克体重5～7毫克	21
	苄星青霉素	注射用粉针	肌内注射，1次量每千克体重2万～3万单位，必要时3～4天重复1次	30
	青霉素钾（钠）	注射用粉针	肌内注射，1次量每千克体重1万～2万单位，2～3次/天，连用2～3日	不少于28

类别	药品名称	制 剂	用法与用量(用量以有效成分计)	休药期/天
抗菌药	硫酸小檗碱	注射液	肌内注射,1次量0.15~0.4克	0
		粉剂	内服,1次量3~5克	14
	恩诺沙星	注射液	肌内注射,1次量2.5毫克/千克体重,1~2次/天,连用2~3天	14
	乳糖酸红霉素	注射用粉针	静脉注射,1次量每千克体重3~5毫克,2次/天,连用2~3天	21
	土霉素	注射液(长效)	肌内注射,1次量每千克体重10~20毫克	28
	盐酸土霉素	注射用粉针	静脉注射,1次量每千克体重5~10毫克,2次/天,连用2~3天	19
	普鲁卡因青霉素	注射用粉针	肌内注射,1次量每千克体重1万~2万单位,1次/天,连用2~3天	10
	硫酸链霉素	注射用粉针	肌内注射,1次量每千克体重10~15毫克,2次/天,连用2~3天	14
	磺胺嘧啶	片剂	内服,1次量,首次量每千克体重0.14~0.2克,维持量每千克体重0.07~0.1克,2次/天,连用3~5天	8
	磺胺嘧啶钠	注射液	静脉注射,1次量每千克体重0.05~0.1克,1~2次/天,连用2~3天	10
	复方磺胺嘧啶钠	注射液	肌内注射,1次量每千克体重20~30毫克(以磺胺嘧啶计),1~2次/天,连用2~3天	28
	磺胺二甲嘧啶	片剂	内服,1次量,首次量每千克体重0.14~0.2克,维持量每千克体重0.07~0.1克,1~2次/天,连用3~5天	10
	磺胺二甲嘧啶钠	注射液	静脉注射,1次量每千克体重0.05~0.1克,1~2次/天,连用2~3天	10

六、肉牛内服药物的休药期及应用限制

附表6 肉牛内服药物的休药期及应用限制

药名	休药期/天	应用限制
醋酸氯地孕酮	28	仅用于肉用青年母牛和肉牛

药名	休药期/天	应用限制
金霉素[1毫克/(千克·天)]	10	仅用于成年肉牛和干奶期奶牛
金霉素和磺胺二甲基嘧啶	7	仅用于成年肉牛和不产奶母牛
金霉素[350毫克/(头·天)]	2	
盐酸金霉素	3	仅用于犊牛
盐酸金霉素和磺胺二甲基嘧啶	7	仅用于成年肉牛和不产奶母牛
盐酸四环素(可溶性粉剂)	5	仅用于犊牛,不超过5天
链霉素+磺胺二甲基嘧啶、酞磺胺噻唑	10	仅用于犊牛
链霉素	2	仅用于犊牛,不超过5天
盐酸链霉素或硫酸链霉素溶液	2	仅用于犊牛饮用,不超过5天
双氢链霉素+维生素A	10	仅用于犊牛
磺胺氯哒嗪	7	仅用于犊牛
磺胺氯哒嗪钠	7	仅用于犊牛
磺胺间二甲氧嘧啶水针或饮用	7	仅用于犊牛、青年母牛和肉牛
磺胺间二甲氧嘧啶片剂和大丸剂	12	仅用于肉牛、不产奶牛
磺胺二甲基嘧啶片剂及粉剂	10	不能用于泌乳期奶牛
磺胺二甲基嘧啶持续释放丸剂	18	不能用于泌乳期奶牛
盐酸左咪唑	2~3	仅用于成年肉牛
噻苯唑	3	
皮蝇磷	10	禁用于泌奶牛及接受过胆碱酯酶抑制剂的牛,产犊前停药10天
哈乐松	7	不能用于繁殖奶牛或乳用牛
氨苄青霉素三水合物	15	仅用于瘤胃尚未参与消化的犊牛
氨丙啉	1	仅用于犊牛
呋喃苯胺酸	2	产后用药不能超过48小时
醋酸甲烯雌醇	2	仅用于肥育青年母牛
莫能菌素钠	5	仅用于屠宰前舍饲牛的混饲
盐酸土霉素	5或12	不能用于种畜或奶牛

七、药物配伍禁忌

附表7　药物配伍禁忌

类别	药物	禁忌配合的药物	变化
抗生素	青霉素	酸性药液如盐酸氯丙嗪、四环素类抗生素的注射液	沉淀、分解失效
		碱性药液如磺胺药、碳酸氢钠的注射液	沉淀、分解失效
		高浓度酒精、重金属盐	破坏失效
		氧化剂如高锰酸钾	破坏失效
		快效抑菌剂如四环素、氯霉素	疗效减低
	红霉素	碱性溶液如磺胺、碳酸氢钠注射液	沉淀、析出游离碱
		氯化钠、氯化钙	混浊、沉淀
		林可霉素	出现拮抗作用
	链霉素	较强的酸、碱性液	破坏、失效
		氧化剂、还原剂	破坏、失效
		利尿酸	对肾毒性增大
		多黏菌素E	骨骼肌松弛
	多黏菌素E	骨骼肌松弛药	毒性增强
		先锋霉素Ⅰ	毒性增强
	四环素类抗生素如四环素、土霉素、金霉素、强力霉素	中性及碱性溶液如碳酸氢钠注射液	分解失效
		生物碱沉淀剂	沉淀、失效
		阳离子(一价、二价或三价离子)	形成不溶性难吸收的络合物
	氯霉素	铁剂、叶酸、维生素B_{12}	抑制红细胞生成
		青霉素类抗生素	疗效减低
	先锋霉素Ⅱ	强效利尿药	增大对肾脏毒性

续表

类别	药物	禁忌配合的药物	变化
化学合成抗菌药	磺胺类药物	酸性药物	析出沉淀
		普鲁卡因	疗效减低或无效
		氧化铵	增大肾脏毒性
	氟喹诺酮类药物如诺氟沙星、环丙沙星、洛美沙星、恩诺沙星等	氯霉素、呋喃类药物	疗效减低
		金属阳离子	形成不溶性难吸收的络合物
		强酸性药液或强碱性药液	析出沉淀
消毒防腐药	漂白粉	酸类	分解放出氯
	酒精	氧化剂、矿物质等	氧化、沉淀
	硼酸	碱性物质	生成硼酸盐
		鞣酸	疗效减弱
	碘及其制剂	氨水、铵盐类	生成爆炸性碘化氮
		重金属盐	沉淀
		生物碱类药物	析出生物碱沉淀
		淀粉	呈蓝色
		龙胆紫	疗效减弱
		挥发油	分解失效
	阳离子表面活性消毒药	阴离子活性剂如肥皂类、合成洗涤剂	作用相互拮抗
		高锰酸钾、碘化物、过氧化物	沉淀
	高锰酸钾	氨及其制剂	沉淀
		甘油、酒精	失效
		鞣酸、甘油、药用炭	研磨时爆炸
	过氧化氢溶液	碘及其制剂、高锰酸钾、碱类、药用炭	分解、失效
	过氧乙酸	碱类如氢氧化钠、氨溶液	中和失效
	氨溶液	酸及酸性盐	中和失效
		碘溶液如碘酊	生成爆炸性的碘化氮

类别	药物	禁忌配合的药物	变化
抗蛔虫药	左旋咪唑	碱类药物	分解、失效
	敌百虫	碱类、新斯的明、肌松药	毒性增强
	硫双二氯酚	乙醇、稀碱液、四氯化碳	增强毒性
抗球虫药	氨丙啉	维生素 B_1	疗效减低
	二甲硫胺	维生素 B_1	疗效减低
	莫能菌素或盐霉素或马杜霉素或拉沙洛菌素	泰妙菌素、竹桃霉素	抑制动物生长,甚至中毒死亡
中枢兴奋药	咖啡因(碱)	盐酸四环素、鞣酸、碘化物	析出沉淀
	尼可刹米	碱类	水解、沉淀
	山梗菜碱	碱类	沉淀
镇静药	氯丙嗪	碳酸氢钠、巴比妥类钠盐、氧化剂	析出沉淀,变红色
	溴化钠	酸类、氧化剂	游离出溴
		生物碱类	析出沉淀
	巴比妥钠	酸类	析出沉淀
		氯化铵	析出氨、游离出巴比妥酸
镇痛药	吗啡	碱类	毒性增强
	盐酸哌替啶(度冷丁)	巴比妥类	析出沉淀
解热镇痛药	阿司匹林	碱类药物如碳酸氢钠、氨茶碱、碳酸钠等	分解、失效
	水杨酸钠	铁等金属离子制剂	氧化、变色
	安乃近	氯丙嗪	体温剧降
	氨基比林	氧化剂	氧化、失效
麻醉药与化学保定药	水合氯醛	碱性溶液、久置、高热	分解、失效
	戊巴比妥钠	酸类药液	沉淀
		高热、久置	分解
	苯巴比妥钠	酸类药液	沉淀

续表

类别	药物	禁忌配合的药物	变化
麻醉药与化学保定药	普鲁卡因	磺胺药、氧化剂	疗效减弱或失效、氧化、失效
	琥珀胆碱	水合氯醛、氯丙嗪、普鲁卡因、氨基糖苷类抗生素	肌松过度
	盐酸二甲苯胺噻唑	碱类药液	沉淀
植物神经药物	硝酸毛果芸香碱	碱性药物、鞣质、碘及阳离子表面活性剂	沉淀或分解失效
	硫酸阿托品	碱性药物、鞣质、碘及碘化物、硼砂	分解或沉淀
	肾上腺素、去甲肾上腺素	碱类、氧化物、碘酊	易氧化变棕色、失效
		三氯化铁	失效
		洋地黄制剂	引起心律失常
强心药	毒毛旋花子苷K	碱性药液如碳酸氢钠、氨茶碱	分解、失效
	洋地黄毒苷	钙盐	增强洋地黄毒性
		钾盐	对抗洋地黄作用
		酸或碱性药物	分解、失效
		鞣酸、重金属盐	沉淀
止血药	安络血	脑垂体后叶素、青霉素G、盐酸氯丙嗪	变色、分解、失效
	止血敏	抗组胺药、抗胆碱药	止血作用减弱
		磺胺嘧啶钠、盐酸氯丙嗪	混浊、沉淀
	维生素K₃	还原剂、碱类药液	分解、失效
		巴比妥类药物	加速维生素K_3代谢
抗凝血药	肝素钠	酸性药液	分解、失效
		碳酸氢钠、乳酸钠	加强肝素钠抗凝血
	枸橼酸钠	钙制剂如氯化钙、葡萄糖酸钙	作用减弱
抗贫血药	硫酸亚铁	四环素类药物	妨碍吸收
		氧化剂	氧化变质

续表

类别	药 物	禁忌配合的药物	变 化
祛痰药	氯化铵	碳酸氢钠、碳酸钠等碱性药物	分解
		磺胺药	增强磺胺对肾毒性
	碘化钾	酸类或酸性盐	变色、游离出碘
平喘药	氨茶碱	酸性药液如维生素C、盐酸氯丙嗪等	中和反应、析出茶碱、沉淀
	麻黄素（碱）	肾上腺素、去甲肾上腺素	增强毒性
健胃与助消化药	胃蛋白酶	强酸、强碱、重金属盐、鞣酸溶液	沉淀
	乳酶生	酊剂、抗菌剂、鞣酸蛋白、铋制剂	疗效减弱
	干酵母	磺胺类药物	疗效减弱
	稀盐酸	有机酸盐如水杨酸钠	沉淀
	人工盐	酸性药液	中和、疗效减弱
	胰酶	酸性药物如稀盐酸	疗效减弱或失效
	碳酸氢钠	酸及酸性盐类	中和失效
		鞣酸及其含有物	分解
		生物碱类、镁盐、钙盐	沉淀
		次硝酸铋	疗效减弱
泻药	硫酸钠	钙盐、钡盐、铅盐	沉淀
	硫酸镁	中枢抑制药	增强中枢抑制
利尿药	呋喃苯胺酸（速尿）	氨基糖苷类抗生素如链霉素、卡那霉素、新霉素、庆大霉素	增强耳毒性
		头孢噻啶	增强肾毒性
		骨骼肌松弛剂	骨骼肌松弛加重
脱水药	甘露醇、山梨醇	生理盐水或高渗盐水	疗效减弱
糖皮质激素	盐酸可的松、泼尼松、氢化可的松、泼尼松龙	苯巴比妥钠、苯妥英钠	代谢加快
		强效利尿药	排钾增多
		水杨酸钠	消除加快
		降血糖药	疗效降低

续表

类别	药物	禁忌配合的药物	变化
生殖系统药	促黄体素	抗胆碱药、抗肾上腺素药、抗惊厥药、麻醉药、安定药	疗效降低
	绒毛膜促性腺激素	遇热、氧	水解、失效
影响组织代谢药	维生素 B_1	生物碱、碱	沉淀
		氧化剂、还原剂	分解、失效
		氨苄青霉素、头孢菌素Ⅰ和Ⅱ、氯霉素、多黏菌素	破坏、失效
	维生素 B_2	碱性药液	破坏、失效
		氨苄青霉素、头孢菌素Ⅰ和Ⅱ、氯霉素、多黏菌素、四环素、金霉素、土霉素、红霉素、新霉素、链霉素、卡那霉素、林可霉素	破坏、灭活
	维生素 C	氧化剂	破坏、失效
		碱性药液如氨茶碱	氧化、失效
		钙制剂溶液	沉淀
		氨苄青霉素、头孢菌素Ⅰ和Ⅱ、氯霉素、多黏菌素、四环素、金霉素、土霉素、红霉素、新霉素、链霉素、卡那霉素、氯霉素、林可霉素	破坏、灭活
	氯化钙、葡萄糖酸钙	碳酸氢钠、碳酸钠溶液	沉淀
		水杨酸盐、苯甲酸盐溶液	沉淀
解毒药	碘解磷定	碱性药物	水解为氰化物
	亚甲蓝	强碱性药物、氧化剂、还原剂及碘化物	破坏、失效
	亚硝酸钠	酸类	分解成亚硝酸
		碘化物	游离出碘
		氧化剂、金属盐	被还原

续表

类别	药 物	禁忌配合的药物	变 化
解毒药	硫代硫酸钠	酸类	分解沉淀
		氧化剂如亚硝酸钠	分解失效
	依地酸钙钠	铁制剂如硫酸亚铁	干扰作用

注：氧化剂：漂白粉、双氧水、过氧乙酸、高锰酸钾等。

还原剂：碘化物、硫代硫酸钠、维生素 C 等。

重金属盐：汞盐、银盐、铁盐、铜盐、锌盐等。

酸类药物：稀盐酸、硼酸、鞣酸、醋酸、乳酸等。

碱类药物：氢氧化钠、碳酸氢钠、氨水等。

生物碱类药物：阿托品、安钠咖、肾上腺素、毛果芸香碱、氨茶碱、普鲁卡因等。

有机酸盐类药物：水杨酸钠、醋酸钾等。

生物碱沉淀剂：氢氧化钾、碘、鞣酸、重金属等。

药液显酸性的药物：氯化钙、葡萄糖、硫酸镁、氯化铵、盐酸、肾上腺素、硫酸阿托品、水合氯醛、盐酸氯丙嗪、盐酸金霉素、盐酸四环素、盐酸普鲁卡因、糖盐水、葡萄糖酸钙注射液等。

药液显碱性的药物：安钠咖、碳酸氢钠、氨茶碱、乳酸钠、磺胺嘧啶钠、乌洛托品等。

参 考 文 献

[1] 曹玉风等主编. 肉牛标准化养殖技术. 北京：中国农业大学出版社，2004.
[2] 初秀主编. 规模化安全养肉牛综合新技术. 北京：中国农业出版社，2008.
[3] 蒋洪茂主编. 肉牛育肥技术 325 问. 北京：中国农业出版社，2005.
[4] 董一春主编. 奶牛用药知识手册. 北京：中国农业出版社，2011.
[5] 中国兽药典委员会. 兽药手册. 北京：中国农业出版社，2011.
[6] 王传福，董希德主编. 兽药手册. 北京：中国农业出版社，2011.
[7] 魏刚才主编. 养殖场消毒指南. 北京：化学工业出版社，2011.